"演艺工程与控制技术"系列教材

剧场工程概论

蒋玉暕　苏志斌 ◎ 编著

中国传媒大学出版社

·北京·

目 录
CONTENTS

前　言

　　近年来，全国各地投资上亿元的大剧院陆续投入使用，大量的综艺、演出场馆 (performance venues) 等用于演出并可容纳观众的观演建筑也不断兴起。由于剧场设施复杂、建筑档次高，剧场建设常常需要巨大投资，如何合理利用建设资金，把剧场建设得科学合理，是一项十分重要的工作。剧场工程涉及建筑设计、建筑声学、舞台机械、舞台灯光、电声扩声等多个专业，部分参与剧场建设的工程技术人员、剧场从业人员对此也并不熟悉。那么，到底什么是剧场工程呢？

　　剧场工程主要是基于演出活动的艺术表现基本规律和观众的感知需求，研究应用自然科学知识与现代科技手段建构与营造演出环境，开发与利用促进演出效果和艺术感知效果的演艺资源，研究观演关系行为体之间的相互作用，综合推进舞台新技术发展的一门应用学科，是表演艺术与工程技术相互渗透的交叉学科。

　　剧场工程的概念可以理解为应用自然科学知识与现代科技手段，对演艺资源和观演过程进行设计、开发、使用、管理和评价的理论与实践。其中，观演过程是指演出者（或表演行为体）和观众（或受众）通过与演出环境相互作用，展现表演内容的艺术表达过程以及感知艺术效果的现场体验过程；演艺资源是指观演过程中所要开发和使用的各种演出设备、演出设施、信息、技术等演出环境条件与艺术表达手段；舞台技术是剧场工程的核心，是剧场工程领域应用自然科学知识与现代科技手段的集中体现。

　　随着文化发展与科技进步，在大力倡导文化与科技融合的今天，剧场工程在关注发挥演艺资源的作用与效益、提升观演过程艺术感染力的同时，更加注重自然科学知识和技术手段的应用，更加注重技术方法和工程方法的实践。剧场工程与演出活动的相互交融与共生共伴，改变了演出内容的艺术表达方式，改变或催生了某些表演活动的艺术形态，改变了整个演出过程的模式，改变了演出过程的组织序列，改变与完善了分析和处理观演问题的思路，顺应与体现了现代演出活动观念从以"演"为中心向以"观"为中心、从支撑演出活动向发挥表演艺术综合感染力的重大转变。

　　本书突出了剧场与舞台工程技术的相关理论，较全面地介绍了剧场工程所涉及的主要技术与工程应用。全书内容共分为两个部分：第一编剧场与舞台、第二编剧场技术，共9章。剧场与舞台部分包括：第1章绪论、第2章剧场发展史、第3章剧场建筑设计、第4章剧场基本信息与剧场经营；剧场技术部分包括：第5章舞台机械、第6章舞台灯光、第7章剧场声学、第8章舞台管理与舞台监督、第9章剧场多媒体技术。

本书第1、4、5、6、8、9章主要由蒋玉暕编写，第2、7章主要由苏志斌编写，第3章由苏志斌、蒋玉暕共同编写。

本书主要适用于普通高等学校演艺工程与舞台技术相关专业的本科生或硕士生，也将作为"演艺工程与控制技术"新工科系列教材作为中国传媒大学《剧场工程概论》课程教材，亦可供普通高等学校其他相关专业选用，或供就职于剧场、演播厅等场所的舞台技术人员在继续教育和岗位培训时学习参考。由于时间仓促，作者水平有限，书中难免出现一些疏漏甚至错误，敬请读者和专家学者批评指正。

本书得到了自动化专业演艺工程与舞台技术方向创始人、视听技术与智能控制系统文化和旅游部重点实验室主任蒋伟教授，中国传媒大学信息与通信工程学院自动化系主任任慧教授的大力支持。书稿中部分文献资料、观点来源于他们，书稿成稿与修改过程中，他们也倾注了大量心血，在此表示诚挚的谢意。

在编写本书的过程中，笔者得到了浙江大丰集团、中国艺术科技研究所、国家大剧院、中国演艺设备技术协会等单位的协助，并参阅了相关书籍和大量的专业文献，实验室研究生苏亚男、刘洋、孙文慧、赵卫娟、张筱艺、钱亚红、锁意涵、任艳秋、郭琛、赵嘉伟、孙榕舒、宋凯、王佳、汤爱霞、郭纪莹等也参与了部分工作，在此一并向上述单位和有关作者深表感谢！

中国传媒大学信息与通信工程学院、视听技术与智能控制系统文化和旅游部重点实验室、现代演艺技术北京市重点实验室，在本书的出版过程中也给予了积极的支持，特表示谢意！

希望本书的出版能够对我国剧场工程的技术进步起到积极的推动作用。

中国传媒大学信息与通信工程学院

视听技术与智能控制系统文化和旅游部重点实验室

现代演艺技术北京市重点实验室

蒋玉暕、苏志斌等

2018年5月

第一编

剧场与舞台

第 1 章　绪　论

剧场 (theatre/theater)，出自希腊文theatron，泛指观众观赏演出的场所。"剧场"作为演出要素，与近代剧场技术的发展，以及它在戏剧演出中起到越来越重要的作用，有直接关系。近代的剧场 (舞台) 已经发展成为技术化的剧场 (舞台) ——一种用各种高科技手段武装起来的现代化剧场 (舞台)。

现代剧场 (舞台) 所使用的主要技术和所装备的主要设施与设备，我们称为"剧场技术工程"或"剧场工程"。剧场技术工程可以理解为用于演出舞台、服务于表演艺术和舞台美术的各类机、光、电、声、影、雾、水等技术与设施设备的总称。

剧场 (舞台) 及剧场技术工程的功能之一，是把舞台表演艺术中最重要的两个要素 (演员、观众)，通过物质与技术手段加以组合，分别赋予他们一定的存在与活动范围，即组织舞台与观众的空间形式。

剧场 (舞台) 及剧场技术工程的功能之二，是布置舞台和附属于它的各类设施设备，使它们最大限度地满足舞台艺术表演的种种需要。如为布景工作的各方面需要提供条件；为照明工作的各方面需要提供条件；为观众欣赏舞台表演艺术提供条件 (视觉与音响)；为舞台表演艺术的节奏、动作和各种特技提供服务。

剧场 (舞台) 及剧场技术工程的功能之三，是配合舞台表演，营造特定的表演气氛。

当今剧场技术工程的作用与发展，离不开两个因素：舞台表演的多样化与科技现代化的发展。

(1) 舞台表演艺术的习惯和需要，决定了需要哪一种剧场和剧场技术工程。

(2) 社会的政治、经济，以及生产力、技术的发展水平，对剧场和剧场技术工程的发展有着至关重要的影响。

(3) 一个国家与地区的演出习惯, 尤其是演出体制, 对剧场和剧场技术工程的发展有一定的影响。

1.1 剧场基本术语

1.舞台

> 舞台 (stage) 泛指在观、演空间中, 便于观众观看及演员表演的区域, 是剧场演出部分的总称。

舞台在剧场中为演员表演提供了空间, 它可以使观众将注意力集中于演员的表演并获得理想的观赏效果。有人说, 戏剧是舞台上"有规则的自由行动"。

2.剧场

这里指狭义剧场。

> 剧场 (theatre/theater) 是指演出艺术中表演及观看演出的场所, 由舞台和观众席 (auditorium) 两部分空间构成。

剧场根据舞台与观众席空间关系的不同, 形成了多种不同的建筑形式。但是, 无论如何, 剧场范畴总是大于舞台并包含舞台的, 如图1-1。

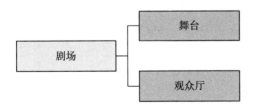

图1-1 剧场基本组成图

剧场以及剧场中的舞台, 是连接演员与观众的媒介, 是戏剧的载体; 剧场以及剧场中的舞台, 是为表演需要服务、为剧情需要服务、为演员的艺术发挥服务的, 也是为观众的艺术欣赏需要服务的; 剧场以及剧场中的舞台, 需要不断地完善各种服务功能, 来满足戏剧表演和剧情需要, 这些服务功能是依靠各种技术与设备来支撑的。

现代化剧场大量地运用了机、光、电、声、影等现代科技手段, 可极大地提升剧场演出效果。因此, 现代化剧场的重要标志是电力能源的利用以及在此基础上各种舞台设施设备的不断改进和"完善"。

而在生活中，我们常常又用剧院一词来描述观看现场专业演出的场所，它与剧场有什么区别呢？

3.剧院

> 剧院是指专门用来表演戏剧、话剧、歌剧、歌舞、曲艺、音乐等的文娱场所，一般较正式。剧院通常分为舞台和观众厅区域。现在的剧院也兼有放映电影的功能。

就字面意思而言，剧场与剧院十分相似，人们也往往把这二者默认为指代同一对象。事实上，剧场通常被描述为一个泛指对象，就是一个包括观众席与舞台的演出场所，是为表演及观看演出提供的一个建筑环境；而剧院则被描述为一个明确的指向对象，若在剧院前加上一个指向词，即明确指向某个特定剧场，如国家大剧院、杭州大剧院、广州大剧院等。

从剧场从业人士的角度来讲，也有部分观点认为剧院与剧场是不同的。他们认为，剧场就是由用于观众观看的观众席和用于演员表演的舞台所构成的观演环境，而剧院则是由剧场和后院组成的。因此，剧场要小于剧院。二者的区别可以用"前场后院"一词来形容。所谓"前场"即剧场，具有观众观看的观众厅和演员表演的舞台。后院是指剧院里除有用于进行演出的剧场观演环境外，还包括为演出服务的办公、排练、化妆、道具制作、服装、候场等用房。因此，这种观点认为剧院是包括基本剧场观演环境和办公、排练、化妆、道具制作、服装、候场等演出服务用房的综合建筑体。如《剧场建筑设计规范》中对剧场的解释是，设有观众厅、舞台、技术用房和演员、观众用房等的观演建筑，如图1-2。

还有一种说法即广义剧场与狭义剧场。狭义剧场是指只包括观演环境的最小空间单元，即包括舞台与观众席。广义剧场与大剧院指代同一对象，即除具备用于观演的舞台、观众席外，还具有演出技术用房、观众服务用房等空间，适用于舞台表演的观演建筑。本书中所指的剧场，除有特殊指代外，一般是指广义剧场。

《剧场建筑设计规范》中关于剧场的解释可以理解为对广义剧场（剧院）的解释，其将观众用房也纳入了剧场的范围内。

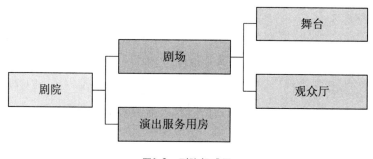

图1-2　剧院组成图

除剧场、剧院等称谓外，还出现了大剧院、文化艺术中心等一些新兴的关于观看场所的称谓。

4.演艺中心

> 演艺中心（performing arts center）指包含一个或多个用于艺术演出的剧场，与剧场配套的剧场办公场所，排练、化妆、道具制作、服装准备、候场等演出服务用房，还包括展览大厅、具备提供社区活动场所、辅助艺术教育和研究等功能的展览大厅，以及其他与表演艺术相关的商业服务设施的建筑综合体。

近年来国内建成的大型演艺场所均以最先进、最完善和最大的综合性表演艺术中心为建设目标，包含主体设施、超大型歌剧院、超大型音乐厅、戏剧场、小剧场各一个。

大剧院（grand theater）的含义与演艺中心基本一致，二者可以认为是同一概念，如国家大剧院的英文名称是"National Center for the Performing Arts"，与演艺中心的意译一致。

今天，国内大量地标性剧院建筑都以大剧院、演艺中心命名，如上海的东方艺术中心、北京的天桥艺术中心、山东济南的省会艺术中心、天津大剧院、无锡大剧院、深圳大剧院等。除了能在主题设施中同时上演几场不同类型的表演外，也为演员提供了服务用房，为观众提供了更多的服务，因此，演艺中心的范畴大于剧场，如图1-3。

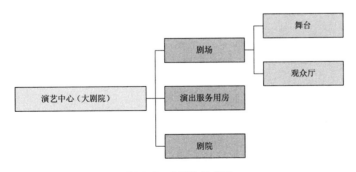

图 1-3　大剧院组成图

除了采用剧场、剧院、大剧院、演艺中心等描述观演环境之外，我们还常用演出场所一词，其范围比普通的剧场、剧院、大剧院要更大。

这里需要强调，本书对舞台、剧场、剧院、大剧院、演出场所等术语的定义并非标准，而是根据其起源与行业约定俗成的方式给出基本定义，但是并非绝对的标准。

5.演出场所

> 演出场所（performing place）是指具有舞台设施、观众席位和安全设施等建筑结构，通过申请获得官方许可证的，为音乐、戏剧、舞蹈、杂技、魔术、马戏、曲艺、木偶、皮影、朗诵、民间文艺等现场表演活动提供文艺服务的场地。

演出场所涵盖的范围比大剧院、演艺中心更广，演出场所可大可小，只要获得官方许可，即可投入使用，举办各类演出活动。演出场所一般包括剧场、影剧院、音乐厅、书场、杂技厅、马戏厅等。可以说，各类剧场、大剧院、演艺中心都属于演出场所。

因此，舞台、剧场、剧院、大剧院、演出场所这几个概念之间的逻辑关系可以用图1-4表示，即舞台小于剧场，剧场小于剧院，剧院小于大剧院（演艺中心），大剧院小于演出场所。

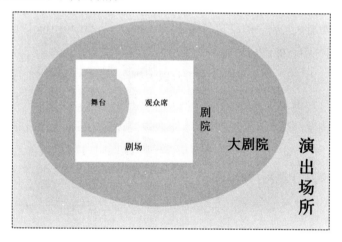

图1-4　剧场术语逻辑关系图

1.2　剧场的分类

剧场的分类方法众多，而且没有统一的标准，这里根据不同的分类依据汇总了常见的剧场分类方法，如图1-5。

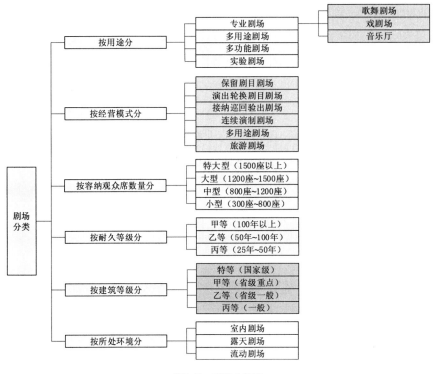

图1-5 剧场分类图

1.按用途划分

(1) 专业剧场 (purpose-built theater)

> 专业剧场是指专门为特定的专业剧种演出而设计建设的剧场。《剧场建筑设计规范》指出,根据剧场的具体使用性质,可以将剧场划分为歌舞剧场 (opera house)、戏剧场 (drama theater)、音乐厅 (concert hall) 三大类。

为了追求完美的艺术享受,人们提出了专业剧场的概念。世界闻名的剧场大多是专业剧场,著名的国家大剧院或演艺中心也大多是由几个不同的专业剧场组成的。

在专业剧场中,歌剧场是指上演歌剧、舞剧、音乐剧、芭蕾舞剧、大型综艺晚会等的剧场。歌剧场一般场面大、演员多、舞台空间要求大、最远观看距离可稍远,观众厅容纳人数一般为1 500~2 000人。戏剧场是指上演话剧、京剧、戏曲、大中型综艺晚会等的剧场。戏剧表演细腻,观众需要看清演员神态、面部表情及动作,最远观看距离不宜太远,观众厅容纳人数一般为800~1 000人。音乐厅是指上演交响乐、室内乐、演唱会、音乐会等音乐类节目的剧场。音乐厅观众以听为主，对音质要求较高，音乐厅需要在建筑设计阶段就进行声学处理，建成以后，还需要进一步进行声场 (soundfield) 建设，如增加隔声罩等，以获得令观众满意的听音效果，观众厅容纳人数一般为1 500~2 000人。

除歌剧剧场、戏剧剧场、音乐厅等专业剧场以外，还有一些为特定类型剧目上演所修建的剧场，如爵士乐厅、木偶剧场、杂技与马戏场、曲艺剧场等。

就专业剧场或为特定演出剧种服务的剧场而言，也可以以混响时间为分类依据进行划分。

（2）多用途剧场 (multiple purpose hall)

> 多用途剧场是指可以举行不同类型的剧目演出，建筑空间和舞台机械等配置设备不发生改变的剧场。

多用途剧场在举行不同类型的演出时，建筑空间形式不发生本质的改变，舞台与观众席的基本形式、观演关系、观众厅的体型、舞台设备与设施等不会发生变化。多用途剧场往往以某一演出剧种为主，也可以用于兼演与主演剧目类型相近的剧目，剧场的声学、视线 (sightline)、舞台形式的要求十分相似的剧种。例如，歌剧院主演歌剧，也可以上演舞剧、音乐剧、芭蕾舞剧、大型综艺晚会；戏剧剧场可以主演话剧，也可以上演京剧、戏曲等。

与此相对，对声学、视线、舞台形式等演出条件要求差异较大的剧种则不能在相同剧场演出。如音乐厅无法为歌剧、戏剧提供迁换景物、舞美道具的舞台机械，多用途剧场的舞台机械往往要为特定剧种的要求服务，兼顾相似剧种的演出；音乐厅的声学条件也无法满足戏剧演出的要求，改变声学条件就必然会改变观众厅的容积、混响时间、观众席的位置，以适应视线、声线上的需求，这几乎是不可能完成的任务。

（3）多功能剧场 (multiple function hall/multifunction theater)

> 多功能剧场是指可以用于不同类型剧目演出，建筑空间和舞台配置设备需要进行改变的剧场。

根据演出的实际需要，多功能剧场可以充分利用各种舞台技术，对剧场进行一些改变、调整以适应不同的演出要求。如改变舞台的基本形式、观众

还有一种剧场被称为传统戏剧剧场 (tradition opera theater)，指传统戏楼，即以戏曲表演为主的中国传统形式的楼式建筑。

众多高校的镜框式舞台多功能厅就是多用途剧场的代表。

开放式舞台剧场常作为多功能剧场使用，易于改变观演关系。

厅的体型、观演关系、混响时间等，来举办综艺晚会、综艺节目录制、舞会、宴会等活动。常见的多功能剧场有多功能厅、黑盒子剧场等几种。

(4) 实验剧场 (black box theater/experimental theater)

> 　　实验剧场是指舞台与观众厅处于同一建筑空间内，舞台与观众席的尺寸、形式、位置改变起来很方便，能适应不同类型演出或活动需要的开放式剧场。

实验剧场也称为"黑匣子"剧场、小剧场、"先锋话剧"剧场等。实验剧场没有用建筑结构台口将观众席与舞台隔离，因此，是开放式剧场。它为先锋表演艺术家探索新的表演艺术形式提供了可以改变舞台形式、形状的剧场环境。

2.按经营模式划分

(1) 保留剧目剧场 (theater for repertoire)

保留剧目剧场是指主要上演多年积累的保留剧目的剧场。保留剧目经过反复上演，已经非常成熟，也获得了大量的拥趸。保留剧目剧场大多是由一个演出团体使用，被称为"场团合一剧场"或"驻团剧场"。该剧场中只轮番上演驻场剧团多年积累的优秀剧目，演出内容均为保留剧目清单中的剧目，上演剧目更换比较频繁，有可能每晚都上演不同的剧目，甚至日场、晚场演出的剧目也不相同。在欧洲，大量的专业歌剧院、话剧院均采用这种模式。

这些剧场有自己的创作剧目，有自己的演出团体，有与之长期合作的主要演员。如巴黎歌剧院、法兰西喜剧院、伦敦考文特花园皇家歌剧院、伦敦国家剧院奥利维厅、纽约大都会歌剧院、莫斯科大剧院等，一般每年演300天戏，其他的60天用作维修养护。这些剧场大多是天天换不同的戏演出，最多时会一天换两个戏，如假日里上午演儿童戏，下午及晚上演成人戏。剧目演出日程表也往往提前一年对外公布，方便观众购票。

这类剧场的舞台设备设置目的性强、效率高，演职人员与舞台技术人员经过多年磨合，配合默契，演出装台速度快，很少因为舞台设备复杂而发生事故，因此，剧场演出反响极好。由于我国戏剧演出历史比国外短，演出积累也相对较少，形成自己的保留剧目是国内剧团、剧场追求的目标。

(2) 演出轮换剧目剧场 (theater for repertory)

演出轮换剧目剧场是演出团体不断地创作新剧目、频繁地轮换演出新剧目的剧场。这类剧场每隔一段时间就会创作一个新剧目，在自己的剧场上演，而且这些剧目几乎不会重复上演。演出轮换剧目剧场也需要创作班子和演出组织，因此也被称为"场团合一剧场"。

（3）接纳巡回演出剧场（touring theater）

接纳巡回演出剧场是指没有自己的剧团进行剧目演出，通过接纳外来演出团体进行演出的剧场。这类剧场没有自己的创作班子和演出组织，一般每隔几周接纳一次外部演出团体的巡回演出，因此也被称为租场剧场。

目前我国大部分剧场是租场剧场，剧场与剧团是各自独立的实体。每年剧场、剧团会通过多种形式洽谈安排演出，签订租赁合同，剧场将在一定时间内出租给剧团，供其演出。剧团可以携带所需演出器材进剧场，装台、排练、走台、彩排与正式演出几场后，再拆台离开剧场。随后，剧场可以继续接纳其他剧团的演出。因此，租场剧场只需要提供演出环境，演出的筹备、舞美设计等均由剧团负责完成。

（4）连续上演制剧场（long run theater）

连续上演制剧场又称特定剧目剧场，指剧场的舞台设备专门为特定剧目设置，演出时间的长短完全取决于票房价值。

一个剧目的演出周期，短则数月，长则数年、十余年。《猫》《悲惨世界》《剧院魅影》《西贡小姐》等百老汇音乐剧均是在一个剧场的演出超过十年的经典剧目，对应剧场就称为连续上演制剧场。巴黎丽都、红磨坊等剧场，我国的深圳世界之窗剧场、锦绣中华剧场、澳门水舞间、杭州宋城剧场、北京欢乐谷剧场，以及近年来不断涌现的实景剧场都属于连续上演制剧场。

这类剧场的剧场工艺、舞台工艺、舞台设备的配置都是针对特定的剧目进行设计的，投入大、制作精良，结合声光电机等高科技舞台技术手段，创造出新颖而独特、华丽而壮观、极尽奢靡的舞美布景和气势磅礴、震撼人心、令人眼花缭乱的舞台效果。这种视觉冲击与剧情融为一体，展现出充满诱惑的魅力，将观众吸引进剧场。

（5）多用途剧场（multi-purpose theater）

多用途剧场是指可以进行不同类型的剧目演出，建筑空间和舞台机械等配置设备不发生改变的剧场。多用途剧场在举行不同类型的演出时，建筑空间形式不发生本质的改变，舞台与观众席的基本形式、观演关系、观众厅的体型、舞台机械设备与设施等不会发生变化。多用途剧场往往以某一演出剧种为主，也可以兼演与主演剧目类型相近，对剧场的声学、视线、舞台形式的要求十分相似的剧种。例如, 歌剧院主演歌剧, 也可以上演舞剧、音乐剧、芭蕾舞剧、大型综艺晚会; 戏剧场主演话剧, 也可以上演京剧、戏曲等。

(6) 旅游剧场 (entertainment theater)

随着文化旅游业的蓬勃发展, 以实景为基础, 以现代声、光、电、机、多媒体等技术手段为支撑, 以当地历史、民俗文化为演出内容, 以舞蹈、音乐、杂技、马戏、武术、模特表演、舞台剧为主要演出形式的剧场, 被称为旅游剧场、游乐剧场或实景演出剧场, 如《印象·刘三姐》《印象·丽江》《印象·西湖》等"印象"系列实景演出剧场。

旅游剧场区别于传统剧场, 并具有如下特点:

①旅游剧场一般不属于市政设施, 而是由旅游区的开发商或者演艺公司投资开发的, 其建设和运营不能像市政剧院那样得到政府财政补贴, 需要在市场经济下自负盈亏。

②旅游剧场附属设施齐全, 如餐饮、零售、酒吧、水疗、酒店等。

③针对固定的演出剧目, 开发商重金打造与演出相关的定制式观演设施、舞美道具、舞台机械、灯光音响设备等。

④高使用率、高容量。旅游剧场是一种连续上演制剧场, 每天上演同一剧目, 甚至每天演出多场, 使用率远远高于常规剧场。同时, 常规容量一般在1 400座到2 000座之间。

⑤舞台形式多样。旅游剧场几乎全部是开放式舞台, 根据演出的实际需要设计为箱型舞台、半岛式舞台、伸出式舞台、岛式舞台、双菱形岛式舞台、中心式舞台等。

3.按舞台建筑规模划分

美国"统一建筑法规"(Uniform Building Code)、美国防火规范 (NFPA National Fire Code)、加拿大国家建筑法规 (National Building Code) 都是按所容纳人数来划分公众聚集场馆的规模的, 苏联剧场建筑设计标准与技术规定也是根据观众人数来确定不同类别剧场的规模的。我国《剧场建筑设计规范》(JGJ 57-2016) 规定, 剧场按规模等级 (座椅数量) 进行划分, 可以划分为四类: 特大型剧场 (extralarge theater, 1 500座以上)、大型剧场 (large theater, 1 201~1 500座)、中型剧场 (middle theater, 801~1 200座)、小型剧场 (small theater, 300~800座)。

大型剧场适宜演出大型剧目, 可容纳较多的观众, 如音乐厅、歌剧院一般为大型或超大型剧场。中小型剧场要求演员离观众较近, 观众与演员之

我国大部分剧场均属于市政设施, 由政府规划、招标建设。

如港中旅集团在珠海海泉湾的梦幻剧场利用三块可旋转的圆形观众区和可升降的中心小舞台做出了由箱形舞台转换为岛式舞台的独特效果; 拉斯维加斯经典剧目KA在舞台上设置了一个可多维度翻转的巨大的机械翻板, 突破了二维的演出界面, 创造了不断变化的立体演出形式。

如广东番禺的长隆马戏城是一座半室内的旅游剧场, 可容纳观众近万人; 拉斯维加斯、迪士尼乐园的露天剧场容量一般上万, 远大于常规室内剧场 (indoor theater)。

如昆明的《云南印象》的箱式舞台; 美国拉斯维加斯著名的KA的伸出式舞台; 太阳马戏团的Love双菱形岛式舞台; 北京欢乐谷华侨城大剧院的环绕式舞台等。

还有一种超大型剧场 (supertheater), 指观众坐席数量在2 501座及以上的剧场。

间容易进行交流,也容易产生共鸣,如戏剧场一般为中型剧场,黑匣子剧场一般为小型剧场。

根据观众容量(audience capacity)来对剧场规模进行划分,是考虑到消防安全、城市建设等方面的基本分类方法。但是对剧场的使用方而言,剧场的规模大小并没有统一的标准,如大、中、小型歌剧院,大、中、小型戏剧场与大、中、小型音乐厅的规模。

也有部分学者认为应在超大型剧场的基础之上,再增加一类巨大型剧场,例如:好莱坞柯达剧院有3 500座;林肯表演艺术中心大都会歌剧院有3 800座,200个站位(standing capacity);拉斯维加斯恺撒宫酒店的席琳迪昂剧场有4 200座;雷迪森剧院共有6 250个坐席,包括池座(stalls)3 500座、楼座(balcony)2 750座,分设在三层挑台(cantilever platform)上;盐湖城圣徒会会议中心则有21 000座。

4.按耐久年限划分

剧场按照使用性质、耐久年限、耐火等级、功能环境等级,可划分为甲等(100年以上)、乙等(51~100年)、丙等(25~50年)。

《剧场建筑设计规范》(JGJ 57-2016)将剧场建筑的等级分为特等、甲等、乙等三等。特等剧场的技术要求应不低于甲等剧场,根据具体情况确定。甲、乙等剧场应符合下列规定:

设计使用年限不少于50年;耐火等级不应低于二级;室内环境标准及舞台工艺设备要求应符合该规范的相应规定。

5.按建筑等级划分

剧场根据建筑等级,可以分为特等剧场(国家级)、甲等剧场(省级重点剧场)、乙等剧场(省级一般剧场)、丙等剧场(一般剧场)等。

6.按所处环境划分

剧场按所处环境可分为室内剧场(indoor theater)、露天剧场(openair theater)、流动剧场(mobile theater)。在这几大类剧场中,室内剧场占有绝对的主流地位,室内剧场的变化最多,也最复杂。

1.3 舞台

舞台是剧场建筑的主要构成部分之一,在剧场中为演员提供表演空间,

站位:供观众站立观看演出的固定区域。

挑台:全称为悬挑看台,是在观众厅内设置的悬挑式看台,用以增加观众席位。

是演员进行演出活动的部分的总称。舞台和观众席可以使观众和演员形成一定的观演关系,并使得观众将注意力集中于演员的表演,获得较好的观赏效果。

舞台可以按照舞台与观众席的摆放关系划分,也可以按照舞台的建筑形式进行划分,如图1-6。

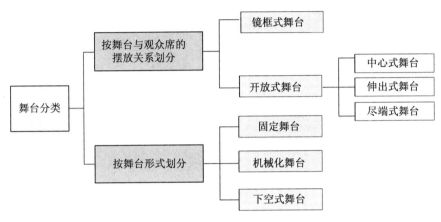

图1-6 舞台分类结构图

1.按舞台与观众席的摆放关系划分

从观演关系出发,可以将舞台的形式分成两大类,一类为镜框式舞台,一类为开放式舞台。

(1) 镜框式舞台 (picture-frame stage/proscenium stage)

镜框式舞台是指剧场在观众席和舞台之间设置巨型框式装饰台口,分隔出表演区和观众席,为观众呈现演出舞台空间的镜框式画面,这是传统舞台形式之一。

镜框式舞台是为实现透视布景而发展起来的。建筑结构台口起到三个基本作用: 分割舞台与观众席; 为观众呈现出镜框开口,演出呈现的视觉效果通过这一开口展示给观众; 遮挡与隐藏非演出内容,为快速转换布景、演员候场、工作人员服务演出提供空间,如图1-7。

图 1-7　镜框式舞台结构图[①]

（2）开放式舞台（openstage）

> 开放式舞台是指舞台表演区和观众席在一个空间内的舞台形式，包括伸出式舞台、中心式舞台、尽端式舞台等。

开放式舞台的表演区和观众席处于同一空间。舞台与观众席的相对关系通常根据实际演出需要进行安排。在开放式舞台剧场中，舞台和观众的相对关系通常被划分为伸出式舞台（thrust stage/apron stage）、中心式舞台（arena stage/space stage）、尽端式舞台（end stage）等，如图1-8至图1-10。如进一步划分，又有多种形式，如中心（岛式）舞台（arena stage）、半岛舞台、中间舞台（traverse stage）、尽端舞台、伸出式舞台、边舞台、环形舞台（ring stage）等。它们均可以划分为伸出式舞台、中心式舞台、尽端式舞台中的某一类或某一类的变种。

伸出式舞台又被称为三面舞台，呈多边形或矩形，观众席从左、中、右三个方向围绕舞台分布。伸出式舞台多见于时装秀、综艺节目演出，舞台深入到观众席中，使表演更加靠近观众，如图1-8。

---

① 　图片来源：浙江大丰（杭州）舞台设计院。

图 1-8　伸出式舞台结构图[1]

中心式舞台是指位于两侧的观众席将舞台夹在中间构成观演方式的剧场舞台，舞台深入到观众席中，表演更加贴近观众，如图1-9。

中心舞台：又称岛式舞台，表演区设在观众席中间，观众席四面环绕表演区的舞台形式。

中间舞台：又称横向舞台，表演区设在观众席之间，观众席相向位于表演区的长轴两侧的舞台形式。

环形舞台：表演区设在观众席四周，以环形或半环形将观众席围在中央的舞台形式。

图 1-9　中心式舞台结构图[2]

尽端式舞台是指舞台表演区和观众席在同一个空间内，舞台的设置靠近建筑结构一端的剧场形式，尽端式舞台多见于实验剧场，如图1-10。

①②　图片来源：浙江大丰（杭州）舞台设计院。

图 1-10　尽端式舞台结构图[①]

2.按舞台的形式划分

从舞台本身的具体形式出发,又可将舞台分成三大类:一类是固定舞台,一类是机械化舞台(machinery stage),还有一类是下空式舞台(traps stage)。

(1)固定舞台,一般是指舞台台面不能变动,且没有台下机械的舞台。这类舞台多见于会堂、礼堂、报告厅、影院、多功能厅等。

机械舞台:装有台下机械的舞台。

(2)机械化舞台,是指舞台台面可以实现变换,装备有固定式升降台、车台、转台等台下演出机械的舞台,常常布置为品字形结构或品字形的变形结构,由主舞台、侧舞台和后舞台组成。这类舞台多见于专业剧场,如戏剧场、歌剧场等,配合镜框式建筑结构台口,形成镜框式舞台。

(3)下空式舞台,舞台台面由众多分块拼装而成,每一块都可根据需要改装或移除,不装备固定式升降台等演出机械,台下的空间可灵活安装演出所需的装置或移动式舞台机械。

练习题

1.什么是剧场?什么是舞台?

2.剧场与剧院有什么区别?

3.大剧院与演艺中心是什么?与剧场有何区别?

---

①　图片来源:浙江大丰(杭州)舞台设计院。

4.剧场按照用途划分为哪几类? 各有什么特点?

5.剧场按经营模式划分为哪几类? 各有什么特点?

6.剧场按照观众席座椅数量可以划分为哪几类? 各有什么特点?

7.剧场按照耐久年限可以划分为哪几类? 各有什么特点?

8.按舞台与观众席的摆放关系划分,舞台有哪两种基本形式? 各有什么特点?

9.开放式舞台一般包括哪几种形式? 各有什么特点?

10.舞台按照其形式可以划分为哪几类? 各有什么特点?

第2章　剧场发展史

2.1　剧场来源

在历史上，希腊人创造了真正的戏剧。关于最早的戏剧，一种说法是由赞颂酒神狄俄尼索斯（图2-1）的乐舞演变而来，相传累斯博斯岛的阿里翁是表演这种乐舞的第一人，随后这种表演形式逐渐发展为最早的悲剧。公元前534年，希腊戏剧已经得到政府官方的承认与经济资助。政府在雅典的酒神剧场确立了颁发戏剧奖的制度，奖励每年最佳的剧本作家。第一位在悲剧竞赛中表演并获奖的演员是泰斯庇斯（图2-2），他的贡献可能是在演唱过程中加入了演员的道白，也被称为开场白。据学者们估计，最早的表演场地约在公元前550年至公元前500年出现于雅典的市集广场中。据传，演员泰斯庇斯在公元前594年带着他的合唱队与戏车到雅典时就在这个市集中演出过。关于这个市集与木头看台的描述只见诸文学作品中，已无实物可考。但晚些时候在其他市集中用石砌的小看台在今天仍可见到。

图2-1　酒神狄俄尼索斯与康塔罗斯酒杯 (Kantharos)[①]

[①]　图片来源：https://en.wikipedia.org/wiki/Dithyramb。

图2-2　泰斯庇斯和他的马车（浮雕）①

在拉托市集旁，正对阿尔忒弥斯神庙有一座石砌看台，其大小、形状均与希腊古瓶上留下的希腊人看台看戏的情景中的看台十分相似，最初人们可能都是直接坐在石阶上看戏的。另一个例子是伊卡拉酒神祭坛旁与集市广场连在一起的看台与表演场地，相传泰斯庇斯很可能也在这里表演过，如图2-3。此坡地的一端筑有土墙，与广场连接在一起，挡土墙的一侧以土填平作为表演场地。最初观众均席地而坐，仅长者坐在木凳上，后来，观众席都安上了木凳。最靠近表演场地的地方安置有荣誉席［为长者或主要祭祀人员安排的座位（seat）］，这些座位可能是石砌的，而早期的表演场地可能是矩形或梯形的。

挡土墙：支撑山坡土体变形失稳的构造物。

座位：供观众观看演出的座椅。

① 图片来源：https://en.wikipedia.org/wiki/Thespis。

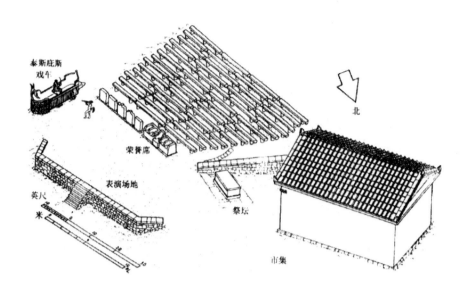

图2-3　希腊伊卡拉酒神祭坛旁的表演场地①

目前发掘出来的最早的希腊永久性剧场是阿提卡的扫里哥剧场,约建于公元前525年,并且经过了两个阶段的扩建。最初的观众席为放置在山坡上的长条木板凳,面对矩形的表演场地。这个场地也是先砌了挡土墙之后用土填平的。公元前5世纪的第一次改建中,人们扩大了表演场地,同时在山石上凿出坐席来代替木板凳,增加了环绕表演场地的两翼。最前面一排坐席正中的长条石凳上刻有一条条印记,用来区分每个座位的宽度,从而标记荣誉席。

表演场地的一侧建有一座酒神庙,它和观众席的边翼之间留下的通道作为表演队伍入场的通道。在公元前4世纪的第二次改建中,为了进一步扩大观众席的容量,将原有的观众席向后延伸,由于后排座位已经高出了山坡许多,因此不能利用山坡自然地形的部分就用石材筑成,并且在观众席的最后一排修建了同山坡相连的坡道。扩建后的坐席呈现类似椭圆的弧线形,如图2-4、图2-5。

① 图片来源: 李道增. 西方戏剧·剧场史(上册)[M]. 北京: 清华大学出版社, 1999.

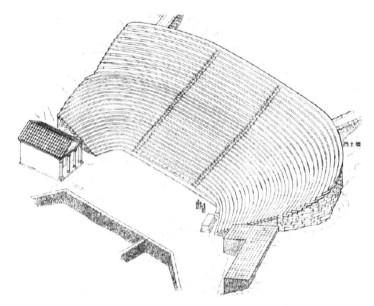

图2-4 公元前4世纪改建后的扫里哥剧场[1]

图2-5 现存的扫里哥剧场遗址[2]

酒神剧场（又名狄俄尼索斯剧场）是位于雅典卫城南麓，利用山坡地形修筑的一座大型的永久性剧场，如图2-6、图2-7。最早的酒神场地可能也是自由形，近似矩形或者多边形。表演场地的中央设置了祭坛与一张放置敬神

---

① 图片来源：李道增.西方戏剧·剧场史（上册）[M].北京：清华大学出版社，1999.

② 图片来源：https://en.wikipedia.org/wiki/Thoricus。

牺牲的桌子, 最初可能在这张桌子上演戏, 后来才在搭起的一座小平台上演戏。公元前5世纪到公元前4世纪间, 这个场地逐渐发展为圆形, 并且在表演场地上建了景屋。

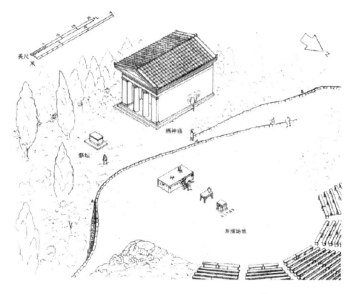

图2-6　早期酒神剧场的表演场地设想[1]

图2-7　现存的酒神剧场[2]

景屋可以称得上是最早的舞台布景。其实最早的景屋是用来供演员化妆、更换面具、更换服饰用的, 渐渐才转变为演出的背景, 以达到布景的功效。传统的歌咏舞蹈, 可以在周围围着圈观看, 但是增加演员演出后, 观众

① 　图片来源: 李道增. 西方戏剧·剧场史（上册）[M]. 北京: 清华大学出版社, 1999.
② 　图片来源: https://en.wikipedia.org/wiki/Theatre_of_Dionysus。

看戏时就有了方向感, 而景屋的设置更是强化了这种方向感。景物的复原图主要来自表演场地上放置木柱的石槽和希腊古瓶上描绘的舞台画面, 如图2-8, 西方学者综合各种参考资料对柯林斯剧场景屋的设想, 认为在石槽的上方可能有用木柱支起的矮平台, 台后有一片墙或景片, 墙上还有几个门洞, 墙的上方还有支架挑出的屋檐。由于在酒神剧场的表演场地上也发现了类似的结构, 人们根据石槽的位置分布, 设想景屋是一幢简单的正中设有一个门的小屋, 供演员换装的临时房间设在下层, 有楼梯可以上下。并且随着后墙的加入扩展为一排房间, 两侧还筑起一排柱廊。

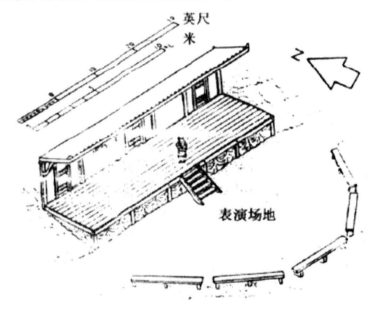

图2-8　对柯林斯剧场景屋的设想[①]

根据希腊古瓶上留下的希腊公元前4世纪的木建筑在后墙或前门均设置门廊、柱廊的形式, 也有人设想景屋为一座长条形的建筑, 两侧伸出两座门廊, 屋顶上有孔, 可用梯子爬上去。在平整的屋顶上也可以演戏, 主要用于表演神明或英雄人物, 升天或下凡等情节均可以用简单的机械设备完成。正中的大门内也有演员演戏, 如有需要, 则以带轮子的车台将演员从门后推到门前表演。

公元前4世纪是希腊剧场的普化时期, 这期间最著名的是大约公元前350至公元前340年建成的埃皮达鲁斯剧场, 如图2-9。据说罗马时期很多剧场都进行了改造, 但是唯独这个剧场还保留着希腊剧场的形式。普化时期的剧场具有一些共同点, 如露天的舞台和观众席, 坐席数量在1 000座以上, 圆

① 图片来源: 李道增. 西方戏剧·剧场史 (上册) [M]. 北京: 清华大学出版社, 1999.

形的表演场地（也称作乐池），后方设有景屋，舞台位于景屋前方，呈现长条形，高出表演场地一定高度，并且有数根柱子在舞台下方构成柱廊形式的场地背景。观众席多呈石砌的半圆形。前侧最靠边的一块坐席往往被希腊人认为是最坏的坐席，留给外国人、迟到的人和妇女使用。

图2-9　现存的埃皮达鲁斯剧场及景屋[①]

除了圆形之外，还有一些坐席被设计成扇形的，但是为了达到和半圆形剧场相同的容量，就会沿着扇形向后方增加一大部分坐席，这些坐席的声音和视线效果都很不好。因此半圆形的剧场是更受认可的方案。这些观众席上都设置了横向和纵向的疏散通道。

和早期的剧场相比，普化时期的剧场舞台拉近了同观众的距离。下方支撑的柱廊也逐渐从木柱改成了石柱。舞台的布景采用景片，即放置在舞台后墙上的临时性绘景，用木框架制成，有时可前后放上好几层，用完一层拖走一层（如公元前4世纪的迈加洛波利斯剧场）。另外，随着对景屋的不断改建，原先作为舞台背景的门改成了一些凹型的门洞，被认为是早期的后舞台。不但可以向后延伸舞台，还能够用车台将演员从门洞后推出来。埃皮达鲁斯剧场在公元前2世纪重建景屋时，设计了5个车台。另一个著名的埃雷特里亚剧场在改建成石头建筑时，使用了7个能推进拉出的车台。

和公元前5世纪时简易的车台与转台相比，普化时期的这些机械进行了与木框架景片组合的改良。它可以作为开场，也可以作为场景转换使用。这种转台在随后的演化中逐渐变成三棱柱式的布景。

---

① 　图片来源：https://en.wikipedia.org/wiki/Skene_(theatre)。

公元前146年，罗马征服古希腊，开启了罗马的时代。和希腊的情况类似，虽然在公元前3世纪就有了戏剧活动，但是历史记载的罗马城第一座永久性剧场——庞培剧场（图2-10、图2-11）却直到公元前55年才落成。在永久剧场未建成前，戏剧只能在临时搭成的木构剧场中演出。

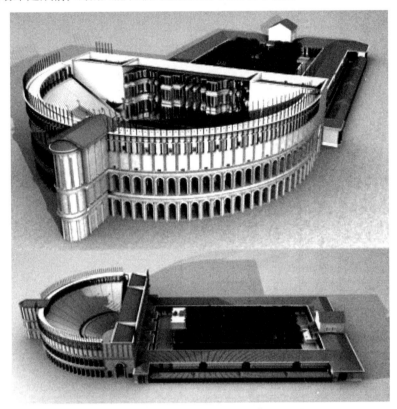

图2-10　庞培剧场复原示意图[①]

庞培剧场最显著的特点在于半圆形观众席的顶部与舞台后台高度取齐，整个建筑的外部统一为一个整体。罗马式舞台的演出场地[池座（stalls）]多呈半圆形，舞台高度比希腊剧场要低得多，有的舞台上还设有供演员从台仓钻出的孔洞。舞台前沿装饰有壁龛，龛内有雕塑，舞台后墙也装饰有豪华的建筑柱式与壁龛。观众席有时建在山坡上，但多数建在平面上，由拱券支架层架起，出入口分散在底层拱廊内通往各个楼梯的部位。对罗马人来说，非戏剧性的娱乐运动也会在剧场内举行，例如角斗、斗兽等。于是他们在庞培剧场的半圆形场地沿观众席的一面砌了一座大理石矮墙，让元老院的权贵们能退到矮墙后面观看，称之为罗马屏障。有了矮墙的存在，罗马人也能把半圆形场地注满水，演出海战或水上芭蕾等。

---

① 图片来源: https://tieba.baidu.com。

图2-11　现存的庞培剧场[①]

　　罗马时期的剧场从形式上大致可分为两种：第一种是纯罗马式；第二种是经过改建的希腊式剧场，也称为希腊—罗马式。在原属希腊的地域上很少建斗兽场，但原属罗马的省，不但建剧场，还建了很多斗兽场、竞技场，甚至到罗马后期还将剧场改造成表演斗兽、格斗或水上芭蕾的场所，反映出两种文明的显著差别。图2-12是位于约旦的杰拉什剧场，其舞台建筑也采用了罗马式。

图2-12　位于约旦的杰拉什（Jerash South Theatre）剧场，其舞台建筑为罗马形式[②]

①　图片来源：https://baijiahao.baidu.com。
②　图片来源：https://en.wikipedia.org/wiki/File:Jerash_South_Theatre_Stage。

希腊和罗马时期也有专门修建的音乐堂。最早的音乐堂为建于雅典卫城酒神剧场旁的方形大厅 (图2-13), 公元前86年一度被毁, 公元前52年又由两位罗马建筑设计师重建。音乐堂大多是室内的, 周围有墙, 上方有顶, 采用矩形或正方形平面, 有一段窄长的舞台, 台前有比半圆小得多的平地, 平地前才是平面呈同心圆的斜坡坐席, 容量比室外剧场要小得多。

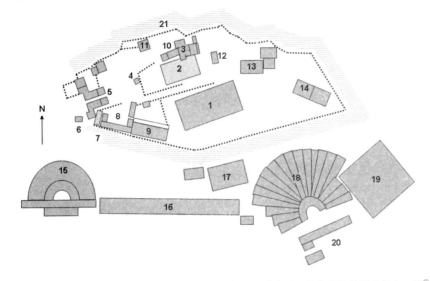

图2-13　雅典卫城的方形音乐厅示意图 (图中数字19), 该音乐厅紧邻着酒神剧场的入口处[①]

罗马时期对于剧场建设起重要推动作用的著作是公元前1世纪末, 由建筑家维特鲁威写成的《建筑十书》。书中一部分涉及希腊和罗马的剧场建筑, 对城市规划、建筑、剧场设计、声学等均有论述, 能够给当时设计营造剧场的建筑家提供参考, 也是世界上第一部涉及剧场设计的历史和经验总结的专业书籍。书中简单明确地总结了若干条设计中的几何规则, 并与希腊剧场进行了对比。例如圆形表演场地的圆心是整个剧场布局的中心, 圆内套了四个等边三角形, 四个三角形的12个顶点将圆周十二等分, 顶点位于正中的三角形底边决定了舞台后墙的位置, 穿过圆心, 平行于后墙的直线为舞台前沿, 这样舞台的深度就是圆形场地半径的一半。三角形中的12个顶点, 有7个与圆心相连的放射线, 规定了观众席纵向过道的位置, 正对着象眼门洞。根据这个建议, 多数剧场均设7个象眼门洞与7部楼梯。除此之外, 维特鲁威还给出了座位排列的方法和坐席的尺寸要求, 在第五书 (公共建筑) 中, 他还提到了选址对剧场内声音的影响, 并介绍了在观众席下方安置共鸣缸来增加声音的清晰度与和谐性的方法, 如图2-14。

---

①　图片来源: https://en.wikipedia.org/wiki/Odeon_of_Athens。

图2-14　建筑十书中的共鸣缸示意图[①]

2.2　西方剧场发展史

罗马帝国解体后的几个世纪里，由于戏剧在很长一段时期内不被官方认可，因此戏剧几乎退化到公元前6世纪的原始状态。剧场也遭到了停建。一直到10世纪后期，随着教堂的兴建和礼拜式戏剧的出现，人们开始在教堂中演出，演出内容主要是基督的诞生与死亡，舞台是放置在教堂中央甬道上的不同形式的景屋，象征场景所在的地点。简单的戏只有一座景屋，复杂的戏则根据演出场景的数量设置多个不同形式的景屋。演员根据戏的情节变化，走到不同的景屋前面演出。有的景屋里面可以钻进好几个人，平时也可以存放道具，前面有帘子，角色可以突然从中走出或者隐入。当有多个景屋时，它们的距离彼此很近，观众看戏时需要将景屋与周围的表演空间联系起来。通常这些景屋都朝着观众排成一行，最左边是天堂，最右边是地狱，中间象征着人间，不同景屋之间没有台框，象征天堂、人间和地狱都在同一个宇宙中。天堂景屋多半布置得非常华丽，并且高于其他景屋，一般还会安装飞行设备。地狱在布置时通常需要设置较复杂的机械机关，伴随着火光、烟雾的效果，用于制造令人恐惧的场景。

随着礼拜剧的发展，也许是室内有限的空间不满足繁杂场景的设置需求和更多观众的需要，也许是日益盛行的戏剧干扰了教堂中原本需要定期举行的教会仪式。13世纪开始，绝大多数戏剧都开始移向室外，例如教堂门外的平台上，而观众站在教堂前的广场上观看，如图2-15。

---

① 　图片来源: 维特鲁威. 建筑十书[M]. 北京: 北京大学出版社, 2012.

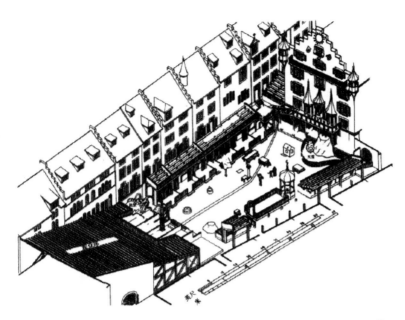

图2-15　罗齐那演出耶稣受难剧示意图，广场上布置了景屋和看台，1583年①

　　14—16世纪是欧洲著名的文艺复兴时期。由于对古典学术的兴趣，人们也热衷于研究古希腊与古罗马时期的戏剧和剧场建筑，并将从中学到的设计理念带入新舞台的创建中。这期间最著名的是意大利的剧场和英国的剧场。15世纪末到16世纪初，意大利的剧场经历了从分散独立的景屋，演化成把景屋并排放在一起形成一个整体，接着又演变成一幅展开的平面画景，最终发展成一套有明显深度感的布景的变革。其中，利用透视原理绘制的布景在剧场发展中展现了极其重要的推动作用。当时的许多布景都是由一流的大画家与建筑师绘制的，如佩鲁齐和瓦萨里等人，并且在演出中取得了出人意料的效果。透视布景的出现也催生了镜框式舞台的发展，文艺复兴早期的布景，最前面两侧的房子常被设计成侧框的模样，只要加上上面的横框，就变成一个镜框台口。这种台口设计不仅能够约束观众的视野，突出舞台的纵深感，还能遮挡舞台机械设备。1545年，佩鲁齐的学生赛里奥对16世纪的戏剧实践加以总结，写出了《建筑学》这本传播意大利建筑经验的名作。该书对剧院应如何建造，舞台如何搭，布景该如何布置都一一进行了说明（如图2-16），并且突出了透视法在舞台地面和布景中的运用。1585年，维琴察的奥林匹克剧场建成，这是当时最严格遵守维特鲁威的思想而设计出的剧场，也采用了透视法的布景方式，是目前留存下来的最早的文艺复兴时期意大利的永久性剧场，如图2-17。

---

① 图片来源：李道增.西方戏剧·剧场史（上册）[M].北京：清华大学出版社，1999.

图2-16　赛里奥设计的舞台布景, 1545年 (左: 悲剧场景, 布景是庄严的宫殿, 引向后部的凯旋门, 描绘出柱廊、山墙、雕像等其他适合帝王身份的装饰; 右: 喜剧场景, 布景是私人住宅, 有阳台、烟囱和窗户) [①]

图2-17　奥林匹克剧场的舞台 [②]

　　英国的文艺复兴精神主要不是通过建筑与绘画表达的, 而是通过诗、戏剧创作表达的, 因而也产生了具有自己独特风格的剧场形式。1558年, 英国女王伊丽莎白一世登基, 随后的84年被称为英国历史上在戏剧方面取得最辉煌成就的时期。为了满足大众的娱乐需求, 伦敦共建造了9座公共的露

① 图片来源: 郑国良. 图说西方舞台美术史——从古希腊到十九世纪[M]. 上海: 上海书店出版社, 2010.
② 图片来源: https://en.wikipedia.org/wiki/Teatro_Olimpico。

天剧场。它们大多由旅馆和驿站的院落改建而成, 大小不一, 最大的可容纳 2 000~3 000名观众。1576年, 英国第一座永久性的公共剧场 (名字就叫The theatre) 开幕, 也为从前靠巡游演出的戏剧团队提供了自己的演出基地。

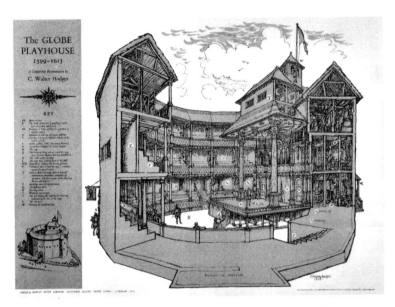

图2-18 环球剧场假想复原图 (C. Walter Hodges) [①]

在9所公共露天剧场中, 环球剧场 (The Globe, 1599—1613, 1614 (重建) —1644), 就是莎士比亚自己的剧场, 如图2-18。他同时兼任所有者、法人、导演、演员和作家。在环球剧场建成之前, 剧场都是多用途的, 而环球剧场开始专供演员演戏用, 不能再做其他用途。伊丽莎白时期的剧场特点如下:

(1) 有一个相当大的露天院落式空间, 上面没有屋顶, 通称"池子 (pit)"或"场 (yard)"。

(2) 场地有多种形式, 例如圆形、方形、五边形和八角形。

(3) 场地四周围绕了三层有屋顶的环廊 (gallery), 至少有一层廊子里的一部分做成包厢 (box) 形式, 其他廊子里都放上长板凳; 池子里的观众站着看戏, 要付费才能登上楼梯坐在板凳上看戏, 观众席从三面包围舞台, 观众距离舞台普遍很近。

(4) 舞台是一个伸到观众席中的大平台, 上方有坡屋顶, 能够遮挡雨雪, 也便于在屋顶阁楼上安装制造特殊效果的滑轮和其他器具; 平台上有活动盖板, 下有台仓。

---

① 图片来源: https://en.wikipedia.org/wiki/Globe_Theatre。

（5）舞台后墙左右各有一个门，为上下场门。

伊丽莎白时期的舞台基本结构相对简单，而莎士比亚的剧本也正是适应这种舞台条件写出来的。没有大幕和多少布景，重要的是表演和道具，并且频繁地换场，衔接得非常流畅，如图2-19是文艺复兴时期观众在剧场中看戏的情景，戏剧表演在这个时候呈现一片繁荣的景象。

图2-19　英国文艺复兴时期的剧场，池座里的观众普遍站着看戏，观众距离舞台很近[①]

文艺复兴之后的17世纪，欧洲的艺术活动进入了一段新的发展时期，也就是人们通常所说的巴洛克时期。"巴洛克"这个词最早来源于葡萄牙语（BARROCO），意为形状怪异的珍珠，彰显了这个时期艺术的独特性。由于巴洛克时期的艺术风格同文艺复兴时期的古典主义不同，欧洲人最初用这个词作为一种带贬义的称呼。而现在，这个词已失去原有的贬义，仅指17世纪风行于欧洲的一种艺术风格。在这个时期，歌剧从意大利产生，并且逐渐传播成为欧洲大陆上最主要的戏剧形式，1637年，威尼斯建立了第一座歌剧院。巴洛克时期剧场的主要特色为：

（1）宽敞的舞台设置，留有足够的空间设置布景，能够制造更深远的透视效果。

（2）观众厅平面普遍呈卵形或马蹄形。

（3）将观众席的各层廊道分成小间的包厢，从舞台方向看观众席的后墙与侧墙，形似蜂窝状的包厢，增加观众的私密感与舒适度。

18世纪建成的位于米兰的拉·斯卡拉歌剧院（如图2-20）是18世纪末欧洲容量最大、设备最精良的剧场，即使在拿破仑战争期间，该剧场也依然没

① 图片来源：https://baijiahao.baidu.com。

有停止演出。观众厅的平面是卵形的，共有6层260个包厢，池座是平的，没有地面升起。许多在这里演出过的歌唱家和乐队指挥都对这个剧场的音响效果很满意，但卵型观众厅突出的缺点就是两侧包厢的视线条件差，观众厅池座中有些地点会出现声聚焦现象。舞台的镜框台口近正方形。台上的布景主要包括侧幕、沿幕和背景幕。平面侧幕与舞台前沿平行，往往画成带有透视实景的布景影片，从前往后按一定间距平行排列。每幅侧幕后面紧紧贴着下一层侧幕，换景时，只需撤走前面一幅，下一幅就自然显露出来了。背景幕也是相同的排列和换景方式。

图2-20 拉·斯卡拉歌剧院的观众厅与包厢[①]

1642—1660年，英国的戏剧演出被禁，著名的环球剧院也被拆毁。直到查理二世复位后，戏剧才逐渐恢复，并在原有基础上吸收欧洲大陆的演出模式，衍生出具有独特模式的剧场。例如伦敦的特鲁里街剧场（如图2-21），其观众厅模式和同时期欧洲大多数国家类似，分为池座、楼座和包厢，且为所有观众设置没有靠背的条凳。但是舞台既有镜框台口，也有一个开敞的平台在镜框台口的前面，将舞台分为前后相等的两部分。这个平台延续了观众席和演员交互良好的风格，能让整出戏的表演伸展到观众席中，而非退到镜框台口的后面。特鲁里街剧场经过了很多次改建，最初在池座和台唇间不放乐池，乐队可能安排在侧包厢中。到1700年，该剧场仅可容纳650人。在1762年与1775年的两次主要更新后，坐席容量（seating capacity）达到了1 800座，

并且将前台深度缩小，在台唇前围起了乐池，在池座与正面包厢中均增加了座位的排数，正面楼座的深度也增加了。随着观众厅容量的增大，舞台的尺寸也在变大，早期的舞台从前台到后墙共10.4米深（镜框式台口约在中间位置），而改建后从镜框台口到舞台后墙的距离已增加到9.14米。

图2-21　特鲁里街剧场[①]

18世纪的德国作为一个在戏剧行业大器晚成的国家，除了诞生了歌德、席勒这样的戏剧大师以外，在剧场设计中，尤其是舞台机械上的贡献尤为突出。巴洛克时期在德国具有代表性的歌剧院为18世纪中叶建成的慕尼黑新歌剧院，如图2-22。1871年，莫扎特在这里举行过首场演出。该剧场不仅包括舞台设备，在池座观众厅地下也有可调节地面坡度的机械设备。观众厅池座木地板底下有一整套杠杆，一端装上石块作为平衡重，使得池座地面既可变成有坡度的，也可调节成和舞台台面基本取齐的平面，以供举行宴会或舞会用。这是剧场史上第一次大胆地运用机械手段调节地面以满足多功能使用的新尝试。另外，这座剧场也是19世纪德国南部第一个使用电气照明的剧场，并在19世纪末安装了西欧第一个转台。

---

① 图片来源：http://blog.sina.com.cn/s/blog_b904adf90102vboe.html。

图2-22 慕尼黑国家歌剧院观众席①

　　巴洛克时期结束后，大多数西方国家都建立了自己的剧场，19世纪开始，戏剧表演艺术进入了写实主义和自然主义的新形态，伴随着戏剧表演的需求，舞台技术得到了极大的拓展，一些科学家对厅堂的声学问题和观众席的视线问题也进行了研究和总结。西欧在19世纪中期建造的巴黎国家歌剧院（如图2-23）和维也纳霍夫堡歌剧院，被认为是当时建筑史上的最高成就。

图2-23　巴黎国家歌剧院②

① 　图片来源：https://en.wikipedia.org/wiki/National_Theatre_Munich。
② 　图片来源：https://en.wikipedia.org/wiki/Paris_Opera。

19世纪末，一位名叫萨克的英国建筑学家兼历史学家总结了当时欧洲几大著名剧场的舞台及建筑平面图，将55座剧场的平面形状以相同的比例尺绘制在同一张图纸上。如图2-24，多数的剧场布局大同小异，舞台大多为镜框式，观众席以马蹄形为主，一些德国和法国的剧场从舞台形式上体现出品字形舞台的雏形。

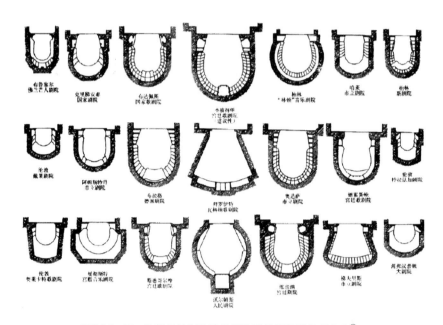

图2-24   同一比例尺绘制的19世纪欧洲的21座剧场观众席[①]

在同时期的美国，大型剧场的建造是一种趋势，然而美国的建筑师阿德勒在设计芝加哥观众厅剧场的时候，渐渐意识到不是体积大、容量多就能提供更好的观演效果。如果不是为了演出特大型的歌舞剧，完全没有必要把观众厅容量设计得太大。1 200～1 500座的观众厅在使用上要比更大的观众厅好得多，1 800座大概是极限，如果看不清，听起来就更加困难。芝加哥观众厅剧场的设计同时也是多用途剧场的有效探索，阿德勒提出，容量大的歌剧院在当时的欧洲各地都有，但美国的剧院根据国情，应当具备既能演出歌舞剧，还能作为音乐厅和会议厅使用的功能。为了控制剧场作为歌剧和话剧演出时的结构和容量，芝加哥观众厅采用关闭楼座，降低天花板等形式来修改剧场的体积。

19世纪舞台技术的一个发展重心体现在舞台布景的垂直和水平移动方式上。其代表技术有意大利体系，法国和德国体系。复杂的布景和机械都

---

①   图片来源: 李道增. 西方戏剧·剧场史（上册）[M]. 北京: 清华大学出版社, 1999.

起源于意大利,在意大利体系中,舞台顶部有栅顶,台面下有台仓。台仓内有直立的杆子从下方伸出台面,用于固定片状的布景,需要换景时,工作人员沿着平行舞台的轨道从两侧把这些带着布景的可移动杆子推出来,如图2-25。舞台上方的布景,由一些滚筒和绞盘实现单根吊杆或多根吊杆的操作指挥。法国体系在意大利式的基础上进行了改进,由于增加了台仓的深度,伸出台面的布景能够完全降低到台仓之下,如图2-26。而德国体系的改进中心为扩展舞台上部空间,通过发明加入滑轮和传动结构的吊杆系统,增加了台上吊杆的数量,也使得换景的操作更加简单、轻便,如图2-27。德国的舞台机械技术在这一时期也达到了欧洲的顶尖水平,19世纪末的莱锡顿茨剧场已经能够用电机来驱动所有台上及台下机械。在舞台灯光方面,19世纪80年代以后,舞台观众厅已经普遍改用电灯,煤气灯容易漏气,产生火灾,还可能发生爆炸,因此采用电灯后,剧场的安全性有了很大的提高。

图2-25　意大利体系侧景运行图[①]

---

① 图片来源: 郑国良. 图说西方舞台美术史——从古希腊到十九世纪[M]. 上海: 上海书店出版社, 2010.

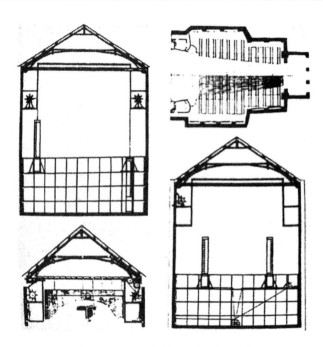

图2-26 法国体系舞台机械布置图①

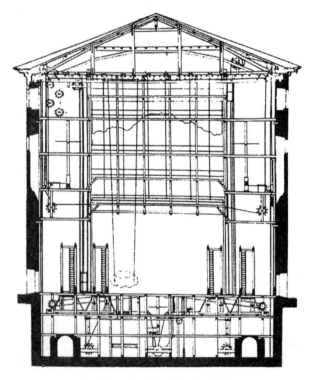

图2-27 德国体系的舞台机械②

①② 图片来源: 郑国良.图说西方舞台美术史——从古希腊到十九世纪[M]. 上海: 上海书店出版社, 2010.

　　20世纪剧场的发展从改进19世纪的剧场产生的声学问题开始。由哈佛大学的赛宾教授作为声学顾问的波士顿交响音乐大厅成为第一所在建造前就经过了声学设计的剧场（如图2-28），因为混响公式的有效运用，该剧场的声学效果和当时欧洲音响效果最好的莱比锡音乐厅相当，但是观众容量（audiencecapacity）却比莱比锡音乐厅增加了70%。德国的魏玛皇家剧院通过乐池的升降实现了可变化的台口设计。为了制造更为亲近的观演关系，回归开放式剧场和小剧场的建造运动也在这一时期进行。由于镜框式舞台设计的延续，从德国开始，很多剧场开始采用高度和宽度可变的台口设计，这种活动装置逐渐发展为可移动的假台口。

图2-28　波士顿交响音乐厅[①]

　　在20世纪的剧场发展中最值得一提的是，德国德绍的地方剧场开创了第一个品字形布局的机械舞台形式。德国柏林老歌剧院重建时的机械舞台也采用了这一结构。品字形舞台的特点是，在主舞台的两侧各有一个侧台，而主舞台的后方有一个后台，三类舞台的面积差不多，有利于整体平移和换景。从上方看上去，就如同汉字的品字写法。品字形舞台被认为是一种较大限度利用舞台结构的合理布局方式，美国的很多大型剧场也采用了标准的品字形舞台形式，这种构造对于我国近代剧场的舞台设计起着举足轻重的作用。

---

① 图片来源：http://www.archcy.com。

20世纪50年代以后，剧场的一个最具现代化的组合形式，也就是演艺中心（Center for the Performing of Arts）的概念开始在美国产生。它一般指由多个可以进行歌剧、戏剧或音乐演出的观众厅组成的建筑或建筑群，具有一定的商业性质，其代表性建筑为美国纽约的林肯演艺中心（包括3 788座的歌剧院、2 801座的戏剧场和2 741座的音乐厅，如图2-29）、悉尼歌剧院（包括2 690座音乐厅、1 547座歌剧院，553座戏剧院、400座电影厅等）和香港文化中心（包括1 734座的大剧院和2 085座的音乐厅）等。这和欧洲的剧院设计是不同的，欧洲的剧院设计很少把不同性质的观众厅组合在一起，更常见的情况是将同种类型的剧场集中在一起，如伦敦的皇家剧院（Royal National Theatre，内含三个独立的戏剧场，分别可容纳1 100、890和400人）。

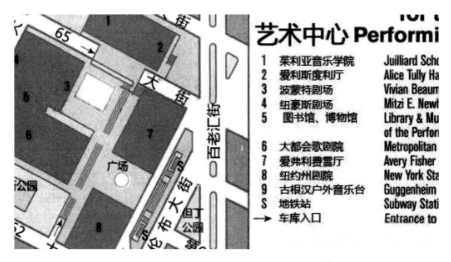

图2-29　林肯表演艺术中心建筑分布示意图[①]

演艺中心的出现是当代社会和经济发展的必然产物，是城市更新的重要内容，也是艺术普及发展的客观要求。多数演艺中心在设计规划时就预计成为大型的标志性公共建筑，能够直接有利于形成完备的服务设施，创建良好的观演环境。从演出内容的角度，避免了多功能剧场在专业表现和技术要求上的不足。此外，利用演艺中心的环境，能够更好地推动表演艺术的研究和交流。

---

① 图片来源：http://www.chla.com.cn。

2.3 中国古代剧场简史

我国的戏剧发展已延绵千年，最初的戏剧形式同样起源于原始人类的宗教性模仿仪式歌舞（如图2-30，葛天氏之乐），相关考证主要依据史前岩画、古瓶上绘制的歌舞仪式场面及古籍中对演出活动的记载。对于正式剧场的产生，很多学者都认为要从宋代的勾栏瓦舍开始算起。中国传统戏剧（戏曲）从内容和

图2-30 葛天氏之乐，为中国古代祭祀农事神明的拟态性乐舞，通常在原野上进行[1]

形式看，对时空设定往往较为自由，没有因为剧场形式制约演出；从需求看，更倾向于在任何场所随时随地进行演出的方式，因此很长时间对于专门化剧场的要求都不强烈。

戏剧早期的服务观众主要是享有优越社会地位的贵族阶级，因而最初的演出场所主要迁就于观演者的舒适便利，并不十分顾及表演的需求，早期的演出场所主要在以下三种场合进行：

(1) 贵族家庭的房屋厅堂。

(2) 堂前阶下的庭院或大殿前面的露台。

(3) 广场，这类演出往往由皇帝或贵族组织。

从广场的演出开始，百官和群众的观演有了最早的、可以当作观众席来理解的场所——"看棚"。看棚有时很大，还可以隔成小区，区分不同档次的观看人群。

早期的舞台（戏台）的基本条件是一个高出地面的台子，供观众围观，相关的记载最早见于汉代。《洞冥记》上书，"武帝起招仙之台于明庭宫北……于台上撞碧玉之钟，挂悬黎之磬……唱来云依日之曲。使台下听而不闻管歌之声"，可见戏台具有一定的高度，且早期的用途是乐神而不是娱人。《汉书·文记记赞》中也提到，"（文帝）常欲作露台，召匠计之，直百金。上曰，百金，中人十家之产也。"露台可看作早期舞台的一种，可作为演出场所，也可作为歌舞、奏乐场所。

六朝时期出现了一种专门用于奏乐的木结构台子，称作"熊罴案"，平面呈正方形，有台阶上下，台周有木栏杆，如图2-31。直到唐代，终于出现了专门

---

① 图片来源：https://baike.baidu.com。

的"舞台"名称,如《教坊记》中写道,"于是内妓与两院歌人,更代上舞台唱歌",诗人杜牧在《寄远》一诗中提到:"向春罗袖薄,谁念舞台风。"

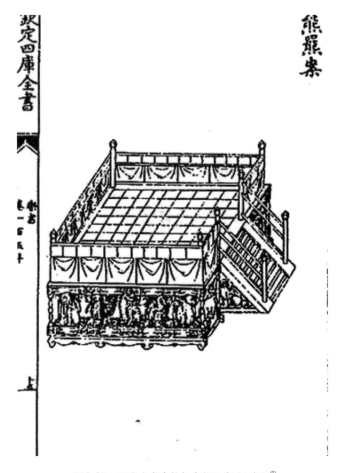

图2-31   四库全书中的舞台熊罴案(六朝)[①]

对于早期演出场所的称谓,至今也没有统一的说法。唐代文献记载中,有"歌场""变场"和"戏场"的区分。其中,歌场和变场有较明确的演出目的,歌场主要用于表演歌舞;变场主要用于寺院俗讲,讲说变文。而戏场是百戏技艺表演场所的统称。从隋代开始,戏场就已经成为一种全民观瞻的娱乐场所了。薛道衡有一首《和许给事善心戏场转韵诗》,提到演出内容包括胡舞、拟兽舞、假面舞、杂技、马术、驯兽,等等。

薛林平等人在《中国传统剧场》中总结了中国古代主要的剧场类型,见表2-1。下文主要针对服务于民间大众的神庙剧场、勾栏剧场〔宋〕和茶园剧场〔清〕展开介绍。

---

① 图片来源:http://www.jianglishi.cn。

表2-1　中国传统剧场的主要特征

剧场类型	特征	适用人群
神庙剧场	附属于庙宇、为祭神而建,贯穿整个中国古代剧场史	民间大众
勾栏剧场	宋元时期最重要的演出场所,依附于商业街市	民间大众
祠堂剧场	盛行于明末、清代和民国时期,为祭祖而建	民间大众
私宅剧场	依附于宅院、多建于清代,为家庭堂会和娱乐而建	民间大众
会馆剧场	旅居异地的同乡或同行在京城、省城设置的机构,清初开始建剧场	特殊人群
皇家剧场	和宫廷中的活动相关,可看作是扩大了的私宅剧场,在清代发展	特殊人群
茶园剧场	饮茶、社交活动占主要成分,只收茶资,不售戏票	民间大众

宋代产生的位于城市游艺区的勾栏剧场被很多学者称为中国古代真正意义上的剧场,这个游艺区被称为瓦舍。勾栏的本意是曲折的栏杆,在宋元时期被专指市肆瓦舍里设置的演出棚。勾栏剧场是棚木结构的建筑,备有戏台和戏房,四周闭合,上面封顶,演出可以不考虑气候和时令的影响,如图2-32。勾栏剧场的演出在北宋达到极盛,在汴京有9座瓦舍,其中,桑家瓦、中瓦和里瓦三个瓦舍,有大小勾栏50余座。勾栏剧场有着相对商业化的经营模式,推测可能隶属于官府。

图2-32　勾栏瓦舍 (宋)[①]

---

① 图片来源: http://www.chinavalue.net。

在剧场内部观演空间内，一面建有表演用的专门场地——高出地面的戏台，台子的周围有栏杆。其他从里向外逐层加高的观众坐席，形成了适宜观看的剧场环境。观众席分为两种：神楼和腰棚，如图2-33。神楼是面对戏台位置较高的看台，约等于正面的楼座。腰棚是从戏台四周三面包围戏台的座位，和神楼的价钱是一样的。

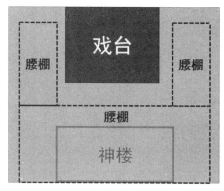

图2-33　勾栏瓦舍内部示意图

在宋代之后的神庙建筑中，戏台已经是重要的组成部分之一。从北宋到清代期间，我国的神庙剧场经历了从舞亭（如图2-34）到殿堂式建筑的发展，但和真正的剧场相比，神庙剧场只有舞台（戏台）的设计，对观众席没有指定的区域要求。山西万荣县桥上村后土庙遗址，保存有北宋天禧四年《创建后土圣母庙记》碑一座，这是我国迄今神庙建筑发现最早的正式舞亭实物记载。舞亭的特点为永久性的固定亭子，四角立柱，上覆瓦顶，四壁洞开。戏台的平面结构为正方形。

到了元代，神庙剧场的发展是在舞亭的后方（与神庙相反的方向）加入了后墙，因此舞亭能够被称为舞楼、舞厅，如图2-35。舞厅戏台往往是1米多的台基，平面方形，石质或砖质。上面为亭榭式盖顶，四角立石柱，后部两石柱间砌有土墙，并在两端向前转折延伸到戏台进深的后部三分之一（如图2-36），墙端加设辅柱。舞厅演出内容为宋元杂剧，采用这种形式的舞台是跟杂剧这种演出内容相关的。加添后墙使戏台形成一个较浅的后台空间，而前面呈三面展开，使得演出由四面观看变为从前、左、右三面观看。这种固定的方向适合观众从故事性的角度欣赏杂剧演出，排除了其他视觉干扰。后墙的添设还能增加演唱的音响效果，为演员的换装、休息留出后台空间，同时为演员的换场提供上下场门通道。

图2-34　山西泽州岱庙内的舞亭类建筑,保留了宋、金的风格①

图2-35　山西郭壁府君庙内保留了元代风格的舞楼,呈正方形,一面有墙,单檐歇山顶②

① 　图片来源: http://6chuanfu.blog.163.com/。
② 　图片来源: http://www.naic.org.cn。

图2-36　临汾市尧都区魏村镇魏村牛王庙舞楼,为木构亭式舞台,平面呈正方形,后墙向前
延展,是中国现存最早的木结构戏台[1]

　　明清时期的很多神庙剧场对戏台进行了改造,从山西、陕西一带现存的戏台研究分析发现,主要表现在对后台和台口的调整。(1)增大后台进深,缩小前台进深,在增设的后墙两侧向前加辅柱,增加侧墙面积,直至三面封闭一面敞开。(2)压低台口高度,在戏台前面加盖卷棚,如图2-37。元代戏台敞亮,表演区大,可以满足包括百戏杂技和歌舞在内的各种表演的需要,但音响效果不够好。卷棚的增加,使得戏台纵深更远,缩小表演区使得音效加强,但是屋檐的降低使光线进一步减弱。但这也是满足当时演出需要的,因为明清以后的戏台主要演出小场面的戏曲。

图2-37　临汾王曲村东岳庙戏台,明清以后在元代戏台前添加了卷棚[2]

①　图片来源:http://www.kaoguhui.cn/webshow。
②　图片来源:https://image.baidu.com。

明清前期，在神庙剧场中新建的戏台建筑开始在结构上发生变化。金元的戏台为近似的正方形亭榭式建筑，而明清时期的戏台多为平面长方形的殿堂式建筑。根据表演的需求，加宽台口，缩小舞台进深，从单幢戏台建筑形制又延伸出其他多种变形，如双幢竖连式（前后连接两重建筑，前方为台口，后面为戏房）、双幢台口前凸式（缩小表演区域面积，形制为亭榭式近似正方形，后方为长方形殿堂式戏房，如图2-38）和三幢并连耳房式（把竖连式双幢建筑改为横连式三幢建筑，把通常放在后部的戏房挪到台口两侧）等。另外，各地根据不同的地理环境也衍生出其他戏台，如山门戏台、过街戏台和水上戏台等。

图2-38　烟台大庙戏台建筑示意图（清初）[①]

大约到了乾隆中期，茶园剧场的兴起，成为我国古代历史上另一个具备一定规模商业化演出形式的正式剧场。它的雏形是宋元时期的酒楼戏园，然而酒楼实在太过吵闹，影响看戏效果，因此又回归到茶园的形式。宋元的时候有茶园唱曲，并不演戏。而清代有了专门看戏的戏园。当时的定义为：听歌而已，无肆筵也，则曰茶园。

茶园建筑整体构造为一座方形或长方形、全封闭式的大厅，厅中靠内的一面建有戏台，厅的中心为空场，墙的三面甚至四面都建有二层楼廊，有楼梯上下，如图2-39。

图2-39　清代茶园剧场[①]

　　戏台靠一面墙壁建立，设有一定高度的方形台基，向大厅中央伸出，三面观演。台基前有两根角柱或四根明柱，与后柱一起支撑起木制加藻饰的天花。戏台朝向观众的三面设雕花矮栏杆，柱头雕作莲花或狮子头式样。台顶前方悬园名匾。有些台板下面埋有大瓮，这和天花藻井的设计都是为了增加声音反射（改善音质）用的。戏台后壁柱间为木板墙，有些造成隔扇或者屏风的式样，两边有上下场门，通向后面的戏房。茶园里的灯光照明采用悬挂灯笼的方法，同治以后，广用蜡烛照明，后来也用窗户引入自然光。

　　和勾栏剧场类似，茶园中对观众席和戏台设计在同一个封闭的环境内（如图2-40），使得演出能够不受外界天气等因素的影响，并且对观众席按照区域和舒适程度进行了严格的区分，楼上官座为一等，楼下散座为二等，池心座为三等，按照等级收费。

图2-40　茶园剧场内部舞台和观众席示意图[②]

①　图片来源：http://www.jsgxgc.org.cn。
②　图片来源：http://blog.sina.com.cn/s/blog_48d706de01009tbv.html。

官座: 茶园里最好的座位, 设定在左右楼上靠近戏台的区域。每座之间用屏风隔开, 类似包厢。左右楼各有三四个包厢, 包厢内配有带座褥的桌椅。

散座: 比官座次一等的座位, 设在楼下两边的楼廊内, 一般设有桌子, 客人围桌而坐。

池座: 茶园里最普通的座位, 设在大厅中间, 摆有许多条桌, 供平民百姓围坐看戏用。

2.4　中国近代剧场简史

中国近代最早的西式剧场要追溯到1868年建成的澳门岗顶剧院 (如图2-41) , 这是葡萄牙人在澳门殖民期间集资建造的, 主要功能包括音乐、戏剧表演、俱乐部 (可供会员游戏、闲谈) 等。剧场是整个建筑的核心部分, 观众厅为圆形 (如图2-42) , 有池座和月牙形楼座, 目前座位的数量为350座。舞台的主台是正方形, 有很小的台唇, 主台两侧有辅助空间, 类似于现在的侧台。主台下有台仓, 可以存储乐器等演出物件。主舞台下几乎没有机械装置, 主舞台上也没有台塔空间, 但是舞台设计是向观众席方向倾斜的, 这种方法沿用了欧洲很多古典剧院的设计, 能够满足观众观看的需求。

图2-41　澳门岗顶剧院

图2-42　澳门岗顶剧院的舞台及圆形观众席[①]

　　20世纪初，我国的戏剧发展进入旧戏的改良和新剧的创造时期，这一时期的剧场也进行了模仿西式的建筑设计。1908年，中国剧场史上第一个改良剧场——上海新舞台建成，如图2-43。舞台下部有仿照日本设计的、可以泄水的台仓，台下机械设有转台。舞台上方有仿照欧洲的台塔，还有一座横贯舞台的天桥。舞台呈镜框式，台口外有很大的伸出式舞台，前沿呈半月形。观众席有池座和楼座，平面为扁圆形，坐席前低后高，保证了观众的视线。楼上没有设置包厢。改良剧场对于舞台的改革最明显，有了镜框式舞台、舞台机械、舞台灯光、舞台布景等，因此，随后效法新舞台的各种改良剧场，纷纷以"舞台"作为剧场的名称，例如上海文明大舞台（今人民大舞台）、更新舞台、三星大舞台等。

　　20世纪30年代，在上海有了影戏院这样的剧场，在剧场营业不景气的时候，通过放映电影来增加收益，放映电影也成了剧场的新功能之一。另外，据1917年1月的《申报》记载，杭州第一舞台多次被租借，承担了会议的功能。

　　20世纪20年代后，随着大批从欧美留学、学得西方建筑技术的人员回国，原本由西方人设计的剧场，越来越多地被这些学成归来的中国人设计。在北京和上海，从20世纪20年代起，几乎所有重要的剧场都是由中国人设计的。1921年，由沈理源设计并建成的北京真光戏院，被认为是最早由留学回国的人员设计的西式剧场，如图2-44。

---

① 　图片来源：http://www.gcs.gov.mo/showCNImage.php? PageLang= C&DataUcn=7031。

图2-43　上海新舞台①

　　真光戏院的建筑形式采用了西方文艺复兴时期古典建筑的形式，具有镜框台口，台唇伸出不多，还有乐池设计，主台深度约10m，一侧设有侧舞台。观众厅有两层，一层为池座，二层为楼座，总量为970座。除演出戏剧外，戏院还可以放映电影。真光戏院在1949年后，改为北京剧场，1956年后，改名为中国儿童剧场，位于北京的东安门64号，旧王府井百货的北侧，如图2-44所示。

图2-44　北京真光戏院（现中国儿童剧场，北京·王府井）②

---

① 　图片来源：http://roll.sohu.com。
② 　图片来源：http://mp.weixin.qq.com。

从宏观角度来讲，我国最初设计的剧场以模仿为主，功能上主要满足放映电影、戏剧演出，甚至集会的使用要求。观众席容量较大，楼座通常采用单层大挑台的形式。舞台相对较小，设计简单，舞台机械的使用并不普遍，不少剧场在设计上存在声学缺陷。

20世纪50年代，我国剧场的发展进入了一个新时期。在这期间新建了一批有影响的剧场，如重庆人民大礼堂、南京会堂、哈尔滨农学礼堂、首都剧场、乌鲁木齐人民剧场等。在剧场的舞台机械、声学等方向的研究也是从这一时期开始的。对东欧多国的访问学习，更是造就了我国剧场史上第一批剧场专家，德国"品"字形舞台也是在这一时期引入中国的，20世纪90年代以后，"品"字形舞台和完备的舞台机械已成为我国各地兴建剧场的标准。

1953年，天桥剧场是中华人民共和国成立之后在北京建成的第一个大型剧场，如图2-45。建成初期只包括观众厅、舞台和一个较小的前厅。舞台进深17m，一侧设有一个侧舞台，主舞台上方有一些吊杆。具有创意的设计是在舞台下面设计了剪叉状的木撑，使得上面铺设的木地板富有弹性，适合舞蹈演出。天桥剧场在建成后进行了两次改建，第一次改建是为了适应国立莫斯科斯坦尼斯拉夫斯基与涅米罗维奇丹钦科音乐剧来华演出的需求，扩大了前厅，建造了较大的后台，重新设计了吊杆和假台口。

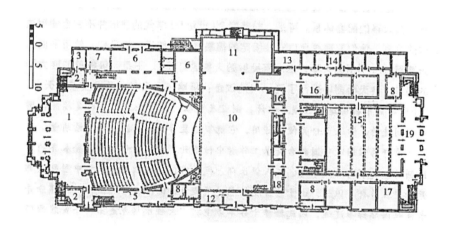

图2-45　天桥剧场一层平面图[1]

1955年建成的首都剧场是继天桥剧场之后，我国剧场借鉴苏联和德国剧场的另一实例，也标志着我国剧场的舞台机械化取得进一步发展。首都剧场的舞台机械完全根据德国系统的舞台机械配置，台上机械有假台口，手动

---

[1]　图片来源：卢向东. 中国现代剧场的演进——从大舞台到大剧院[M]. 北京：中国建筑工业出版社，2008.

单式吊杆和复式吊杆45套, 5道电动灯光吊杆和圆天幕吊杆。台下有直径16m的嵌入式转台。所有这些设备都是我国初次制造, 性能基本良好。首都剧场也是中华人民共和国第一个安装舞台机械 (转台) 的剧场。

20世纪80年代开始, 我国剧场的舞台机械发展延续了20世纪50年代确定的重视舞台机械的方向, 即德国式剧场的方向。在舞台机械的配置中, 中央戏剧学院的实验剧场实现了国内若干第一的设计 (第一个转台加升降台、第一个升降乐池、第一个气垫式车台、第一个后舞台、第一个在主舞台前安装防火幕), 中国剧院则配备了当时最全面的舞台机械, 包括4个双层子母台、6块车台、5个装在升降台上的小转台, 升降乐池、吊杆和防火幕也一应俱全。

同一时期的中国台湾和中国香港, 也逐渐产生了关于演艺中心的模式, 例如在20世纪80年代的台湾中正文化中心和香港文化中心。台湾中正文化中心包括中正纪念堂、戏剧场和音乐厅等3项大型建筑, 香港文化中心主要有音乐厅、大剧院、小剧场和展览厅等。

建成于1989年的深圳大剧院, 其建筑设计是国内设计人员完成的, 但引进了英国舞台设计有限公司 (T.T.) 的机械设备, 灯光设备上也引进了英国的产品, 音响设备由香港的音响顾问公司提供。此外, 深圳大剧院是第一个实际建成的具有"品"字形舞台的剧场, 也是中国内地第一个具有表演艺术中心性质的大剧院, 包括一个大剧场 (包括池座和一层楼座, 共1 304座) 和一个音乐厅 (632座, 设有主舞台和两个侧台), 象征了先进剧场的发展方向。

20世纪90年代, 改革开放带来了经济的迅速腾飞。在一些中心大城市及沿海地区, 兴建"大剧院"的风潮逐渐开始, 大剧院成为各地的标志性建筑。自1993年以来, 建成的大剧院主要包括上海大剧院 (1993)、杭州大剧院 (2001)、宁波大剧院 (2001)、绍兴大剧院、嘉兴大剧院、桐乡大剧院、温州大剧院 (2003)、东莞大剧院 (2003)、中山文化艺术中心 (2005)、顺德演艺中心、上海东方艺术中心、青岛大剧院、国家大剧院等。这些大剧院的模式实际上是从西方"演艺中心"的剧场组合模式学习得到的, 大剧院最初的特点是规模大、功能分布高度专业化, 将歌剧、戏剧和音乐的演奏分开。然而随着在国内的传播, 大剧院的形式逐渐演化成缩小规模、减少专业类别。很多剧院将剧场类型减少到2个, 这种设计的前提是大剧场的多功能化改进, 例如可以设计为多种舞台形式以适应歌剧、歌舞表演和相应的演出, 兼顾会议、戏剧。

20世纪90年代, 随着剧场的广泛修建, 研究剧场学术的相关书籍也得到了人们的关注。1999年清华大学出版社出版的《西方戏剧·剧场史》(作者李道增, 傅英杰) 是我国第一部全面介绍西方剧场、戏剧发展的书籍。2002
年出版的《演艺建筑——音质设计集成》(作者项端祈) 从声学设计的角度
介绍了大量国内外剧场设计作品。2002年出版的由美国剧场声学家白瑞纳
克创作的《音乐厅和歌剧院》经王季卿等翻译,介绍到了我国。日本剧场专
家小川俊朗的著作《剧场工程与舞台机械》一书的中文版于2004年由中国
建筑工业出版社出版,成为首次由国外剧场专家授权、由中国出版的剧场技
术专业书籍。由中国演艺设备技术协会主办的期刊《演艺设备与科技》杂志
(现为《演艺科技》),是目前我国演艺设备领域唯一的综合性科技刊物,
分灯光技术、音响技术、演出场馆 (performance venues) 建设、乐器、舞台影
视美术和行业扫描六大版块,介绍和阐述演艺设备领域的新科技、新概念、
新理论等,发表演艺行业专家学者的见解,探讨技术与学术研究,发挥了学
术引导作用,图2-46为《演艺科技》杂志发表文献的关键词统计信息。

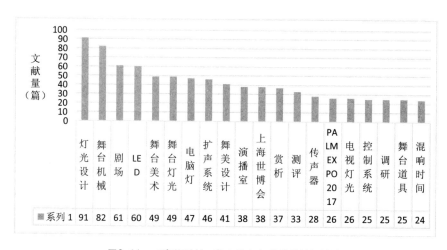

图2-46   《演艺科技》杂志发表文献的关键词统计

练习题

1.简述希腊和罗马剧场的主要区别。

2.文艺复兴时期的剧场有哪些特点?

3.巴洛克时期的剧场有哪些特点?

4.我国古代正式剧场包括哪些?

5.我国最早的西式剧场是哪一座?

6.我国近代剧场中,最早由留学回国的人员设计的西式剧场是哪一座?

第3章　剧场建筑设计

　　剧场建筑对剧场本身意义重大，剧场建筑是一座城市或地区具有文化艺术和科学技术标志和象征意义的建筑。剧场的位置应符合城市规划要求，同时应对其经营有较好影响；剧场的分布设置又与居民职业、文化水平及地区的交通状况有极大关系。因此，剧场的建筑功能成为投资者和设计者密切关注的问题。《剧场建筑设计规范》规定，剧场建筑设计应遵循实用和可持续性发展的原则，并应根据所在地区文化需求、功能定位、服务对象、管理方式等因素，确定其类型、规模和等级。剧场建筑应进行舞台工艺和声学设计，且建筑设计应与舞台工艺和声学设计同步、协调进行。

3.1　剧场功能及平面设计

1.剧场的功能

　　广义剧场由演出功能区、观众使用区与辅助管理区组成。各个区域因剧场定位、使用属性、功能、规模等又具有一定的区别。剧场的基本功能如图3-1所示。

　　(1) 演出功能区

　　演出功能区包括演出区域和演出准备区域。演出区域包括演出舞台、演出技术用房。演出舞台是指供演员演出或辅助演出的舞台面区域，包括主舞台、侧舞台、后舞台、台唇（含乐池）；演出技术用房是为配合演出舞美效果的呈现进行灯光、音响、机械、视频控制及演出调度的专业技术用房，包括灯光控制室、音响控制室、视频控制室、机械控制室、导播间等。演出准备区域是指供演员排练、化妆、休息，供演出道具制作、维修等的用房，包括化妆间、抢妆间、排练厅 (rehearsal room)、演员休息室、乐队休息室、候场室、服装间、道具间、制景间、美工间、维修间、存储间等。

> 排练厅：专用于演出排练的空间。

（2）观众区

观众区包括观众厅、前厅、售票厅、展示厅、休息厅、卫生间、售卖中心、贵宾休息室等，其中观众厅是观众观看演出的主要区域。

（3）辅助管理区

辅助管理区包括办公室、会议室、值班室、安防室、水电暖及空调通风用房、员工餐厅、宿舍等。

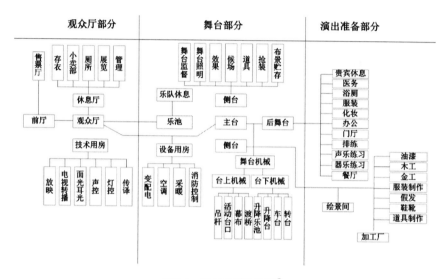

图3-1　剧场功能结构图①

2.剧场功能设计的基本原则

剧场是供演员表演、观众观看演出的场所。一个设计良好的剧院需要满足演员的表演与观众的观演需求，提升文化演出的艺术力、表现力、感染力，因此，剧场的功能设计需要具备以下基本原则：

（1）合适的演出条件

为演出提供合适的舞台形式、舞台尺寸，形成良好的观演关系；为演出提供充足的主、副台的配置关系，为演出各类舞美需求、换场、换景提供充足的空间；为演出提供合适的灯光、音响、机械、视频等技术装备，并配置合适的位置和角度摆放，提升演出的舞美效果；为演出提供充足的演出技术用房和演出准备用房，为演出筹备提供方便舒适的环境；为演出提供简洁通畅的演出路线，方便演员上下场、方便演出换景等。

---

① 　图片来源：刘振亚. 现代剧场设计[M]. 北京：中国建筑工业出版社，2010.

(2) 良好的视听环境

合理配置观众厅的体积、尺寸、体形、装饰材料,满足专业演出建筑声学指标的要求,满足观众听得见、听得清、听得好的需求。合理设计观众厅的坐席摆放形式,充分利用视线设计满足观众看得见、看得清、看得好、看得舒服的需求。

(3) 保证安全与舒适

配置必要的安全防护装置,如防火、通风等,保证人员、设备的安全;设置充足的安全疏散通道和安全出入口,保证满足紧急情况的安全撤离和便捷的出入;配置舒适的温湿度环境、座椅条件、良好的卫生条件,满足观众在舒适的环境下观看演出。

3.剧场工艺设计与舞台工艺设计

剧场工艺设计 (theater technological design) 是对剧场设施、布局等进行的工艺设计。舞台工艺设计 (stage technological design) 则是重点面向舞台区域,为提升观演质量而进行的舞台形式、结构、尺寸、布局等的工艺设计。

目前的剧场工艺设计与舞台工艺设计没有统一的标准,也没有足够的设计规范,主要依托剧场、舞台的实际需求进行设计。

此外,舞台工艺设计与舞美设计也有本质区别。舞美设计主要面向已有的舞台工艺设计,进行舞美效果的提升,重点在于利用各类舞美装备提升演出的舞美效果。

4.剧场用地

如何确定合适的剧场建筑用地是剧场设计首先要考虑的问题。根据剧场建筑设计规范的要求,剧场建筑基地选择应符合以下要求:

(1) 选址需要符合并结合城镇的规划要求,剧场作为一个城市的公共文化中心,其选址一般由政府规划,公开招标进行建筑设计与施工。

(2) 用地环境需要符合噪声标准,剧场选址尽量避免在繁忙的运输管道、铁路干线、露天体育场、飞机航道等噪声较大的区域。

(3) 有足够的用地面积和合适的形状,剧场用地能够满足主体建筑、附属用房、交通等的基本需求。

(4) 注意用地和周围道路的关系,剧场基地至少要保证剧场的一面邻接道路或者通向城市道路的空地。

(5) 保证必要的集散空地,保证停车、疏散等的需求。

(6) 应充分利用剧场环境,将其打造成城市的地标。

5.剧场的平面设计

剧场的平面设计是指将剧场的各个功能区域根据实际功能,在剧场建筑环境中有效合理地进行区域、位置的划分。在进行平面设计时,合理规划剧场平面,能够为剧场的服务提供事半功倍的效果。因此,剧场总平面设计时应考虑如下问题:

(1) 观演分区:需要将观众区与演员区隔离,避免观众进入表演区、演出准备区甚至技术用房等;

(2) 组织好人流及交通运输路线:保证观众顺利进出剧场,演出团体、演出设备进出的线路优化、不易堵塞;

(3) 管线铺设优化:保证水、电、暖、通风、空调等用线、管道线路优化。

3.2   舞台建筑设计

1.舞台区域基本结构

舞台是供演出表演的区域,专业剧场镜框式舞台是目前最常见的舞台形式。因此,这里以专业剧场镜框式舞台为例,介绍其舞台区域的基本结构。

根据镜框式舞台的基本定义,镜框式舞台是指剧场中在观众席和舞台之间设置巨型框式装饰台口,分隔出表演区和观众席,为观众呈现演出舞台空间的镜框式画面。为了还原演出的真实场景,除了演员的表演外,还需要配合音乐、舞台美术、服装、化妆和道具(简称音、美、服、化、道)等。近年来,随着科技的进步,舞台灯光、舞台音响、舞台机械、舞台视频等技术已经普遍运用于专业剧场。因此,一个专业化的剧场舞台,除了要为演员提供基本的舞台台面以外,还应该能够容纳各类舞台设备,在不影响演出观演感受的前提下,提升演出的艺术表现力、感染力、传播力。

根据舞台建筑的空间区域,通常可以将舞台划分为舞台上部空间、舞台下部空间、舞台台面和台口区域。如图3-2、图3-3分别为镜框式舞台的正视图和俯视图。

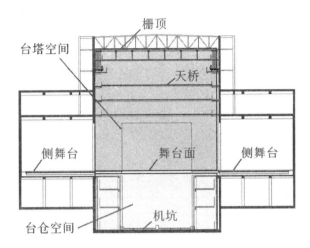

图 3-2　镜框式剧场舞台正视图①

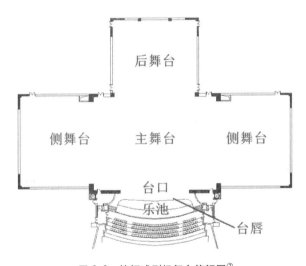

图 3-3　镜框式剧场舞台俯视图②

(1) 舞台上部空间

以主舞台平面为基准, 舞台台面以上的空间称为舞台上部空间。舞台上部空间的建筑设计需要考虑设置台塔、栅顶、天桥等。

栅顶 (葡萄架 grid/gridiron) 是舞台上部为安装和检修台上设备, 并能使悬吊元件通过的专用工作层。

　　栅顶是舞台上空接近于舞台顶棚高度的一个工作层面,工作层面采用钢栅网板,以方便工作人员行走,又可以允许提升台上机械的钢丝绳穿过,如图3-4、图3-5。

图3-4　剧场栅顶示意图[①]

图3-5　舞台栅顶,下方垂落的是连接台上机械的钢丝绳[②]

---

① 图片来源: http://www.gzyuerong.com。
② 图片来源: http://www.szpsmjx.com。

台塔（fly tower）是从主舞台台面至栅顶层之间的舞台上部空间，是舞台布景和灯光等悬吊设备吊挂运作的基本空间。

台塔空间如图3-6，绝大多数台上机械都可以在这个巨大的塔状空间内运行。

图3-6　台塔空间[①]

天桥（gallery/galleries）又称马道，是沿主舞台上方的侧墙、后侧墙有一定高度设置的工作走廊，通常可分为多层。

图3-7是舞台天桥示意图，位于主舞台上方的台塔区域。一些台上机械的驱动设备也可能会安装在靠近上层的天桥上。

---

① 图片来源：http://www.114pifa.com。

图3-7　工作天桥示意图

（2）舞台下部空间

以主舞台平面为基准，舞台台面以下的空间称为舞台下部空间。舞台下部空间的建筑设计需要考虑设置台仓、机坑等空间，如下图3-8所示。

图3-8　舞台台仓空间及机坑示意图，机坑内分布着各类升降装置的驱动和传动机构

台仓 (understage) 是从主舞台台面以下的建筑空间，是台下机械设备运行、安装及检修的基本空间。

机坑是设置于主舞台下方最底端，能够为台下机械设备驱动装置提供安装、检修的空间。

机坑 (machine pit)：机坑在很多技术文献中也被称作"基坑"，从建筑物基底平面的角度表示舞台下方最底层的地下空间。

（3）舞台台面

镜框式舞台平面通常设置为品字形舞台，根据其所处位置不同，包括一个主舞台、两个侧舞台、一个后舞台。由于其形状酷似"品"字，因此，被称为品字形舞台。品字形舞台能够为演出提供运送布景、变换场景、参与演出、安全保护、回复常态等服务。

主舞台 (main stage) 是台口线 (line of proscenium opening) 以内的主要表演空间，即台口线与天幕之间、台口构造外侧边线在无台面上的投影线之间围合的区域；侧舞台 (side stage) 是设在主舞台两侧的辅助舞台，为迁换布景、演员候场、临时存放道具和景片的区域；后舞台 (back stage/rear stage) 设置在主舞台后部，可增加纵深方向表演区或辅助舞台用的区域。

后舞台 (back stage) 指设在主舞台后面，可增加纵深方向表演区的空间。而后台 (back of house) 是演职人员准备演出的专用区域。

在主舞台两侧，分别设置上、下场门。上场门 (stage right, 演员面对观众方向) 一般指观众面对的舞台左侧的演员上场入口，在日本，演出习惯则相反，上场门在观众面对的舞台的右侧，称为上手；下场门 (stage left, 演员面对观众方向) 一般指观众面对舞台右侧的演员下场出口，在日本，演出习惯则相反，下场门在观众面对的舞台的左侧，称为下手。

剧场根据其功能需要，在品字形舞台的基础之上，进行品字形舞台的改进。改进后的舞台包括一主一侧舞台、一主两侧舞台、一主一侧一后舞台、田字格舞台、五面舞台、圆形品字形舞台，甚至九面舞台等形式，如图3-9。

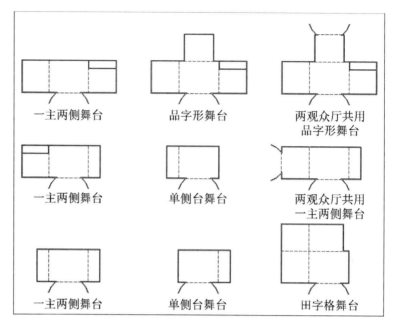

图3-9　多种舞台形式结构图[①]

（4）台口区域

以镜框式舞台的建筑结构台口为基准，伸出舞台的区域称为台口区域。这一区域包括台唇（apron stage/fore stage）、台口（proscenium）、台口线（setting line/corniceof pedestal）、乐池（orchestra pit）、耳台（apron stage）等区域，如图3-10。

> 台口是剧场建筑结构舞台面向观众的开口。

在土建设计图上标注的台口承重墙结构定位轴线称为台口墙轴线。台口建筑结构内侧边线在舞台面上的投影线称为台口线，舞台纵向尺度的测量、舞台机械等的定位以台口线为基准进行测量。

> 舞台前区离观众席最近的边缘，位于台口线以外的舞台区域称为台唇。

台唇外沿呈弧形或直线形。台唇区域主要为主持人、靠近观众席表演的演员提供表演空间。在专业剧场（多见于歌舞剧场）中台唇下面和前方，为歌剧、舞剧等剧种表演配乐的乐队使用的空间，称为乐池。剧场设置乐池的面积应按容纳乐队人数进行计算，演奏员平均每人不应小于1m²，伴唱每人

① 图片来源：周春江. 剧场镜框式舞台工艺设计研究[M]. 北京：北京工业大学，2014.

不应小于0.25m²，乐池面积不宜小于80m²。乐池两侧均应设通往主舞台和台仓的通道，且通道口的净宽不宜小于1.2m，净高不宜小于1.8m。

台唇边沿至台口外两侧墙之间的舞台部分称为耳台。剧场建筑设计规范规定，主舞台和台唇、耳台的台面应采用木地板，台面应平整防滑，并应避免反光。主舞台台口镜框应避免反光。台唇和耳台最窄处的宽度不应小于1.5m。

> 耳台：设在台唇（乐池）两侧，可增加表演区面积和沟通观众席与表演区的台面。

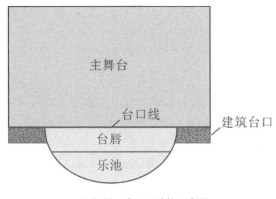

图3-10 台口区结构示意图

2.舞台尺寸设计

舞台尺寸设计一般需要考虑剧场规模、剧目类型、舞美、幕布、灯光、机械、声学环境等的实际需求。

（1）主舞台尺寸设计

主舞台尺寸设计主要确定主舞台的宽度、净深和高度三个基本尺寸。

①舞台净深

沿舞台的纵深方向，可以将主舞台划分大幕区、表演区、中景区和天幕灯光区，因此主舞台净深需要考虑这些区域的尺寸。

大幕区深度需要考虑檐幕、大幕、防火幕、纱幕和假台口等装置，一般设置为1~3m。

表演区深度主要由演出规模和剧目类型决定。舞剧、舞蹈等演出范围广，演员活动区域大，常常设置为尺寸较大的扁方形；歌剧、音乐剧等以演唱为主，表演区净深要求距离不能过远，需要保证观众听清演员的演唱；话剧表演对语言清晰度的要求较高，表演区较歌舞剧要小一些；京剧、地方戏曲等写意派剧目表演区要求更小。

中景区和天幕灯（cyclorama lights）光区的深度主要由演出规模和剧目

类型决定。舞剧场面较大，音乐剧、演唱次之，话剧、戏曲要求更小。

可见，主舞台尺寸并非盲目地崇尚大而广，而是要根据实际的剧目需求进行设计。

②舞台宽度

舞台宽度主要由表演区宽度、表演区两侧的侧幕宽度和两侧天桥的宽度组成。其中，单边的侧幕宽度和天桥的宽度一般在3~5m，两侧累加在6~10m，表演区的宽度则需要考虑演出剧目的需求。

③舞台高度

舞台高度通常是指舞台平面至栅顶或顶部天桥底面之间的距离。为使呈现在舞台上的布景能够很好地隐藏在舞台台塔区域，布景要在需要时降下，不需要时升起。舞台高度H的设计和台口高度h有关，设计方法为：H≥2×h+2m，如图3-11。

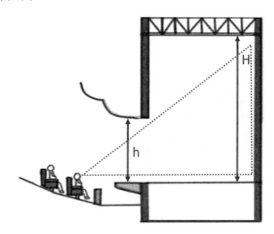

图3-11　舞台高度设计示意图

舞台台面高度高出观众席前排地面1m左右，太高，前排观众看不到舞台面的表演；太低，则会影响观众席的升起高度。

天桥应沿主台侧墙和后墙三面布置。甲等剧场不得少于3层。乙、丙等剧场不得少于2层。天桥栏杆下部应设置0.1m高的护板，剧场两层天桥之间的高度不应大于5m，工作爬梯不应采用垂直钢爬梯。

第一层侧天桥栏杆应满足安装舞台灯具的技术要求。各层侧天桥除满足设备安装所占用的空间外，其通行净宽不应小于1m，后天桥通行净宽不应小于0.6m。安装吊杆卷扬机的天桥净宽度不应小于2.2m，如图3-12。

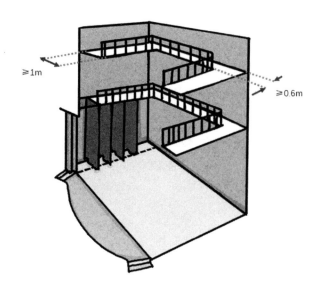

图3-12　舞台天桥设计示意图

(2) 台口尺寸设计

台口尺寸涉及观众厅尺寸和舞台尺寸。台口宽度需要宽于电影幕布的宽度，更要宽于表演区的宽度，保证观众视线可及，不会被遮挡。

台口高度需要考虑布景的高度、与台口宽度的比例关系，楼座观众席对舞台视线的需求（例如有的观众厅要求观众能看到天幕背景的2/3以上）、灯具的投射距离与投射角度、台口的声学处理等因素。不同剧场的设计尺寸往往有所区别，一般大型歌舞剧场，台口宽18m、高12m (3:2)。

(3) 侧舞台和后舞台设计

侧舞台可以用于存放布景、道具，为演出换景提供场地，为大量准备上场的演员提供场地。主舞台两侧均可以设置侧舞台，也可以根据实际需要单侧设置或不设置。

甲等剧场侧舞台总面积不小于主舞台的1/2。侧台与主台间的洞口净宽：甲等剧场不应小于8m；乙等剧场不应小于6m；丙等剧场不应小于5m；设有车台的侧台洞口净宽，除满足车台通行宽度外，两边最少各加0.6m。侧舞台与主台间的洞口净高：甲等剧场不应小于7m；乙等剧场不应小于6m；丙等剧场不应小于5m。对于设有车台的侧舞台，其面积除应满足车台停放要求外，还应布置存放和迁换景物的工作面，且面积不宜小于主舞台面积的1/3。

侧舞台一侧常留出通向外面的开口和平台，可供卡车装卸布景。对于这个平台的要求是，高出地面1~1.2m，刚好同卡车车厢的高度平齐。

后舞台作为主舞台的扩展，可以扩大表演区，也可以为演出提供背景，又常常将车载转台设置在后舞台,需要时运送到主舞台区。必要时,还可以充分利用后舞台区域进行排练、存放布景、道具。设有车载转台的后舞台洞口净宽,除满足车载转台通行外,两边最少各加0.6m。洞口净高应与台口高度相适应。后舞台台口内两侧至少应各留2m通行宽度,后舞台台口净高宜高于主舞台台口。

对于设有车载转台的后舞台,其面积除应满足车载转台停放要求外,还应布置存放和迁换景物的工作面,且面积不宜小于主舞台面积的1/3。后舞台台口宜设隔声幕。

(4) 台唇和乐池设计

台唇通常是演出前报幕或讲话时用。我国的京剧和地方戏的伴奏通常都在舞台面上侧,不用乐池,但越剧、沪剧和黄梅戏等需要在乐池伴奏。乐队人数通常35~40人,多时60人,从观众席的角度看,指挥在正中,合唱在左侧。乐池内要求在指挥的位置能看到所有的成员,同时也能看到舞台。

一般来说,如果没有乐池,台唇是最接近观众的位置,有了乐池,乐池就是最接近观众的位置。还有一种特殊的情况,就是类似国家大剧院戏剧场的设计,在乐池的前面再加入伸出舞台升降台,如果把大幕关闭,舞台就由镜框式变成了伸出式。因此,最前面的部分就是伸出式舞台的重要组成结构。台唇的两侧通常设宽度1m左右的阶梯,从观众席角度看,左侧是上场门,右侧是下场门。

3.3 观众厅设计

观众厅是设有观众席,供观众观看演出,安装有演出设备的空间。演出前,需要保证观众能够简洁快速、安全有序地进入观众厅;演出期间,需要保证观众坐在舒适的观众席座椅上,在适宜的温度、通风条件下,看得见、看得清、看得好,听得见、听得清、听得好演出内容;演出结束后或者遇到紧急情况,需要保证观众安全有序地疏散;在演出前后与间隙,需要为观众留出餐饮、参观、如厕、艺术活动等的时间。

在剧场空间中,为观众观看和欣赏演出所设置的固定或可移动坐席称为观众席(auditorium)。观众席可以划分为池座(stalls)与楼座(balcony)。

池座观众席是与舞台同层的一层观众席区域，又称首层观众席，包括有时将乐池扩展为观众席的部分；楼座观众席是池座以上各楼层的观众席区域，从下往上，依次称为楼座2层、楼座3层等；侧楼座是剧场观众厅各楼层两侧的视线受到一定限制的观众席坐席区域。

部分剧院在观众厅后墙或侧墙设置VIP独立观看房间，称为包厢[box (in the auditorium)]。

1. 观众厅的平面设计

观众厅的平面设计是根据剧场观众席的实际需要，对剧院的平面体形（form design）进行设计。观众厅的平面设计需要考虑建筑声学、实现设计和观众席数量等因素，根据实际需要进行设计。

一般剧场的观众厅平面通常包括矩形平面（rectangle shaped auditorium）、钟形平面（bell shaped auditorium）、扇形平面（fan shaped auditorium）、六角形平面（hexagon shaped auditorium）、马蹄形平面（horseshoe shaped auditorium）、圆形平面（round shaped auditorium）和复合形平面等，如图3-13。

矩形平面结构简单，建筑施工相对容易，声能分布较均匀。观众厅跨度不大时，可以充分利用近次反射声，加强观众厅前部的声能；观众厅跨度较大时，观众厅前部的近次反射声变少，声能变得不太均匀。

钟形平面形状与矩形形状类似，相当于矩形的改进形式。钟形平面的台口两侧逐渐收拢，有利于声学设计，但需要牺牲一定的观众席数量。我国大部分专业剧场采用这种形式。

扇形平面也是对矩形平面的改进，与矩形平面相比，可以容纳更多的观众席，观众厅后部较大，偏远座位较多，适用于大型剧场或会堂。

六角形平面是在扇形平面的基础上，将观众厅后部两侧收紧的平面形式。这种方式能够很好地控制偏座，对声线的扩散均匀度较好。

马蹄形平面最大的优点是视线好，基本上没有观看死角。但声学效果一般，多见于古典剧场。这也是19世纪之后人们开始普遍关注声学效果的原因。另外，建筑施工比较复杂，部分国外剧场克服这个缺点的做法就是在室内添加华丽的装潢（浮雕类装饰）。

圆形平面是适合于杂技场、体育馆等岛式的观众厅平面形式，部分音乐厅也常设计成圆形。

复合形平面是充分利用建筑结构空间,实现大、小观众厅相结合的形式构建出来的。这种观众厅可大可小,能够实现一厅多用,满足不同的演出需求。

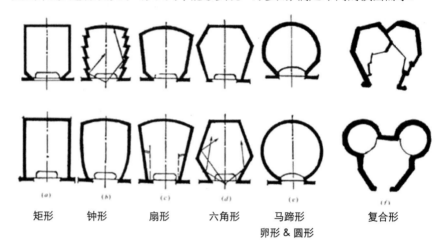

矩形　　钟形　　扇形　　六角形　　马蹄形　　复合形
　　　　　　　　　　　　　　　　　　卵形 & 圆形

图3-13　观众厅的平面设计[①]

2.观众厅剖面图设计

观众厅的剖面设计需要重点考虑楼座的设置及基本形式。此外,还需要考虑地面升起的坡度与俯仰角的关系、灯光的投射角度等。

设计剖面图的时候,需要首先考虑的问题是设置楼座。因此,根据观众厅是否设置楼座,其剖面形式可以划分为无楼座的观众厅和有楼座的观众厅。

(1)无楼座的观众厅

一般来说,规模1 000座左右及以下的剧场可以考虑不设楼座观众席,只设置池座观众席,称为无楼座的观众厅。这类观众厅结构简单,规模不大。当观众厅坡度(观众厅最前排、最后排的高度差与最前排、最后排水平距离差的比值)超过1:6时,观众厅应做成台阶形。这样做可以扩大观众席数量又不增加视距,减少观众厅的跨度。

(2)有楼座的观众厅

当观众席超过1 000座时,可以考虑增设楼座,以增加观众席数量又不增加观众厅的跨度,称为有楼座的观众厅。当然,1 000座不是绝对的限定,部分剧院为增加观众厅的紧凑性,在几百座的观众厅中也设置了楼座。

有楼座的观众厅根据其楼座的建筑结构,又可以划分为5种主要形式:全部出挑式、部分出挑式、跌落式、沿边柱廊式和沿边挑台式。

① 　图片来源:刘振亚. 现代剧场设计[M]. 北京:中国建筑工业出版社, 2010.

全部挑出式：楼座后墙与池座后墙在同一垂直面的楼座形式，适用于容量小，跨度不大的观众厅。

部分出挑式：楼座后墙比池座后墙更加靠后的楼座形式，该形式承重更加合理，观众席容量也更大，如图3-14。

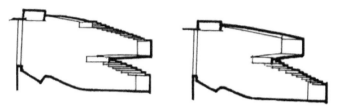

图3-14 全部挑出和部分挑出的楼座形式①

跌落式：楼座两端向下延伸的楼座形式。延伸部分可以放置平时用于舞台的座位，也起着疏散梯的作用。根据跌落坐席的形式，又可以划分为半跌落式和全跌落，如图3-15、图3-16。顾名思义，当坐席延伸由楼座延伸至池座，则称为全跌落式，未延伸至池座则称为半跌落式。跌落式楼座丰富了观众厅的空间效果，但是在进行视线设计时，需注意不要对池座两侧观众的视线形成遮挡。

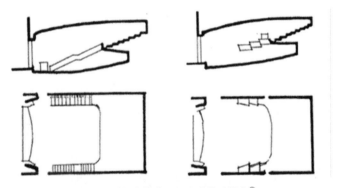

图3-15 全跌落式和部分跌落式楼座②

图3-16 广州蓓蕾剧院的跌落式楼座（部分跌落式）③

---

① ② 图片来源：刘振亚. 现代剧场设计[M]. 北京：中国建筑工业出版社，2010.
③ 图片来源：http://www.civa.cc/forum.php。

沿边柱廊式: 欧洲古典马蹄形平面观众厅以及我国传统戏院常采用的形式, 如图3-17。

图3-17　西安易俗社剧场 (沿边柱廊式) [1]

沿边挑台式: 楼座两侧伸出类似跌落式的挑台, 挑台上设置的观众席往往不是平行于舞台, 而是根据观众席位置视线呈一定的夹角, 如图3-18。

图3-18　深圳保利剧院观众席楼座的沿边挑台 [2]

3.观众席视线设计

观众观看演出的三个基本要求是看得清、看得舒服和不被其他人遮挡。为满足这些要求需要对剧场进行各种形式的视线设计 (sightline design), 包括视距 (sight distance)、视角和地面坡度。

---

① 　图片来源: http://blog.sina.com.cn/s/blog_6460fbaa0102w2xr.html。
② 　图片来源: http://blog.sina.com.cn/s/blog_488a190f0100850h.html。

（1）视距设计

为了解决后排观众看得清的问题，需要对观众席最后一排到舞台的最大距离进行限制，这就是视线设计中的视距设计。

观众厅最后一排中间至设计视点的距离称为视距。

最近视距（minimum sight distance）：距离舞台最近的第一排中心位置的观众的视距。

最远视距（maximum sight distance）：距离舞台最远一排中心位置的观众的视距。

其中，舞台上用于设计视距的点，通常被称为设计视点（sight point）。对于镜框式舞台剧场，视点宜选在舞台面台口线中心处。对于大台唇式、伸出式舞台剧场，视点应按实际需要，将设计视点适当外移。对于岛式舞台，视点应选在表演区的边缘。

根据人眼的生理特性，人眼能够看清视角大于1'的景物。如果把1'看做人眼的最小视角。现场表演中，为了保证观众在视线范围内能够看清演员的肢体动作、表情等，这里以一根手指约1cm宽度作为最小景物的宽度进行推算：得到人眼在1'的视角范围内能够看到宽度为1cm物体的最远距离为：

$$s = \frac{1 \times 10^{-3} m}{\tan 1'} \approx 33.3m$$

然而，在实际设计中，不同演出剧目的实际需求又千差万别。如话剧对演员的表演细节要求更高，其视距往往控制在25m；地方剧动作相对夸张，服装艳丽，控制视角可以放宽到28m；歌舞剧强调恢弘的场面，其视距控制在33m左右；放映电影的剧场，视距则需要控制在36m以内。

（2）视角设计

观众坐在观众席观看演出的过程中，并非目不转睛地观看一个对象，而是根据剧情的变换在多个不同的人物造型上进行目光的切换。这就关系到观众在观看对象时的一些基本动作，比如眼球的上下左右转动、头部的上下左右转动等。因此，在进行视角设计时，需要考虑水平视角（horizontal sight angle）、垂直视角（vertical sight angle）。

①水平视角

一般来说，对镜框式舞台，可以通过水平视角控制观众眼睛与台口宽度范围内的视线，对电影则需要考虑银幕范围之内的视角。在此基础上，我们来分析在观看演出过程中人眼的水平视角如何控制。

偏座控制线（partiala line）：舞台后墙中点与台口两侧边缘相连并延长至观众厅内的两条线。

人眼在不转动眼球时，在水平方向能够看清景物范围的最大水平视角为30°，即以标准视线0°为基准，在向左15°、向右15°的视角范围内，人眼不水平控制角（偏座控制角，horizontal control angle）：由台口两侧向观众厅同侧各引出一条直线，这两条线在舞台中轴线上相交的夹角。

需要转动眼球就可以自然观看。若考虑观众眼球的转动，人眼向左、向右的视角范围可以分别扩大15°，这时人眼的水平视角可以扩大到60°。若需要再加大水平视角度，就需要考虑头部的转动了，在头部的左右45°转动范围内，加上正常的视野范围，最大的转动角度可达到120°。当向左、向右各60°以上的头部转动就达到了头部可以容忍的最大转动区间，再大的转动角度，加上长时间观看，就会引起脖子酸疼等不舒适的感受了，如图3-19。

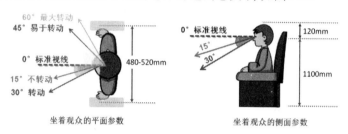

图3-19　坐着观众的视角示意图

根据以上分析，我们得到了30°、60°、120°三个基本视角范围。下面介绍不同排观众席的水平视角。

首先，中间的观众拥有最佳的观看位置，所以我们选择左右两侧眼睛转动不超过30°的清晰视野范围，故对于中间区域的观众来说总夹角应不超过60°。

其次，前排观众不能只是满足眼睛转动区域，所以头部的舒适转动区域加上眼睛转动区域，总夹角应不超过120°。

最后，需要考虑最后一排观众席，为保证最远视距的观众在水平视角范围主要集中在台口内，因此，水平视角需要反控制，最小视角不小于30°。若小于这个视角，台口以外的部分会进入观众视线，分散观众观看的注意力。

经过此步骤的设计，可大致确定观众席的前后和左右范围，如图3-20。

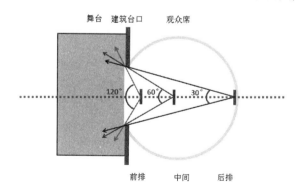

图3-20　观众席水平视角范围示意图

②垂直视角

垂直视角主要是针对楼座观众在观看演出时俯视角度的限制。楼座数量越多，垂直视角越大。根据人眼的垂直方向观看角度为15°，加上眼睛转动可以扩大15°，偏离水平方向30°是比较合适的，超过这个角度，认知物体形状能力逐渐减弱。超过此范围，观众就不得不低头观看了。而在楼座边排，考虑到距离变近和设置栏杆等原因，角度应控制在35°以内，如图3-21。

需要注意，在测量垂直视角时，不是从舞台上任意位置选择视点，而是选取从大幕中线向舞台面作垂线上的一点。具体高度因观看的剧种要求不同而有差异。例如，看芭蕾舞的话，视点就需要低一些；观看木偶戏演出时，下半部分的演员操作不能被观众看到，视点就要在1.75m以上。

根据以上分析，我们就不难解释为什么看演出的时候，坐在中间的观众门票价格最高。因为中间位置是最佳观看位置，而前排的观众观看时头部可能要发生移动，后排的观众由于视距较大，注意力容易受到影响。尤其是楼座后排，由于位置较高，俯角过大，会造成演员表情失真，所以楼座最后一排中间座位的俯视角在20°以内比较合适。

大幕线（curtain line）：位于舞台前区大幕垂直投影的假想线。

俯角（angle of depression）：观众眼睛至大幕投影线中心点的连线与台面形成的夹角。

垂直控制角（vertical controlangle）：最大俯角，最高楼座的最后一排中心位置的观众的俯角。

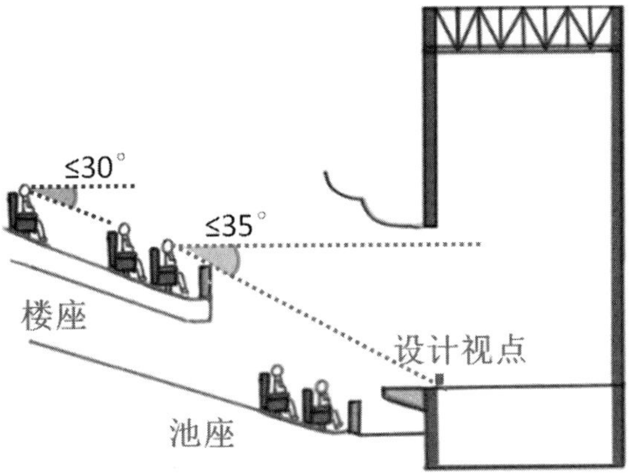

图3-21　观众席垂直视角设计示意图

(3) 地面坡度设计

观众厅地面的坡度设计需要重点考虑观众就座后的前后遮挡问题，即保证后排坐席的观众视线恰好穿过前排观众席观众的头顶。因此，在观众厅中，临排观众席之间需要设置一个升高的距离，这个升高的距离就是人眼睛到头顶的距离，按照平均尺寸计算的话，大约是9~12cm，我们取12cm。为了令后排的视线升高12cm，我们从后排观众脚下增加的地面坡度值就是

地面坡度曲线（the steep curves）：观众厅纵向中轴线上，从第一排至最后一排坐席的地面标高值的连线。

舞台标高（stage level）：舞台台面距离地面的垂直高度。

视线高度（vertical line of sight）：观众坐在坐席上眼睛距离地面的垂直高度。

12cm，用C表示，称为视线升高值（D-value of vertical sightline），简称C值。有了这个升高的坡度值，后排观众的视线就可以成功越过前排观众的头顶。

最小视线高差（D-value of minimum vertical sight line）：距离舞台最近一排中心位置的观众眼睛与舞台面的高度差。

在实际设计中，C值大致有以下两种标准：C=12cm，这是观看条件良好的视线设计标准，但是这个坡度会从高度上限制观众厅容量，减少座位数量，因此适用于对视线和声学要求高的小型剧场和观众厅。那么大中型剧场怎么办呢？C=6cm，相当于隔排升起12cm。为了防止遮挡，可以令观众席座位错开布置（every-othor-row）。目前，国内很多剧场的观众席往往都是按照这种方式错位排列。

4.观众席排列方法

观众席座椅的排列需要考虑观众的坐立空间，包括舒适观看演出的视角合适、观众通行方便、便于及时疏散等。一般来说，观众席常采用短排法和长排法进行坐席的排列，如图3-22。

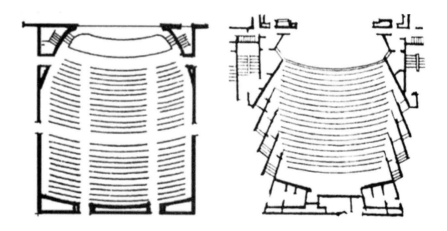

图3-22　短排法和长排法示意图[①]

（1）短排法

短排法（method of short seatrow）一般设置2~4条纵向走道，两条纵向走道之间的座位每排不超过22个。如果一侧靠墙，仅有一边有纵向走道时，每排坐席数量应不超过11座。

短排法一般设置2~3条横向走道，两条横向走道之间的座位不超过20

---

① 图片来源：刘振亚. 现代剧场设计[M]. 北京：中国建筑工业出版社，2010.

排。边走道净宽度不应小于0.8m，纵向走道净宽度不应小于1.1m，横向走道除排距尺寸以外的通行净宽度也不应小于1.1m。采用短排法的观众席如图3-23。

图3-23 采用短排法的观众席（杭州剧院）[1]

（2）长排法

长排法（method of long seatrow）是在短排法的基础上，取消观众厅中间的纵向和横向走道，加宽观众席两侧的纵向走道。双侧有走道时不应超过50座，单侧有走道时不应超过25座。边走道净宽度不应小于1.2m。观众通过侧厅寻找座位，每三排左右就应有出口通往侧厅，方便观众的疏散。这种布置方式在我国应用得相对较少，采用长排法的观众席，如图3-24。

图3-24 采用长排法的观众席（加拿大米斯塔西尼剧院）[2]

---

[1] 图片来源：http://touch.piao.qunar.com/。
[2] 图片来源：http://www.mt-bbs.com/thread-81522-1-1.html。

（3）排距

排距（rowspacing）是指相邻前后两排座椅椅背之间的水平垂直距离。两种排法中都会涉及排距的概念。已知腿的宽度约等于15cm，如果前排座位后背和腿之间的距离为20cm，有人经过的时候只要把腿向后移就可以通过；如果前排座位后背和腿之间的距离为15cm，则需要坐在观众席上的观众身子整个往后坐，行人才能正常通过；如果前排座位后背和腿之间的距离小于15cm，需要坐在观众席上的观众站起来，行人才能通过。如果我们取座椅和腿的间距为20cm，0.2m+0.45m（座椅宽度）=0.65m，而根据建筑中的防火规范要求，长排法排距是硬座的时候不小于1m，软座的话不小于1.1m，而短排法硬座不小于0.8m，软座应当在0.9m以上。

座距（seat）：又称座宽，指座椅扶手中心线之间的距离。

对于池座首排座位，除排距外，与舞台前沿之间的净距不应小于1.5m，与乐池栏杆之间的净距不应小于1m；当池座首排设置轮椅座席时，至少应再增加0.5m的距离。

两条横向走道之间的座位不宜超过20排，靠后墙设置座位时，横向走道与后墙之间的座位不宜超过10排。

（4）楼座设计

座位数量一般占观众厅总容量的30%~40%，数量控制在500座内。楼座入口可以设置双进口或单进口两种形式。双进口常设置在侧墙，单进口常设置在后墙。进口一般设置在靠近于中部的横向走道。楼座前排栏杆和楼层包厢栏杆不应遮挡视线，高度不应高于0.85m，下部实体部分不得低于0.45m。

座位横排曲率（seat row curvature）：座位横排具有一定弧度时的弯曲程度。

3.4　其他剧场用房

1.演出技术用房

演出技术用房（technical room）是为配合演出舞美效果的呈现，进行灯光、音响、机械、视频控制及演出调度的专业技术用房，是舞台灯光、舞台音响、舞台机械、舞台监督等专业技术设备存放、操作的功能用房，包括调光柜室、舞台灯光控制室、舞台专用灯位设备室、舞台机械电气柜室、舞台机械控制室、音响控制室、舞台视频控制室与放映间、导播间等。演出技术用房的分布比较分散，并非固定在一个独立区域，而是根据其具体的服务对象进行设置。

(1) 调光柜室

调光柜室 (dimmer cubical room/dimmer room) 是为舞台灯光调光、供电的专用设备机房,专门用于存放剧场所有的调光柜、配电柜。调光柜室位置不固定,根据建筑结构和供电线路的优化走线进行位置的确定。

(2) 舞台灯光控制室

舞台灯光控制室 (lighting control room) 是位于观众席后方的专门用房,灯光师在演出期间在灯光控制室内操作调光台,并通过透明玻璃观察舞台上的灯光效果。灯光控制室内设置有各类调光台、信号分配器、监视器、内部通话系统等。

(3) 舞台专用灯位设备室

舞台专用灯位设备室 (lighting room) 是位于特定灯位附近用于存放灯具和挂设灯具的空间。常见的有耳光室、面光室等。这些房间中有为灯具提供电源和灯光控制信号的充足接口。

(4) 舞台机械电气柜室

舞台机械电气柜室 (stage equipment electrical cabinet room) 是为舞台机械驱动、控制等提供电气柜摆放的专门用房。用于实现机械驱动控制的变频器、可编程逻辑控制器、轴控制器等均位于该专门用房。一般根据实际需要,又划分为台上机械电气柜室和台下机械电气柜室。

(5) 舞台机械控制室

机械控制室 (stage machinery control room) 是舞台机械控制的专门用房,宜设在舞台上场口的舞台内墙上方,或在上场口一层侧天桥中部。控制室的三面墙体均应设置玻璃窗,且玻璃窗应密闭防尘,应便于直接看到主舞台全部台上机械的升降过程。舞台机械控制室内配置有舞台机械控制台、配电开关等。操作人员通过控制台控制机械的运行,并通过透明玻璃观察机械的运行情况。舞台机械控制室还具有监视器、内部通话系统等。

(6) 音响控制室

音响控制室 (sound control room) 又称声控室,是位于观众席后方的专门用房,调音师在演出期间在音响控制室内操作调音台,并通过透明玻璃观察舞台上的演出进程,通过监听耳机监听声音情况。音响控制室内设置有各类调音台、信号分配器、监视器、内部通话系统等。音响控制室应能听到主扩扬声器直达声。

(7) 功放机房

功放机房 (power amplifiled room) 是放置系统功率放大器的房间。

(8) 音频信号交换机房

音频信号交换机房 (distribution room for audio signal) 是舞台附近放置音频信号链接和分配设备的房间。

(9) 提词间

提词间 (among the prompter) 设在舞台前区中央或舞台左区下场口侧前方的台仓下面, 并朝向表演区有一定尺寸的开口空间, 提示人员或显示设备在此空间内可为演员提示台词。

(10) 导演室

导演室 (direct room) 是供导演或舞美设计观看演出效果的房间。

(11) 同声传译室

同声传译室 (booth for simultaneous interpretation) 是演出中为观众进行同步语言翻译的房间。

2.演出准备用房

演出准备用房是供演员排练、化妆、休息, 供演出道具制作、维修等的用房, 包括化妆间、抢妆间、排练厅、演员休息室、乐队休息室、候场室、服装间、道具间、制景间、美工间、维修间、存储间、乐器调音室、盥洗室、浴室、卫生间、候场室、小道具室、指挥休息室、演职员演出办公室等。演出准备用房一般均位于舞台后方, 通常的前场、后院、中院的部分大多都包含于此, 又常统称为后台。

(1) 直接为演出服务用房

①化妆间

化妆间 (dressing room) 是为演员化妆、休息的专门用房。一般剧场会配置大化妆间、中化妆间和小化妆间, 供大量普通演员、少量知名演员化妆使用。化妆间中一般配置化妆台、洗脸盆, 部分小型化妆间还配置休息室、会客间、卫生间等, 并配置扬声器, 实时获取舞台监督的演出呼叫命令。

②抢妆间

抢妆间 (quick change booth) 是在靠近上场口处设置的补妆、换装用房, 为需要在演出中更换形象、补妆、换装的准备用房, 方便演员在极短的时间内完成换装。化妆间中一般配置化妆台、洗脸盆, 并可以对服装、装饰进行紧急的修补。

③候场室

候场室 (stand-by area) 又称候演室, 是供完成化妆、换装后准备上场演员的等候用房, 用房具有内部通话系统, 随时等待舞台监督的演出调度命令, 并通过房间内的监视器实时收看舞台演出的进展。

④服装间

服装间 (costume room) 是用于准备、存放、穿戴演出服装的专门用房。服装间中需要分别设置男、女更衣室, 服装间中的衣服、鞋子、帽子、假发等需要按照人物的使用先后有序地摆放, 在演出结束后有序装箱, 因此, 服装间需要专人管理。

⑤道具间

道具间 (property room/prop-room) 是用于存放演出道具的专门用房。剧场一般设置大小不同尺寸的道具间, 小型道具存放在小道具间, 大尺寸道具存放在大道具间, 并需要考虑大道具间入口的尺寸, 若道具体积较大, 则常常放置于侧舞台台面。

⑥跑场道

跑场道 (cross-stage/access) 是连接上场口与下场口的快速通道, 方便演员在上下场口之间进行快速的跑场。跑场道有时设置在舞台下方, 有时设置在舞台后方。跑场道要求通道宽敞、便捷、照度适宜, 方便穿戴各类演出服装的演员及时跑场。

(2) 间接为演出服务用房 (辅助用房)

①排练厅

排练厅 (warm-up room/rehearsal room) 是为乐队、合唱队、舞蹈团体设置的排练、练功用房。排练室根据排练剧目的需求, 建筑设计尺寸各不相同。如舞蹈排练厅应设置扶手, 地板材质需要满足舞蹈表演的要求; 乐队排练厅需要配置乐器, 并对用房进行声学设计。

②演员休息室

演员休息室 (green room) 是供演员、乐队、指挥等进行休息的用房。休息室有床铺、会客厅等基本设置。

③美工制景间

美工制景间 (scene shop) 是用于制作演出景片、宣传广告等的加工用房。用房设置各种美工、制景的材料和工具, 工作人员根据舞美需求进行美工、制景。

④维修间

维修间是指对演出设备、道具等进行维修的用房，用房配置各种维修、修补工具，维修人员针对设备问题进行简单的修补。

⑤存储间

存储间（depot/store）又称库房，是用于存储灯具、音响、地毯、布景、道具、服装、幕布等的用房。存储间多设置于保留剧目剧场，演出需要时，从存储间调出库存，完成演出后再放回库房。

⑥乐器调音室

乐器调音室是对特定乐器进行调音的专业用房，对声学设计要求较高。

⑦琴房

琴房（practice room, the piano room）是满足一定的声学条件，一般都安放有钢琴（或其他乐器），供声乐演员或演奏员等人进行练习的房间。

⑧运景通道

运景通道（scenery access）是剧场内连接卸车平台和舞台之间的专用运输通道。

⑨制作用房

制作用房（work shop）是场团合一剧场设置的为演出制作布景、道具、服装等用房的统称。

⑩其他后台用房

除了以上用房外，后台还设置有餐饮、盥洗室、浴室、厕所等为演职人员提供吃饭、盥洗、洗浴等的生活用房（daily liferoom），演职员演出办公的相关用房等。

3.观众活动区

观众活动区是剧场中除观众厅外，其他允许观众活动的区域，包括前厅、售票厅、展示厅、休息厅、卫生间、售卖中心（经营用房，business premises）、贵宾休息室（VIP lounge）等。

（1）前厅

前厅又称门厅，是进入剧院后第一个空间，起到停留、休息、分配人流和交通缓冲的作用。前厅一般还设置检票口、存放间（cloak room）、售票厅、展示厅、会客接待中心、售卖中心[纪念品商店（souvenir shop）]、贵宾休息厅、问询处（information）、观众用厕所（public room/washroom）等。

存放间：观众寄存外套、帽子、雨具、箱包等物品的场所。

(2) 休息厅

休息厅是观众观演前后、观演间隙休息、停留的空间。休息厅一般还设置售卖中心、卫生间、餐饮、展示中心等。

3.5　剧场的辅助管理

剧场内的辅助管理主要包括防火、疏散、采暖、通风等。其中，防火在剧场安全管理中是最重要的部分，由于观演时剧场内会有大量观众聚集，而舞台内有大量幕布、布景等易燃物品，众多发热量大的灯具、复杂的电气线路和设备，极容易引发火灾，因此通过防火的设计，保证剧场内所有人的人身安全具有十分重要的意义。

防火基本原则主要包括以下要点：

(1) 剧场平面的布置上要充分考虑建筑物之间的防火间距和防火分区。

(2) 消防车迅速到达舞台周围。

(3) 足够的消防水源和应急电源。

(4) 对容易引发火灾的地区加消防监控和灭火设备。

(5) 建筑设计严格遵循防火规范的规定。

在剧场建筑设计规范中，针对防火有以下规定：超过800个座位的剧场舞台台口应设防火幕。舞台主台通向各处洞口均应设甲级防火门，或设置水幕。舞台与后台部分的隔墙及舞台下部台仓的周围墙体均应采用耐火极限不低于2.5h 的不燃烧体。

舞台（包括主台、侧台、后舞台）内的天桥、渡桥码头、平台板、栅顶应采用不燃烧体，耐火极限不应小于0.5h。

变电间之高、低压配电室与舞台、侧台、后台相连时，必须设置面积不小于 6m² 的前室，并应设甲级防火门。

观众厅吊顶内的吸声、隔热、保温材料和观众厅与乐池的顶棚、墙面、地面等装修材料应采用不燃材料。剧场检修马道、观众厅及舞台内的灯光控制室、面光桥 (fore stage lighting gallery) 及耳光室 (fore stage side lighting) 的各界面构造均应采用不燃材料。除舞台以外，观众厅屋顶或侧墙上也应设置通风排烟设施。剧场设计应符合现行国家标准《建筑设计防火规范》的规定。

舞台上常见的防火设施有防火幕和喷头等。防火幕是隔离火情，防止火势蔓延或观众厅氧气被舞台抽走的有效装备，一般设在台口内侧及舞台通

耐火极限是指在对任一建筑构件按时间—温度标准曲线进行的耐火试验中，从受到火的作用时起，到失去支持能力或完整性被破坏或失去隔火作用时为止的这段时间，用小时 (h) 表示。

道台和后墙之间,配合洒水设备。有一定的强度和耐火性能,用钢骨架,填充石棉防火材料,表面包以薄钢板或硅酸盐钙板,厚度可达10~20cm。常见的喷头种类分为开式喷头和闭式喷头。其中,开式喷头是无释放机构的洒水喷头,水压经过喷淋头直接喷洒,可实现区域灭火;闭式喷头属于有释放机构的洒水喷头,喷头的感温、闭锁装置只有在预定的温度环境下,才会脱落,从而开启喷头,闭式喷头可实现点式灭火。

在紧急情况下,剧场还应考虑人流疏散,令观众迅速、安全地撤离。因此在剧场设计时需要满足安全出口及疏散通道等的技术规定,并要进行疏散时间的验算。

根据剧场建筑设计规范,疏散主要包括观众厅的疏散布置和舞台疏散两部分。对于观众厅疏散,出口应均匀布置,每个疏散口的平均疏散人数<250人。主要出口不宜靠近舞台。楼座与池座应分别布置安全出口,且楼座宜至少有两个独立的安全出口,不应穿越池座疏散。观众厅的出口门、疏散外门及后台疏散门应设双扇门,净宽不应小于1.4m,并应向疏散方向开启。不应采用推拉门、卷帘门、吊门、转门、折叠门、铁栅门,门洞上方应设疏散指示标志。另外,观众厅应设置地面自发光疏散引导标志。疏散路径直接明确,避免人流交叉迂回。

舞台区宜设有直接通向室外的疏散通道,当有困难时,可通过后台的疏散通道进行疏散,且疏散通道的出口不应少于两个,乐池和台仓的出口均不应少于两个。此外,室外疏散及集散广场不得兼作停车场。

为了保证观演环境舒适,根据剧场建筑设计规范,剧场内的观众厅、舞台、化妆室及贵宾室,甲等应设空气调节;乙等炎热地区宜设空气调节。未设空气调节的剧场,观众厅应设机械通风。观众厅宜采用座椅送风等下部送风方式,主舞台上的排风口应设在较高处。通风或空气调节系统在运行时通常会产生很大的噪音,影响观演效果,因此应采取消声减噪措施,通过风口传入观众席和舞台面的噪声应满足室内允许噪声要求。

面光桥、耳光室、灯控室、声控室、同声翻译室应设机械通风或空气调节,厕所、吸烟室应设机械排风。前厅和休息厅不能进行自然通风时,应设机械通风。夏季采用天然冷源降温时,剧场室内温度应低于30℃。对于严寒和寒冷地区未设空气调节的剧场,冬季室内供暖设计参数应符合表3-1的规定。

面光桥:在观众厅顶部设置安装灯具向舞台投射正面灯光的天桥。

耳光室:在观众厅两侧安装灯具向舞台投射灯光的房间。

表3-1 剧场冬季室内供暖设计温度参考值

房间名称	室内计算温度（℃）
门厅、走道	14～18
观众厅、放映厅、洗手间、休息厅	16～20
化妆、主舞台、后台休息室	20～22
贵宾休息室、VIP化妆室、服装间	22～24

练习题

1.广义剧场由哪些区域组成？

2.剧场功能设计的基本原则是什么？

3.剧场用地需要如何选择？

4.剧场的平面设计需要考虑哪些问题？

5.绘制镜框式舞台三视图（正视图、侧视图、俯视图）工程图，并在三视图上标注台塔、栅顶、天桥、台仓、基坑、主舞台、侧舞台、后舞台、上场门、下场门、台唇、台口、台口线、乐池、耳台。

6.请对以下名词进行解释：台塔、栅顶、天桥、台仓、基坑、主舞台、侧舞台、后舞台、上场门、下场门、台唇、台口、台口线、乐池、耳台。

7.舞台的尺寸需要考虑设计哪些基本尺寸？

8.请对观众席、楼座、池座、包厢进行名词解释。

9.观众厅的平面形式都有哪些类型？

10.观众席的楼座有哪些常见形式？

11.视距设计的基本数学依据是什么？

12.水平视角、垂直视角需要考虑哪些因素？

13.观众席水平视角、垂直视角需要遵循哪些基本原则？

14.地面坡度设计的C值是什么？地面坡度设计应注意哪些问题？

15.观众席短排法与长排法设计的步骤是什么？

16.观众席排距是什么？

17.剧场中通常有哪些技术用房？分别起到什么作用？

18.剧场中通常有哪些演出准备用房，分别起到什么作用？

19.剧场观众活动区包括哪些使用空间？

20.剧场在辅助管理方面，对防火、疏散、采暖、送风等有哪些考虑？

第4章　剧场基本信息与剧场经营

4.1　剧场基本信息及分类

1.剧场基本信息

剧场基本信息包括剧场概况信息、建筑功能、舞台设备系统和经营市场等四个主要部分,各部分还有更为细节化的分类,做到尽可能地包含剧场信息中有价值的内容,尽可能完整详细地描述剧场的整体架构。

(1)剧场概况信息

剧场概况描述一个剧场的基本信息,包括剧场名称、剧场类型(综合剧场、歌剧场、戏剧场、音乐厅)、剧场规模(观众席和舞台的面积总和)、剧场等级(特、甲、乙、丙)、所在城市、剧场地址、邮政编码、电话、邮箱和网址。这些信息可以让从业人员对各剧场有一个宏观的了解。

(2)剧场建筑功能

剧场建筑对剧场本身意义重大,剧场建筑是一座城市或地区的文化艺术和科学技术的标志和象征性建筑。剧场的位置应符合城市规划要求,同时对其经营有影响;剧场的分布设置又与居民成分、文化水平及地区的交通状况有极大关系。因此,剧场的建筑功能成为投资者和设计者密切关注的问题。

剧场的建筑功能可以从整体建筑、布局、装修等方面考查,具体包括以下几个方面:基地和总平面,售票厅,前厅和休息厅,观众厅,舞台,演出技术用房,后台。

①基地和总平面

剧场的基地和总平面应考虑剧场的有效使用面积和总耗资,比如剧场占地面积、剧场总建筑面积、剧场建设总投资、开工时间、竣工时间、经营时间等。另外，剧场一般处于城市的重要位置，又是大量人流瞬时聚集的场所，因此要处理好剧场人流、车流与城市人流、车流的关系，同时也应考虑内部人流、车流的关系。当有紧急灾情发生时，还应保证观众迅速撤出剧场。剧场的道路和庭院建设十分重要，涉及通往剧场的市政道路数、院大门距市政道路的距离、剧场前的集散空地、庭院大门尺寸、庭院道路有效宽度和高度等。同时，还应考虑停车位的问题，比如庭院停车位、集装箱车停车位、是否有集装箱车循环通道等。

②售票厅、前厅和休息厅

售票厅、前厅和休息厅由于影响因素较多，例如观众的社会地位不同，地方特点与生活习惯不同，气候条件不同，建筑师的手法不同，有关面积的数据相差较大。考虑到观众的实际需要，剧场可以根据实际情况设置储物间、衣物存放室和厕所等。

③观众厅

观众厅是设有固定座席的观看演出空间，观众厅的建设直接关系到观众的观看效果。观众厅的规模往往是衡量整个剧场规模的因素之一，观众厅面积，总容量、各层容量（池座、楼座），各层排数与列数等都能体现观众厅的规模。同时，观众厅的规模和体型设计还将影响视觉和声学效果。视线设计是观众厅设计中的重要一环，要保证观众在舒适的状态下看清舞台表演区的表演。观众厅的规模在一定程度上影响了视线设计，视点和视距的选择也是衡量视觉质量的指标。观众的视线也会受到舞台的影响，比如观众至舞台台唇的最远距离，舞台面距第一排座席地面的高度等。观众厅的座席是容纳观众的最集中的区域，坐席的建设要考虑到观众观看演出的舒适程度、防火规范和观众的疏散，以及观众的视线，在座席的设计中，设计者主要关注每排的座位数（有长排法和短排法之分）、坐席排距、可拆卸、收放的座椅数等。为了体现对残疾人的关怀，为残疾人的行动提供方便，观众席中可预留残疾人轮椅座席。观众厅的走道布局，应考虑观众进场时就坐方便，散场时能在最短时间内走出观众厅，更重要的是，做到在出现火情或意外事故时，观众能在紧急情况下疏散、尽快撤离剧场。观众厅的走道布局，应与座席分片相适应，与安全疏散出口联系顺畅，观众席走道数目、走道之间的座位数、走道宽度（纵走道、横走道）、纵走道坡度等成为其中的一些考虑因素。另外，从安全和卫生角度出发，观众厅的消防措施、疏散出口、观众席温度、新风量等因素也应考虑在内。

新风量：指室内环境空间交换量。

④舞台

舞台的建筑设计直接关系到演出效果。舞台是剧场演出部分的总称，形式多样，比如镜框式、伸出式、岛式和尽端式舞台等。舞台主要包括主舞台、侧舞台、后舞台、乐池、台唇、耳台、台口、台仓、台塔等。主舞台是指台口线以内的主要表演空间。侧舞台设在主舞台两侧，为迁换布景、演员候场、临时存放道具景片及车台的辅助区域，可分为上场口侧舞台和下场口侧舞台。乐池为歌剧舞剧表演配乐的乐队提供使用空间，一般设在台唇的前面和下面。台唇是台口线以外伸向观众席的台面。台口指的是舞台向观众厅的开口。台仓是舞台台面以下的空间。台塔是表演和机械运作的基本空间，指的是主舞台以上至栅顶的空间。以上各部分的高度、宽度、面积等构造设计应符合剧场的实际需求，符合相关规范的规定，各部分的构造和设施将影响舞台总的建筑设计。另外，为了符合工艺需求和安全要求，舞台其他细节部分的建设也应考虑周全，比如，舞台台面材质、主台天桥的布置、栅顶的构造、护网的设置等。总的来说，舞台的建筑设计要满足舞台演出的需求，经济实用，安全可靠，保证良好的视听条件，获得良好的艺术效果。

⑤演出技术用房

演出技术用房直接为演出提供技术支持，配合剧场和演员动作进行操作，保证演出顺利进行。演出技术用房大致包括以下几个部分：面光桥、耳光室、追光室(follow spot control room)、调光柜室、灯控室、声控室、功放室、调音室、调光室、舞台机械控制室等。演出技术用房的具体面积应根据实际摆放设备所需而确定，并应留出充足的检修位置空间，各用房的实际位置可根据舞台工艺设计的实际情况来确定，应有利于操作人员观察设备运行和演出全景。

⑥后台

追光室：在观众厅后上部架设和操控追光灯的房间。

后台设置演出附属用房、演出制作用房和剧场通用设备用房。演出附属用房一般包括贵宾化妆间、一般化妆间、群众化妆间、男更衣室、女更衣室、演奏员休息间、服装间、抢装室、库房、音乐排练厅、舞蹈排练厅、钢琴库房、贵宾室、行政与管理用房等。演出制作用房一般包括道具室、维修间、绘景间、硬景库、储景间、木工间、金工间、布景组装间、道具制作间、服装制作修理间、假发及鞋帽制作间等。剧场通用设备用房一般包括变压器房、配电间、空调机房、供水机房等。

(3)舞台设备系统

舞台设备系统包括以下六个方面：幕布系统、台上机械系统、台下机械系统、灯光系统、音响系统和舞台监督与通讯系统。

①幕布

幕布是舞台上必不可少的设备,它在迁换场景、揭示活动主体、渲染演出气氛、提高演出效果中起到很大作用。常规的幕布主要包括以下几部分:大幕、二道幕、三道幕、檐幕、边幕、天幕和纱幕等。大幕是观众厅与舞台之间起分割作用的幕,是舞台的门户,也是舞台的主要幕布,主要用于会议或演出开始和结束时的开闭,有时也可用作场幕,位于镜框舞台台口的内侧,镜框舞台与假台口之间。大幕有多种开闭形式,如对开式、升降式、串叠提升式、单侧开闭式以及斜拉式等。其操作控制系统也分为手动和电动两种形式。二道幕为独唱、独奏、曲艺等节目服务,起突出主角、烘托氛围的作用,它位于舞台大幕之后,是与第二道边幕相邻的一道幕,类型有启闭式、升降式、串帘式、均匀式等。三道幕主要是在剧场用作会议场地时,作为会议后场与主席台的隔断,突出会议的重要性,烘托会议气氛。檐幕是主台上部的横条幕,常用墨绿色,悬挂在普通吊杆和加长杆上,位于镜框舞台台口上方,与左右两侧的侧帘幕相配合,起到控制演出空间视线的作用。边幕是主台两侧的边条幕,颜色与横帘幕一致,对舞台表演区域 (acting area) 起限制作用,其平行、正"八"字、倒"八"字等吊装方式可以改变舞台表演区平面的开头,对舞台后部空间进行遮挡,引导、控制观众的视线,使之集中在规定的表演区内,其主要是美化舞台、遮挡观众对侧台的视线。天幕是为演出中投射幻灯的用幕,在演出中,可根据剧情的发展更换不同的布景或景物,在幻灯的变换下使观众有一种身临其境的感觉,类型有升降式、串帘式、固定式等。纱幕是舞台艺术用幕,常用于舞蹈和特殊效果,提高舞台的立体感,纱幕一般不作为剧场的固定装置,是以薄质地、带有网状孔眼的棉布或化纤材料制成的半透明幕布,类型有启闭式、升降式等。

②台上机械系统

舞台机械从诞生的第一天起就被定义为非传统的生产机械,它不仅要能够为布景、照明提供条件,还要合乎演出的节奏、动作和各种特技,并且为观众欣赏演出提供视觉、音响方面的条件。

按照传统的分类方法,舞台机械可分为台上机械系统和台下机械系统,台上和台下所配置的设备基本上都属于大型舞台基本配置。随着技术的发展和人们物质文化需求的不断增长,我国剧场在建设方面不断吸收国外先进成果,剧场舞台机械设备的类型越来越多样化,功能越来越完备,配置方面也越来越注重细节。各剧场由于所在地区不同、类型不同和需求不同,台上机械系统和台下机械系统的具体配置存在差异,但有些机械系统却是大多数剧场最基本的配备。

台上机械系统的基本设备包括防火幕、假台口(上片、侧片)、灯光渡桥、灯光吊笼、灯光排架、幕布吊杆、灯光吊杆、景物吊杆、单点吊机、大幕机、台上机械控制设备等。防火幕安装在台口处,是发生火灾时的紧急防火设备,火灾发生时可立刻下降,将舞台与观众厅分隔开,防止火灾蔓延,减少人员伤亡。假台口又叫活动台口,假台口设置于舞台台口的内侧,由升降片和左右两侧片组成,通过升降片和左右两侧片位置的变化,可以调整台口大小,达到根据需要改变台口大小的目的。假台口升降片的升降和左右两侧片的平移均由电动驱动完成。此外,该设备还是安装舞台灯具的主要设施,并可上人操作调整灯具。灯光渡桥与吊杆平行设置,可升降,供安装、检修灯光之用,在演出中能上人操作的桥式钢架。灯光吊笼是安装灯具的笼状吊架,设置在舞台两侧的上空,可以升降或前后左右移动。灯光排架是布设顶光的机械设备,装灯数量比灯光吊杆多。舞台吊杆是舞台上空悬吊幕布、景物、演出器材的杆状升降机械设备,它是台上机械的重要组成部分,舞台吊杆按照不同的用途可分为灯光吊杆和景物吊杆(含幕布吊杆)。单点吊机是舞台上空悬吊演出器材或景物的升降点状机械设施。大幕机对开大幕幕体,从舞台中央向左右对开,用于舞台场景转换。台上机械控制设备能稳定、安全、可靠地监控分散在台上范围内的舞台机械设备运动的参数(速度、位置、限位、负载等信号),可对舞台机械设备的驱动装置和现场传感器等实施运行控制和状态监视。

③台下机械系统

台下机械系统的基本设备包括主舞台升降台、乐池、侧舞台车台、后舞台车台、后舞台转台等。升降台是在舞台上可以升降台面的舞台机械,主要用于搭载演员或道具上升下降,达到立体演出的效果,还可以设计多块升降台组成阶梯式主席台,可供会议使用,也可以作为演出的多功能舞台。乐池是乐队演奏的场所,为了增加舞台使用功能,可将乐池底面设计为可升降,从而形成升降乐池,升降乐池的最底面供演奏人员使用,当升降乐池升至与舞台面平齐时,就会扩大舞台表演区域;当升降乐池降至与观众厅面平齐时,就会扩大观众厅的使用面积,拉近演员和观众的距离。车台又称推拉台,在主台、侧台、后舞台之间,沿导轨前后左右行走,也有无导轨自由移动的小车台,主要用于装载布景道具和演员,可根据剧情参加演出,迅速准确地实现换场、换景等。转台即在主要表演区能旋转的舞台,现已发展到旋转与升降能同步进行。

④舞台灯光系统

舞台灯光系统是剧场舞台的重要组成部分,观众看到的舞台效果主要是灯光系统的演出效果,灯光的效果对于演出剧情铺垫是至关重要的。但是由于各种剧目对灯光效果的要求各不相同,剧场受资金投入的限制,灯光系统不可能满足所有来剧场演出的剧目的要求,它只是基本的灯光系统配备。

无论剧场大小,灯光系统基本上都可以从三个方面进行分析:调光控制系统、灯具设备以及管线。调光控制系统包括调光台和调光器及辅助设备,还包括效果灯具的控制部分,如电脑灯控制台和烟机、雪花机以及泡泡机等效果设备的控制部分。灯具设备是灯光效果的直接执行部分,灯具设备包括电脑灯、舞台基本灯具和效果灯具等,其中剧场舞台常用的基本灯具大致包括散光灯、条形灯、回光灯、束光灯、聚光灯、成像灯、追光灯、柔光灯等,效果灯具包括烟机、雾机、雪花机、泡泡机、火焰机等。灯光管线也是灯光系统的重要组成部分,管线是指控制系统和灯具之间的强电以及弱电网络、光区的分布、回路负载的大小。控制系统的类型和回路的大小都涉及管线的配备。

⑤舞台音响系统

舞台音响系统是舞台的重要组成部分,也是高科技的重要手段之一,它对整个舞台艺术具有重要的功能与作用。舞台音响与舞台布景是营造舞台气氛的两大主要手段,如果说布景是视觉艺术的话,那么音响就是听觉艺术,两者共同构成音画世界,从而使整个剧目最终达到最佳的艺术效果。舞台音响系统是一项复杂的系统工程,包括发音、识音、扩音、传声等,是一个完整且复杂的过程。

音响系统一般有观众厅主扩声、拉声像、低音、局部补声、舞台效果声(effect sound System)、观众厅多通道效果声、为舞台表演者服务的返听扩声(Stage Monitor System)、为控制操作人员服务的监听扩声等系统。组成舞台音响系统的基本设备有调音台、话筒、音源、功率放大器、音箱、音频信号传输分配系统等。

⑥舞台监督与通讯系统

舞台监督与通讯系统应包括内部通讯、灯光提示、大幕控制、摄像头控制、视频信号切换、化妆间呼叫、石英钟、开场铃等功能。舞台监督对讲终端应设置在灯控室、声控室、舞台机械操作台、演员化妆休息室、候场室、服装室、乐池、追光灯室、面光桥、前厅、贵宾室等位置。舞台监督系统的摄像机应在舞台演员下场口上方和观众席挑台(或后墙)同时设置,灯控室、声

> 效果声系统为渲染剧情用的背景声,依靠具有感情、情景、环境、季节、时代、时间等性质的声音增加演出效果的系统。使用舞台内、观众席吊顶、侧墙、后墙等处设置的扬声器系统播放,获得不同方向传来的声音效果,让观众感受到身临其境的现场感。

> 舞台返听系统是为舞台表演区的演员提供现场演出声音信号的监听系统。

控室、舞台监督主控台、演员休息室、贵宾室、前厅、观众休息厅等位置应设置监视器。部分剧场还设有红外舞台监视系统。

(4) 剧场经营市场

据调查，中国近3 000家的剧场，除北京、上海及少部分地区的几家大剧场建立了良性的市场运行模式外，大部分使用率都很低。由于多年来大部分剧场基本依赖坐地收租求生存，固守着一种"等、靠、要"的被动经营模式，致使剧场的经营状况不容乐观。我国剧场经营市场存在许多问题，比如，旧有体制束缚剧场发展。据业界资深人士表示，全国近七成的剧场还停留在出租场地的经营模式上，约三成的剧场除出租场地外，采取了分成和自主经营的运作机制。许多剧场的管理经营思路也不合时宜，多数剧场都是单兵作战，既没有成立自己的演出公司，也没有与外界的演出机构建立稳固的利益共同体，剧场和剧团是分开的，即"院场分离制"，剧团面向市场的演出很少，演出资源比较匮乏。而国外大部分剧场实行"院场合一制"，即剧场和剧团长期合在一起，这种模式解决了演出资源的问题，剧团长期与剧场合作，排出一些经典的曲目，在剧场一个曲目就能演出几十场甚至上百场。除此之外，剧场经营管理团队的人员良莠不齐、素质低下、老龄化、剧场专业人才紧缺等问题也成为制约剧场发展的主要因素。调查并熟悉剧场的经营市场有助于看清剧场经营中存在的问题，从而有的放矢，明确方向，制订有利于剧场发展的措施，最终使剧场能健康发展，真正成为人们文化生活中的一部分。

"院场分离制"下剧团与剧院经营收入基本模式：剧团租赁剧场（touring theater），并与剧场按照合同分享票房收入，多见于普通剧团。剧团免费使用剧场，并与剧场按照合同分享票房收入，多见于知名剧团。

剧场所在城市的经济、文化实力会对剧场产生根本性的影响，剧场的发展也应立足于当地的实情，从当地群众的需求出发。城市人口、城市GDP、人均收入、基尼系数、地区恩格尔系数、本市主要产业、大中型企业数量、本市演出团体、本地区大中小型剧场数量等数据从人口、经济、文化和综合实力等方面反映了剧场所在城市的整体状况，有利于分析剧场的背景、发展前景以及与城市的匹配度。

剧场经营者之间是竞争与合作的关系，许多经营者互相不愿同行，特别是同一城市的同行打交道，这是一种偏见，仅仅从竞争的角度讲，也需要知己知彼，行业之间需要了解和团结、信任和帮助。考察剧场是否与其他同行建立合作联盟关系，可以从一定程度上引导剧场的发展，通过业务和利益将剧场同行紧密地捆绑在一起，共同学习，共同发展，剧场联盟可成为剧场行业利益的忠实维护者和开拓者。

剧场本身的经营体制和管理制度是剧场发展的重要因素，通过调查剧场内部工作人员的数量、分布、文化素质、平均收入可以了解剧场人员的配置和整体水平, 剧场的广告途径、购票方式等可以反映剧场的宣传手段和经营意识, 剧场的演出信息、票价信息、租赁费、演出成本、收入方式和消费环境等也应是经营管理者密切关注的问题, 它们在一定程度上反映了剧场的收入情况、市场信息和业务潜力。

2.剧场信息的分类

(1) 剧场概况分类信息

剧场概况主要包括剧场的名称、负责人、管理部门等基本情况信息, 这些信息可以让研究人员对各剧场有一个宏观的了解, 如图4-1。

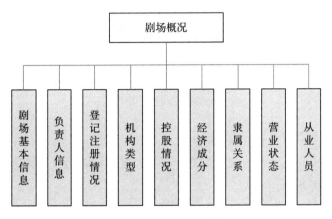

图4-1　剧场概况分类信息

(2) 剧场建筑功能分类信息

剧场建筑功能分类信息主要从剧场的建筑结构、布局、占地面积、安全性和功能性等几个方面反映剧场相关信息, 如图4-2。

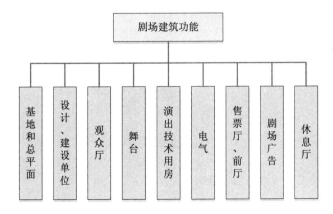

图4-2　剧场建筑功能分类信息

（3）舞台设备分类信息

舞台设备分类信息包括舞台机械、灯光、音响、乐池、控制设备、内通几个方面，如图4-3。

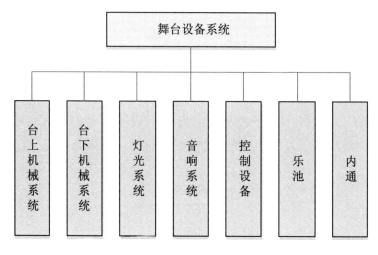

图4-3　舞台设备分类信息

（4）剧场经营市场分类信息

剧场经营市场主要从剧场的周边环境反映剧场经营管理的情况及剧场本身的售票情况，如图4-4。

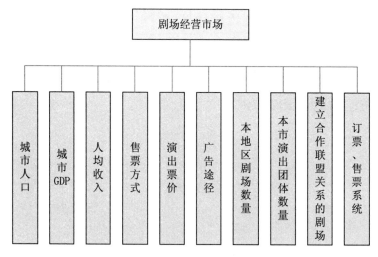

图4-4　剧场经营市场分类信息

（5）剧场工作人员和服务分类信息

剧场工作人员和服务分类信息主要反映剧场内部服务人员的专业素质、服务的规范程度以及一些服务设施的完备程度，如图4-5。

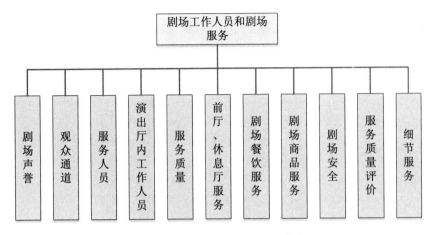

图4-5　剧场工作人员和服务分类信息

(6) 剧场经费分类信息

现代剧场已经逐渐走向市场化,剧场通过各种渠道来扩展其自身的经营业务以提高其经费的自给率,如图4-6。

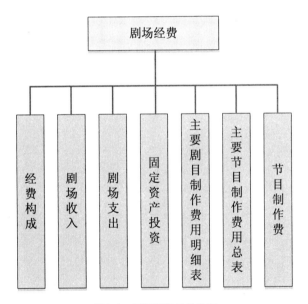

图4-6　剧场经费分类信息

(7) 剧场的演出种类和场次分类信息

现代剧场不应该仅是提供演出服务的演出场所,更应该是高雅艺术创作的基地和摇篮,剧场的演出种类和场次分类信息主要反映出一个剧场艺术创作的能力和演出组织的能力,如图4-7。

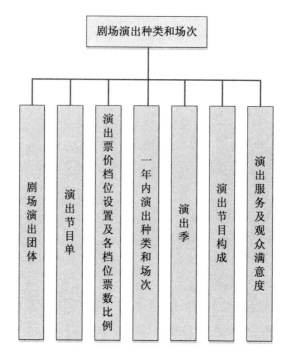

图4-7　剧场演出种类和场次分类信息

(8) 剧场运营业绩分类信息

剧场运营业绩主要涵盖剧场的演出项目、演出分类、教育普及活动、艺术创作生产、艺术主题活动、中外艺术交流活动、文化创意产业项目等几个方面,如图4-8。

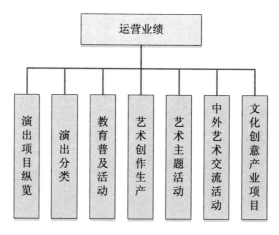

图4-8　剧场运营业绩分类信息

(9) 剧场财务状况分类信息

剧场财务状况包括四个方面: 年末资产负债、收入和支出、其他资料、信息化,如图4-9。

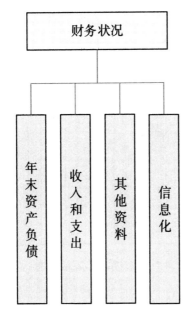

图4-9　剧场财务状况分类信息

(10) 剧场能源和水统计分类信息

能源和水统计可以从能源利用的角度考察剧场的能源使用情况,如图4-10。

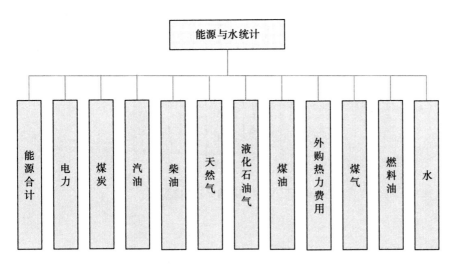

图4-10　能源和水统计分类信息

(11) 剧场项目开发分类信息

剧场项目开发情况旨在反映剧场的创新能力和可持续发展的能力,如图4-11。

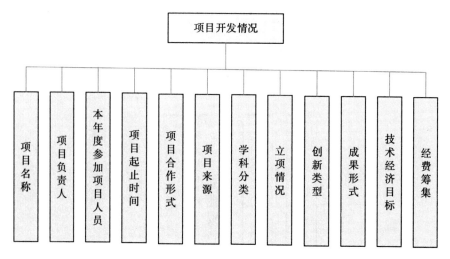

图4-11　项目开发情况分类信息

(12) 剧场人力资源分类信息

剧场人力资源情况主要反映剧场的人员构成和人员编制,如图4-12。

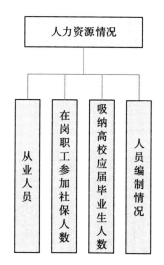

图4-12　人力资源情况分类信息

4.2　我国的演出市场

虽然我国演出业得到了长足的发展,演出市场潜在需求巨大,但是目前仍然处于不发达阶段,经营不景气的状况还没有得到根本改变。为推动现代演出业的发展,改善经营不景气的现状,业界、政府和演出主体进行了诸多创新探索。

为释放演出市场潜力,改善演出业经营不景气的状况,推动现代演出业发展,演出业从经营方式、经营策略、品牌经营等多方面进行了探索研究,提出了多种演出业改革发展意见。演出业的创新研究,推动了演出业经营向规模化、市场化、品牌化方向发展,消费群体向大众化方向发展,演出内容向高雅化方向发展,分工向多元化、专业化方向发展。

为打造新型文化传播渠道、盘活演出业,政府对现有演出业管理体制进行了市场化改革,出台了相关法律法规,制定了《国家中长期科学和技术发展规划纲要 (2006-2020年) 》《“十三五”国家社会发展科技创新规划》《国家“十三五”时期文化发展改革规划纲要》和《文化部“十三五”时期文化产业发展规划》,为演出业的发展提供了指导性文件。演出业作为文化产业的重要组成部分,是繁荣发展社会主义文化的重要载体,是满足人民群众多样化、多层次、多方面精神文化需求的重要途径,也是推动经济结构调整、转变经济发展方式的重要着力点。通过盘活演出业打造新型文化传播渠道,对演出业以及文化产业的发展有着重要的意义。

为改变演出资源分散、市场营销环节薄弱等现状,演出主体进行了大量的创新实践。从演出剧场角度来说,独立经营的演出剧场逐步向剧场联盟方向发展,演出市场出现了如中演院线、保利院线以及五大省际联盟等剧场型演出联盟;从演出团体角度来说,独立的演出团体出现了联合巡演,团体型经营联盟;从观众角度来说,传统的购票方式已经无法满足观众的需求,出现了团购、网购等方式,为观众提供更好的服务。

演出业的发展探索、政府的政策支持以及演出主体的创新实践催生了演出院线,演出联盟的出现是演出院线的萌芽。为推动演出院线的发展,2009年8月国务院颁布《文化产业振兴规划》,在中央文件中提出演出院线的概念,将“建立全国文艺演出院线”作为振兴国家文化产业的战略性举措。发展演出院线主要是为了解决演出资源分散、经营保守等问题,实现演出资源经营管理向规模化、集约化和专业化方向发展。演出院线的提出为演出业的改革发展提供了新的思路,但业界对演出院线内涵、特征、运行机制等还不是十分清晰。演出业中对演出院线内涵、特征以及运行机制等的研究尚属于空白。

1.演出市场现状分析

(1) 演出市场现状

进入21世纪以来,演出市场持续发展,规模不断扩大,根据已经公布的官方资料,截至2011年,全国共有演出经纪机构2 725家,文艺表演团体7 069家,演出剧场经营单位1 959家,演出场次达到155万场,观众达7.4亿人次。全国各地大中城市演出市场持续火爆。2011年,北京、上海等一线城市增长幅度约为20%,北京市全年演出2.1万场,观众达到1 000万人次以上,演出总收入超过14.05亿元。经济较发达地区的二、三线城市增长幅度更加明显,达到30%左右。四川省2011年前10个月演出市场的收入就达到了3.9亿元,安徽省举办的各类演出场次与2010年相比增长了146%。总结演出市场的发展现状,主要表现为如下几点:

①演出主体持续发展

演出主体主要包括演出团体、演出剧场和关联公司等,它们之间分工协作、业务往来日益密切。演出主体经营市场化越来越明确,国有、集体所有制逐步向市场化发展,民营演出主体所占比例不断提高。据不完全统计,全国民营文化表演团体已接近7 000家,年演出200万场以上,它们对全国文化产业的发展、社会和谐、促进国民素质的提高发挥了重要的作用。

②演出内容不断丰富

随着经济水平的提高,人们对精神享受的要求越来越高,促进了演出内容的创新。从演出剧场看,除了专业的演出剧场外,其他形式的演出活动也日益丰富,比如娱乐场所、体育场馆、市民广场、农村庙会、大型文艺晚会等;从演出内容看,除京剧、昆剧、越剧、黄梅戏等以外,其他题材的演出活动也大量出现,比如西方文化题材、音乐题材、时装表演;从演出团体看,包括国内演出团体、国外演出团体,国营演出团体、民营演出团体,专业演出团体、业余演出团体;从演出形式来看,有主流的与非主流的、古典的与通俗的;从消费群体来看,有戏曲观众群、话剧观众群、歌剧观众群、交响乐观众群、流行音乐观众群。

③体制改革已经启动

随着社会主义市场经济体制改革的深入,演出经营体制也逐步向市场化方向发展。国有、集体所有制演出单位已经逐步实现政企分开,由事业型、行政型向产业型、企业型转变,由福利型、供给型向经营型、效益型转变;民营演出团体得到迅速发展,规模不断扩大;以市场为导向,以演出剧场和演出团体为主的演出联盟已经出现,为演出市场的体制创新提供了新的启示。体制改革为演出市场的发展提供了强大的动力,促进了演出市场的发展。

（2）演出市场发展的不足

虽然演出市场得到了长足的发展，但是目前我国演出市场仍然处于不发达阶段，经营不景气的状况还没有得到根本改变。分析发现，演出市场主要存在以下问题：

①经营体制不完善

演出剧场和演出团体是演出市场最主要的主体，它们的经营管理决定了演出市场发展现状。现有演出剧场和演出团体大多以国有和集体经营为主，市场意识淡薄，经济效益不好，运营主要靠国家财政维持。随着演出市场的市场化改革，演出剧场和演出团体对市场经济不能完全适应，造成了团体和剧场的经营效益普遍不好，甚至出现部分演出主体消失的状况。在国家财政支出不足的情况下，进行经营体制创新，实现演出主体的经营改善是演出行业面临的首要问题。

②市场意识淡薄

演出市场处于变革期，经营管理模式正从计划经济向市场经济过渡，演出人员的市场意识普遍淡薄。从剧目看，由于创作人员只管剧目的创作，不管节目的经营，当演出节目投入市场时，要么经营惨淡、要么收益较少，造成了"多演多赔，少演少赔，不演不赔"的惨淡景象。这种恶性循环直接导致了演出市场的发展难以为继。从剧场看，演出剧场大多数靠坐收场租生存，剧场的闲置率高，造成资源的严重浪费。另外，专业的演出关联公司数量不多，缺乏专业化市场运作人才。

③资金投入少、技术更新慢

现今，演出市场对技术设备的资金投入少，使得技术设备无法得到及时的更新。由于缺乏资金支持，无法购置先进的演出设备，有些演出剧场无法提供合适的场地，无力组织大型的、高质量的节目。资金投入少也间接地导致现有的设备无法得到维护，甚至有些设备严重陈旧老化，导致直接被拆除或被改为他用，无法满足正常的演出需要。

④演出市场的发展不平衡

演出市场的发展不平衡体现在多方面。从剧目涉及的品类看，港台地区明星剧目的演出火爆和内地传统剧目表演的冷落对比强烈而鲜明；从演出场地看，体育场馆和农村庙会集市演出人潮涌动而演出剧场则相对冷清；从消费人群看，30岁以下的是演出消费的主要人群，30岁以上的则很少观看现场演出；从消费习惯看，很多人习惯用赠票或送票，真正花钱买票看演出的少。

区域的不平衡。城市演出市场大致可以粗分为三个级别：一级市场为北京、上海等国际化城市，文化消费能力最强；二级市场包括省会城市；三级市场包括全国的地级市和发达省的县级市。在以上三个级别的市场中，一级市场竞争激烈，但市场潜力巨大，欣赏水准较高，演出活动频繁，与此同时，三级市场高雅艺术演出较少。

⑤管理制度及法律不健全

演出市场的管理缺乏统一的体制，存在着职能交叉、权责不一、市场秩序不够规范等现象；对演出主体的管理主要表现为管理观念太陈旧，管理方法单一，各种管理机制还处在发展改革阶段。虽然我国法律制度在不断地发展完善，但是随着演出市场的不断发展，法律的发展速度还是无法赶上演出市场的发展速度，主要表现为：法律法规零散、管理部门众多、未形成统一的体系。

⑥服务意识淡薄

在市场经济条件下，竞争不仅体现在产品质量上，而且体现在对消费者的服务上。演出市场长期的计划经济经营，造成了演出人员市场意识淡薄。

⑦市场营销环节薄弱

通过产品或服务的销售实现盈利是演出活动的主要目的和归宿。传统演出市场的销售方式单一，主要靠票房来保障经济来源，未能充分利用演出资源实现收入多元化。销售方式单一造成了高票价现象，高票价又导致了票务销售不畅，最终影响了演出市场经营。

⑧演出资源分散

演出资源多以独立经营为主，造成了资源分散、经营规模小、品牌效应较弱等现象。演出资源分散使得演出活动中间环节多、协调流程繁琐、演出成本增加，以致资源浪费严重，利用效率不高。

（3）演出市场发展趋势

在政府和市场的共同作用下，演出市场正不断得到完善和发展，表现出良好的发展趋势。我国演出市场发展趋势主要表现为：演出主体多元化、经营规模化和市场化、消费群体大众化、演出内容高雅化。

①演出主体多元化

在演出市场，演出主体的分工越来越细，形成了演出团体、演出剧场、关联公司等多类主体。每一类演出主体构成也是多样化，比如演出团体有国营演出团体、集体演出团体和民营演出团体。各类演出主体分工协作，共同促进演出市场的发展。

②经营规模化和市场化

在演出市场，多个演出主体通过联合、兼并或者股份合作等方式实现资产重组，优化演出资源配置，形成规模化、市场化的经营管理方式，组建跨地区的演出市场联盟，比如保利院线、中演院线等。演出资源的规模化、市场化经营，解决了演出资源分散、资源利用率不高等问题，是演出市场的发展趋势。

③消费群体大众化

就我国的经济水平而言，人民的消费水平不高，购买力有限。据了解，我国的演出票价要国外高许多，演出市场的高票价方式不符合我国现阶段的消费水平，这就造成了有消费意愿的广大普通消费者无法观看演出。虽然人均购买力有限，但是中国人口基数大，消费总量潜力巨大，如果能将这部分能量释放出来，那么演出市场价值将是无穷的。所以，让普通老百姓都有机会和能力观看演出，才有利于演出市场的发展，演出市场的发展趋势必然走向大众化。

④演出内容高雅化

庸俗文化只会让社会停滞不前，甚至倒退，高雅文化会促进人的素质提高。随着人民素质和欣赏水平的提高，高雅文化已经开始从大中城市流入中小城市，使更多的观众有机会接受高雅文化的熏陶。高雅文化的推广，有利于国民素质的提高，推动社会主义精神文明的建设，所以，在推动演出市场改革发展的同时，要使更多的人有机会参与到高雅文化中来，享受高雅文化。

2.演出主体现状分析

传统的演出市场有三大主体：演出剧场、演出剧团和观众。三者之间通过观看一场实际的演出有机联系在一起，通过"观""管""演""传"四个重要部分集成为一个体现现代文化进程的开放性整体。对于观众，主要是观众观看的需求分析；对于演出剧场，主要是演出核心功能的实现；对于演出剧团，主要是文艺演出内容的创作以及演出剧目资源的最优组合；剧团、剧场以及它们之间，又涉及如何运营、如何管理的问题，最终目的是进行文化传播。

(1) 演出剧场

①演出剧场的业务流程

剧场是为观众提供观赏、进行舞台艺术创作的场所，为舞台演出提供场地和相关服务的经营单位。演出剧场包括多种形式的演出场所。作为典型的观演建筑,主要服务对象是观众和演出团体。随着时代的发展,剧院的服务对象也在发生由单一到多元、由简单到复杂的变化。为使观众和演出团体能够充分发挥剧场的效能,剧院最优化使用途径落脚于剧场的管理。目前大多数剧院从剧院所有者或剧团分化出了专门从事剧院日常管理的机构。剧院管理者既是剧院对外服务的主体,也是剧院建筑服务的对象、剧院服务对象的扩展,对剧院建设的功能要求产生了深远的影响。图4-13为剧院管理演出活动的一般过程。

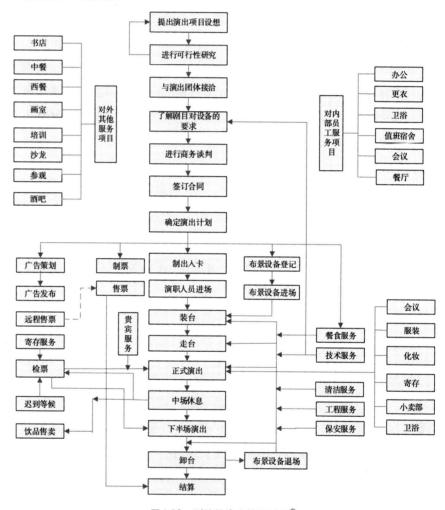

图4-13　剧院的演出管理过程[①]

由图4-13可见,剧院的管理事务非常复杂,各项事务之间尚有一定的独立性,需要各个方面的专业人才调理好各方事务,才会将一个演出剧场的效能充分发挥出来。这些人才骨干积累的多方经验,应为每一个剧院的管理所

① 图片来源:刘振亚.现代剧场设计[M].北京:中国建筑工业出版社,2000.

借鉴,而不应当把人才埋没在某一个特定剧院中,这类需求促使现在已有不同的公司专门负责这些事务,但它们没有把剧场的管理行为提升为一个信息化和集中化的服务模式。

②剧场的机构设置

剧场一般设置总务部、技术部、票务部、场务部、剧务部、宣传部、工程部和安保部等基本部门。

总务部负责人事管理、财务、法律顾问、涉外活动、紧急情况处理;技术部负责组织进场装台(load in)、拆台、舞台周边地区管理、操作设备;票务部负责卖票、卖票系统的管理、观众网络的开发、客户的开发;场务部负责服务、检票、小卖部、纪念品开发、销售、接待参观;剧务部负责演出计划、演出合同、节目制作、演出记录、音像制品;宣传部负责宣传广告、媒体会、消费者调查、发行杂志;工程部负责电、水、暖、保洁;安保部负责安全保障。除以上基本部门以外,演出推广、运营等部门逐渐成为剧场中新型的工作部门。

而其中的舞台技术部一般设置舞台灯光与视效组、舞台音响组、乐器组、舞台机械组和舞台监督组等。其中,舞台灯光与视效组负责操作设备、灯光设计(可以外包)、设备保养、设备管理;舞台音响组负责操作设备、技术配合、设备管理、工作记录、录音;舞台机械组负责操作设备、配合拆装台、设施安全管理及设备保养;乐器组负责乐器管理、调律调音、组织搬运、乐器摆放;舞台监督组负责舞台演出的协调。

③剧场的经营方式

剧场作为一处为公众提供演出服务的营业场所,目前其经营方式主要有三种:自主经营、委托经营和合作经营。

自主经营是指演出剧场所属演出公司自己制作演出剧目,通过剧目演出实现盈利。这类剧场隶属于政府文化部门,既是剧院的所有者、经营者,又是剧院的管理者,工作人员一般为事业编制。这类剧场自行组织演出,出租剧院。其中,这里的出租是指对外出租场地和设备。短期出租一般是按单元计费;长期出租是指演出方租用半年、一年或者更长时间,一般按租用时段计费。这种形式的优点是有稳定的租金收益,缺点是比较被动,没有单位租用就没有收益。如国家大剧院、上海大剧院,早期的深圳大剧院等都是自主经营的剧场,其特点是以市场为导向,不受某一具体的剧种或演出形式的束缚。

委托经营是指剧场业主委托协议公司管理,业主不参与经营活动。业主委托的经营公司通过短期或长期出租剧场,组织演出收入、场租收入、餐饮收入等,如北京保利剧院、北京天桥剧场、上海东方艺术中心、杭州大剧院等。

合作经营是指业主和专业管理公司成立合资公司，双方按比例出资成立有限责任公司，由新承建的子公司承接剧院管理任务。例如，保利影剧院管理公司和北京市文化局合作管理的中山音乐堂。

除以上三种基本形式以外，业主还可以聘请专业公司作为顾问，通过聘请专业公司培养自己的管理机构，双方签订一定的合同，业主负责具体的物业和技术管理，例如广东东莞玉兰大剧院。

以上形式无论以何种经营方式都必将牵扯到运营方与演出方的收入分成的问题。一般来说，收入的分成可以归结为以下两类：一种是剧场提供场地，承担使用成本，演出单位提供演出项目，承担演出成本，双方按比例分配演出收益。另一种是剧场为演出单位提供必要的旅行费用。票房收益归剧场所有，演出单位通过其他方式获取收益。

国内剧院运营状况尽管发展很快，但存在着一些问题，总休来说，建成了一大批规模宏大、设施先进的演出场所，但在剧场运行、管理、评估等方面的自动化系统研发和使用基本还是一片空白，剧场运营、管理的信息化程度很低。剧场闲置状况严重，缺乏产品供给的有效配置和市场开发的有效手段，耗资巨大的固定资产得不到充分应用，造成极大浪费。对当前现有的剧院来说，生存与发展是主题。剧院首先需要通过一些深受观众喜爱的剧目，获取票房收益，培育一定的观演人群，再谋求发展方向。剧院的品牌形象、组织文化、剧目资源和经营管理是需要重点建立和完善的几个关键问题。

（2）演出剧团

剧团是指从事各类现场文化表演活动的经营单位。演出团体决定艺术风格和表现形式，是文艺演出创作的主体，其工作过程大致分为四个阶段：剧目创作、与剧场洽谈并备演、正式演出、收入的结算。

剧目创作是一个周期很长的艺术创新过程，其内容直接决定着一场演出是否最终成功。与剧院的接洽工作需要提出演出项目、了解剧院设备状况、进行商务谈判、确定演出计划、签订演出合同等。由于剧团主体工作是演出，目前也存在一些独立公司，专门负责剧团与剧场演出的洽谈工作，降低场团接洽和演出安排的成本。备演阶段主要活动是人员进场、布景设备（transport facilities for scenery）进场、装台、走台等。正式演出后，卸台退场和结算工作，也需要一定的工作量并可能出现结算滞后问题。演出团体工作流程如图4-14。

布景转运设备是剧场中将外来布景和装置存放于库房或运送到舞台的机械设备。

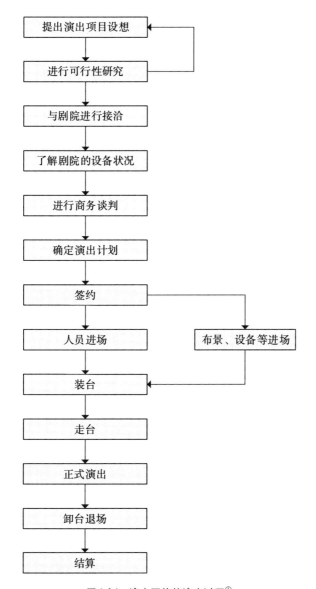

图4-14　演出团体的演出过程[①]

　　演出团体本应专心于演出的艺术创作和发挥每个演员的表演艺术价值，但为了一场演出成功、收益分配的顺利进行，团体必须耗费一定的成本考察剧场的资源状况并商谈收益的结算。尽管目前的演出市场有专门的公司从事此类工作，但全国复杂松散的剧院分布、每个剧院内部构造与设施的特殊性都间接影响着工作的顺利进行。演出院线，则寻求把这些演出剧场与演出团体的信息整合透明，以降低演出的接洽费用，同时明晰收益分配的方式，使剧场和团体都能最高效地找到合作对象，提高演出效率，缩短演出周期。

　　① 图片来源：赵国昂. 剧院核心功能探讨[J]. 演艺科技, 2011 (7)：36-40.

　　国内演出团队的现状是在没有政府财政支持或社会捐赠资金的情况下，演出团体的管理者们不愿意制作演出剧目。一般来说，屡演屡赔，很少有演出团体在公演后能够盈利，所以没有人愿意承担演出的经营风险。

　　演出团体主要包括民营演出团体和国营演出团体。民营演出团体通常是一群热爱戏剧或舞蹈等表演的人组合到一起成立的组织。成立民营演出团体的目的一般有两种，一种是组织者的兴趣所致，一些民营演出团体为了满足兴趣需要，组织者通过其他方式获取资金，用于支持演出，这类演出也多是带有探索性或实验性的，或者追求某种特别的艺术效果，而不是以盈利为目的；另一种是组织者生存的需要，演出团体通过制作演出剧目获取经济收益来满足生活和发展的需要。国营演出团体主要靠政府支持生存。

　　近几年，受市场及内部管理体制等因素的影响，文艺演出团体经费紧张、演员收入下降，导致人才流失、演出队伍不稳定，加上当下许多演出团体囿于旧有体制和观念，缺乏市场意识，严重阻碍了我国文艺演出剧团的发展、演出剧目的创作。因此，排演出符合市场需求的畅销剧目、丰富舞台表现手法、找到合适的演出剧场、增加演出场次等都是当前演出剧团面临的急需解决的难题。

　　(3) 观众

　　观众是演出活动的直接消费者，是整个演出过程的最终服务对象。观众欣赏演出的完整过程，主要有四大主体内容：演出信息查询、购票、观看演出并享受服务、对演出的反馈。从一场单一的观演过程看，观众主要享受购票服务和剧院的观演服务，其流程如图4-15。

　　然而，观众都有着特定的欣赏倾向，信息查询和对演出的意见反馈将及时反映出观众普遍欣赏水平的状态，迎合观众并提高他们的文化感同力是文化大繁荣所追求的目标，而演出院线，不应当仅仅是提供方便快捷的统一购票服务和观看演出时所享受的一般服务，还需通过观众的反馈意见，主动锁定观众的欣赏偏好，形成一套有机的剧目资源排档决策，给观众提供选择观看的演出内容的机会，达到最佳的文化冲击效应。

　　观众渴望观看优质的演出剧目，丰富自己的精神生活，但是由于长期以来积累的演出问题，观众对于演出剧目质量以及剧院服务质量的不满意使其基本上处于不愿意花钱进剧院的尴尬现状，这就直接造成了剧院经营惨淡、剧团举步维艰的局面。因此，如何吸引更多的观众走进剧院观看演出也是目前急需解决的难题。

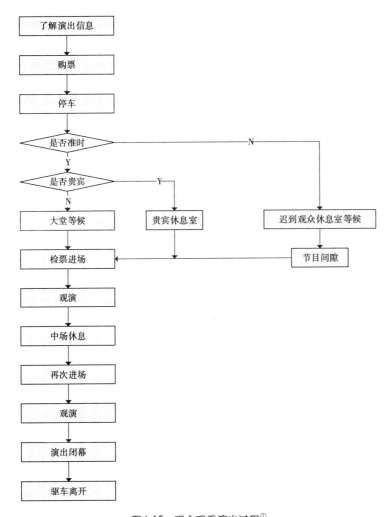

图4-15　观众观看演出过程^①

（4）其他主体

随着演出市场的不断发展，在剧场、演出团队、观众三大主体的基础之上，演艺产业链上不断涌现出多种实体，如衍生品、演出经纪公司、演出票务公司等。

以票务公司为代表的演出关联公司是市场经济体制下演出市场蓬勃发展的产物，旨在为整个演出提供相关的配套服务。演出关联公司主要承担的是承接演出和营销推广的功能，与剧院和院团相比，其一直处于相对弱势的地位。现有的演出关联公司由于运作的演出项目没有计划性，经营模式相对单一，因此风险抵御能力差，在演出市场，演出关联公司赚少赔多的情况数见不鲜。目前我国演出关联公司的发展还不成熟，没有形成一个相对完善的产

① 图片来源: 赵国昂. 剧院核心功能探讨[J]. 演艺科技, 2011（7）:36-40.

业链,与之配套的行业标准以及市场运作规范还未成型。因此,演出关联公司的发展还需要全社会更多的投入与关注。

媒体与宣传公司是利用现代科技改变传统剧院受众而新增加的服务对象,它虽然不是文艺演出的必备因素,却是联系剧院、节目和更广泛的观众、听众、网民的枢纽,是剧院演出信息向更大范围传播的平台,对宣传剧目和扩大剧院影响乃至促进文化传播起到不可代替的作用。只有有效地拓宽文化宣传渠道,切实地把文化内容向观众推销出去,观众的观演愿望才能够得以实现,国民的文化素质才会整体提高。媒体的宣传不是孤立于观众、剧场和剧团的独立存在,而是在短暂时间内凝聚群众的文化消费,同时在内容上更有效地推广,这也是演出院线必须诞生的要求之一,因为要提供最准确最便捷的信息服务,才能做到最彻底的宣传,院线所具备的先天信息条件,将会引导演出信息的扩大化和演出宣传的一体化。

4.3　演出联盟

早在2009年8月国务院颁布《文化产业振兴规划》时,就已经提出演出院线的概念,但是院线的发展现状与设计预期有较大的差距,究其原因,主要是演出院线的发展缺少必要的理论支持。研究演出院线的定义、基本特征、运行机制等对完善演出院线理论、推动演出院线的发展具有重要意义。

1.国内演出联盟

目前国内演出联盟主要有保利院线、中演院线、刘老根大舞台、国话院线、苏演院线、大隐院线、万达院线、北京儿艺院线和戏逍堂小剧场院线等。其中,中演院线、保利院线、国话院线最具代表性,另外五大演出联盟也各具特点。

(1) 中演院线

中演院线隶属于中国对外文化集团公司,2009年底,中国对外文化集团公司以公开竞标方式,获得了广州大剧院的经营管理权,并将其作为“中演院线”的旗舰剧场之一和南方战略发展平台。目前,中演公司全权负责大剧院的运营,实行独立运作和核算,以及专业化品牌运作和项目管理。2010年5月,中演院线正式启动,院线首批成员包括佛山市琼花大剧院、惠州市西湖大剧院、深圳大剧院、海南省文化艺术中心大剧院、无锡歌舞剧院、宁波大剧院、浙江文化艺术中心大剧院、河北省艺术中心、湖北剧院、湖南大剧院、江西艺术中心等22家单位。目前,中演院线拥有广州大剧院等23家大中型剧院。这些剧院分布在全国13个省和自治区的23个城市,以长三角和珠三角的经济发达城市居多。其中,江苏省6家,广东省4家,浙江省2家,内蒙古自治区2家,辽宁、河北、山东、湖北、湖南、海南、宁夏、江西、甘肃各1家。目前,院线剧院拥有坐席33 876座。院线组建以来,年演出场次超过3 000场,年观众总量达到330万人次。

(2) 保利院线

保利院线隶属于北京保利文化集团,由其旗下的北京保利院线管理公司经营,经营管理的大剧院数量在20家左右,主要代表剧院有北京保利剧院、中山音乐堂、上海东方艺术中心、东莞玉兰大剧院等国内一流剧院。目前保利院线接管了上百亿元的国有资产,包括华东、华北、长三角、珠三角等地区。以北京为龙头,以长三角和珠三角为剧院集群,保利院线旗下迄今已有15家国内一流的剧院,一年演出达1 500多场。现在保利院线整体布局正在进一步扩大,柳州、青岛、徐州、太仓等多个剧院加入保利院线联盟,届时全年演出将达2 000多场,年增演出500余场。

(3) 国话院线

自2010年9月开始,中国国家话剧院联合海淀剧院、天桥剧场、民族宫剧场等各大剧场组成"国话院线剧场联盟",推出"秋季演出季",以满足各界观众的需求。中国国家话剧院借鉴美国百老汇的经营模式,形成"一长三多"的模式——长时段、多场次、多剧目、多场点地推出献演剧目,逐步形成覆盖京城、辐射周边的国话演出大联盟。

(4) 地区演出联盟

以各地区联盟为代表的"联盟模式"是指在社会、经济、文化交往较为紧密的一定区域内,演出市场主体如剧团、剧院和剧场等自发结成的合作联盟。具体联盟方式和紧密程度视地区各有不同,但都在一定程度上推动了当地演出市场的发展。目前我国运行较为成功的地区联盟主要有以下几个:

中国北方剧院(场)联盟,成立于2005年9月,是国内第一个由区域内知名演出经营场所自愿结合,以项目为依托的松散联合体。它是为加强北方地区演出剧场内外合作、沟通而设立的信息交流平台,是一个以会员制为基础的非营利性机构。2006年,北方联盟成功运作《云南印象》,该剧在石家庄、长春、大连和沈阳四地连续演出11场,单场平均收入达到30万元以上。这是剧院联盟自成立以来联合筹划、共同运作的第一个大型商演项目。同时,这次演出也标志着国内演出联盟采用院线制、票房分账的方式运作演出项目的开始。

中国西部演出联盟,于2006年7月在广西北海市成立。联盟成员包括昆明剧场、青海民族歌舞剧院、四川省演出公司等10家单位。联盟成员中,既有处于产业链上游负责剧目创作业务的艺术院团,如青海民族歌舞剧院,也有产业链中游的演出经纪公司,如四川省演出公司及所属的锦城艺术宫,以及产业链下游的昆明剧场。联盟成员之间共享演出资源,降低了西部各演出机构间的演出设备运输成本以及演员接待费用。

长三角演出联盟,2008年1月在江苏南京成立。目前的31家成员,涵盖了上海市,江苏省的南京、扬州、苏州、常州、无锡、镇江、南通、徐州以及浙江省的杭州、宁波、绍兴、嘉兴、湖州、台州等长三角主要城市最具活力的演出机构。这些演出机构,大多拥有雄厚的实力,有的具有一流的演出剧场,有的拥有一流的舞美、灯光、音响设备,有的拥有一流的经纪、经营团队,有的具有丰富的演出资源。长三角演出联盟的成立,对抑止高票价、扼制演出市场恶性竞争,促进江浙沪地区演出市场健康良性发展发挥了有效的作用。

中国东部剧院联盟,2008年6月在浙江绍兴成立。它是由浙江、江苏、上海、江西、四川、湖南、湖北、广东、福建等各省市的36家剧院自发形成的团体,联盟以"诚信协作、资源共享、风险共担、优势互补、互惠互利"为工作目标和经营方针。东部剧院联盟的成员范围目前已扩展到安徽等中部省份。扩展后的东部剧院联盟共有50多个剧场,成为目前国内最大的剧院联盟。

2.演出联盟的比较

（1）中演院线

以中演院线为代表的加盟模式,是一种松散院线管理模式。中演院线是以演出剧场加盟中演院线为主的演出联盟,控制了剧场资源。该模式对加盟剧院要求条件不高,较宽松的加盟条件更容易获得各地剧院的认可,可以在短时期内形成规模效应,达到燎原之势。

这种模式下,院线方与剧院方之间是平等主体的合作关系,而院线对剧院的调控能力较弱,无法有效地形成品牌效应和规模化效应。演出主体和院线管理公司都拥有比较大的自主性。

（2）保利院线

以保利院线为代表的直营模式,是一种严格意义上的专业化院线管理模式。企业对剧院具有自主经营权,有利于形成统一有序的管理机制和经营秩序。以保利院线为例,政府每年给予企业一定的物业补贴和演出补贴,由保利自主经营。当地政府则组织成立剧院管委会,对剧院的演出场次、演出档次、年均票价、演出服务、年均上座率等，制订详细指标，进行目标考核。这种委托专业团队经营管理的方式既保证了国有资产的充分利用，又能够让老百姓以相对低廉的票价欣赏到国内外一流演出团体的表演，同时将院线管理公司成熟的管理经验"输出"到地方剧院，使各地管理水平参差不齐的剧院在短期内达到专业化的运营水准。

对投资剧院建设的地方政府而言，这种模式涉及剧院人力物力的重新分配，需要给予院线方面充分的信任；而对院线管理公司而言，本身需要具备很强的剧院管理能力，同时要保证有充足的经营管理人才储备和极强的节目资源调配能力，因此目前这种模式在全国的推广速度并不快。

(3) 联盟模式

以五大联盟为代表的联盟模式，是演出主体之间相互联合的管理模式。"联盟模式"的特点在于，联盟成员的参与成本较低。联盟在项目运作上更多地采用传统人脉关系式的操作模式，实质上是演出公司和剧院经营者们聚会和联络感情的平台，而并无实质上的资本合作和资源共享。一旦各方利益冲突，联盟实际上并无真正意义上的法律约束机制。

无论从规模还是从组成以及业务系统来看，我国演出联盟还处于发展初期。不同的演出联盟资源组成和经营管理模式不同，它们都是演出行业发展的探索。

从演出主体组成来看，现有演出联盟主要分为：演出剧场型、演出团体型两种。剧场型演出联盟主要是通过演出剧场的集中经营管理，形成以剧场为主的演出联盟，比如中演院线、保利院线；团体型演出联盟是通过演出团体集中经营管理，形成以团体为主的演出联盟，比如国话联盟。

从经营管理模式来看，现有演出联盟主要分为直营模式、加盟模式以及联盟模式。在直营模式中，专业管理公司拥有演出主体的经营管理权，管理公司直接经营联盟的所有演出主体，比如保利院线；在加盟模式中，院线管理公司没有演出主体的经营管理权，管理公司和演出主体共同经营演出资源，比如中演院线；在联盟模式中，没有组织，它们就是演出主体通过相互联合形成的演出联盟。

随着演出业的不断发展，演出主体创新经营实践以及在政府政策的支持下，催生了演出院线的产生，以中演院线和保利院线为代表的演出联盟的出现是演出院线的萌芽。

4.4　文化演出院线

1.演出院线的提出

2009年8月国务院颁布《文化产业振兴规划》时，将"建立全国文艺演出院线"作为振兴国家文化产业的战略性举措，在中央文件中首次提出演出院线的概念。为打造新型文化传播渠道，盘活演出业，政府对现有演出业管理体制进行了市场化改革，出台了相关法律法规，制定了《国家中长期科学和技术发展规划纲要 (2006-2020年) 》《"十三五"国家社会发展科技创新规划》《国家"十三五"时期文化发展改革规划纲要》和《文化部"十三五"时期文化产业发展规划》，为演出业的发展提供了指导性文件。

2.演出院线的定义、对象、性质及作用

(1) 演出院线的定义

> 　演出院线是以主要经营演出剧场和演出团体为途径，以盘活演出市场，集中演出资源，建立规模化、市场化的演出经营联盟，形成演出品牌为目的，组成的营利性商业组织或者企业。演出院线实质是经营管理演出资源的一类商业组织或者企业的统称，它的主要特点是突破和创新了传统演出市场经营管理模式。

(2) 演出院线研究的对象

演出院线研究的对象是对演出资源经营管理模式进行创新，即通过经营管理模式的创新。演出资源主要包括：演出剧场、演出团体以及关联公司等。

(3) 演出院线的性质

演出院线实质是演出行业的一类商业组织或者企业的统称，各个企业或者组织的基本经营理念都是院线制。院线制是指以共同拥有产权或统一管理的一系列企业或者组织的运行机制，这类企业或者组织的主要标志是拥有共同的名称、共同的产权或者统一管理。院线制在演出行业中表现为演出主体的统一经营管理、拥有统一名称或者共同拥有产权，最常见的形式是多个演出主体拥有统一的名称和统一管理。

(4) 演出院线的作用

建立演出院线主要是为了解决演出资源分散、经营规模小、品牌效应较

弱等问题。从商业角度讲,建立演出院线是为了更好地实现盈利,使演出资源经济效益最大化;从演出市场角度讲,建立演出院线是为了减少演出活动中间环节,使资源在更大范围内配置;从经营角度讲,建立演出院线是为了实现规模化、市场化经营,形成演出品牌。

3.演出院线基本特征

(1) 主要资源是演出剧场或演出团体

演出院线是以经营演出剧场和演出团体为主要业务的演出联盟,它的主要资源是演出团体和演出剧场。从资源组成来看,演出院线可以分为演出剧场型、演出团体型和剧场团体综合型三类。

演出剧场型演出院线主要是通过集中经营管理演出剧场为主要途径,形成以剧场为主要资源的演出联盟。单纯的演出剧场型联盟主要出现在演出院线的发展初期。

演出团体型演出院线主要是通过集中经营管理演出团体为主要途径,形成团体为主要资源的演出联盟。和演出剧场型演出院线一样,单纯的演出团体型演出院线主要出现在演出院线发展初期。

剧场团体型演出院线同时拥有演出剧场和演出团体两种关键资源,形成以演出剧场和演出团体为主要资源的综合型演出院线。剧场团体综合型演出院线是对单纯演出剧场型和演出团体型演出院线的不断发展和完善。

(2) 主要业务围绕主要资源展开

演出院线拥有资源的主要目的是利用演出资源展开业务,实现盈利,院线主要业务围绕院线主要资源展开。从业务系统来看,演出院线可分为演出剧场型、演出团体型和剧场团体综合型三种。

演出剧场型演出院线主要业务是经营管理演出剧场,为实现剧场资源利用效率和经济效益最大化,院线的业务和资源都是围绕演出剧场部署的。院线活动主要包括:演出剧目的采购、剧场的日常维护、剧场资源的调配等。

演出团体型演出院线的主要业务是经营管理演出团体,实现演出团体资源利用效率和经济效益的最大化,院线的业务和资源都围绕演出团体展开。演出团体型演出院线活动主要包括:寻找合适的演出剧场、培养演出人员、寻找合适的演出剧本等,它的业务特点是活动围绕演出团体展开。

剧场团体综合型演出院线的主要业务是经营管理演出剧场和演出团体,实现演出剧场和演出团体利用效率和经济效益最大化,院线的业务和资源配置围绕演出剧场和演出团体部署。相比剧场型和团体型,剧场团体型演出院线业务系统更复杂,资源集中程度更高,主要呈现在演出院线发展成熟期。

　　(3) 经营规模化

　　与传统演出市场经营管理方式相比,演出院线显著特征是规模化经营演出资源。演出资源规模化经营主要是解决了演出资源分散、演出主体之间协同不畅等问题。在演出院线的发展过程中,经营规模化将从单一演出资源规模化向多元演出资源规模化方向发展。演出院线主要通过连锁经营、委托管理以及兼并重组等方式实现演出资源规模化经营。

　　(4) 经营市场化

　　传统演出市场的经营管理带有强烈的计划经济色彩和行政性质,严重影响了演出市场的发展。演出院线通过市场化经营演出资源,增强了市场意识,摆脱了计划经济和行政过度干预演出市场发展。市场化是演出院线区别于传统演出市场经营管理方式的特征之一。演出院线主要是通过收入市场化、演出活动市场化等实现演出资源经营管理市场化。

　　(5) 统一的利益分配方案

　　由于演出院线是以演出资源的集中管理、规模化经营为主的演出联盟,所以涉及的演出主体数量和种类都比较多。从市场化和维护演出院线的稳定角度出发,演出院线必须制订统一的利益分配方案。在演出院线中,相同的演出主体贡献相同,获得利益相同,是利益分配方案的基本原则。利益分配方案不会随着演出院线的经营管理者不同而不同,利益分配管理应该制度化。

　　(6) 规范的规章制度

　　由于演出院线是由一系列资源组成的演出联盟,演出主体和活动具有多样性,协调管理需要规范的规章制度。规章制度主要针对演出院线内部资源、人员的管理,它是院线资源组织的有效保障。院线规章制度应该包括演出院线人员的管理、院线资源规范使用、奖惩制度、财务制度等。

　　(7) 统一的名称

　　加入演出院线的所有演出主体都应使用统一的名称,有利于形成品牌效应。所有加入演出院线的演出主体在日常活动和经营管理时使用统一的名称、统一的称呼。名称一致有利于增强院线的凝聚力。

　　(8) 统一的协调机构

　　统一的协调机构是演出院线的主要特征之一。协调机构的主要作用是统一管理演出资源、协调演出活动、资源调度以及其他相关服务。在演出院线中，协同机构可以是专业的公司或者演出主体共同筹资组建的专业团队。协调机构的功能不仅包括协调演出主体之间的利益，还包括服务于演出活动的业务，它与现在演出联盟中出现的协调机制不是同一个概念。这个协调机构根据规章制度，从事实际的活动，为演出活动服务。

4.演出院线类型

演出院线是演出行业的一类商业组织或者企业，根据主要资源组成不同，将演出院线分为演出团体型演出院线、演出剧场型演出院线和剧场团体综合型演出院线。

(1) 演出团体型演出院线

演出团体型演出院线是指主要由演出团体组成的演出院线，演出院线的资源主要是围绕着演出团体进行配置的。演出团体型演出院线中没有演出剧场。演出团体型演出院线主要资源构成，如图4-16。

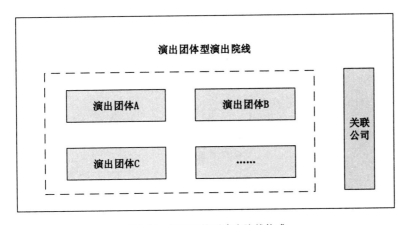

图4-16　演出团体型演出院线构成

在演出团体型演出院线中，核心构成是演出团体，关联公司并不是演出院线的必要组成部分。演出团体联盟存在专门为演出团体服务的协调机构，它们主要任务是服务于演出团体，并且调动关联公司为演出院线的活动服务。在整个演出院线中，所有的活动都以演出团体的业务为核心。

(2) 演出剧场型演出院线

演出剧场型演出院线是指演出主体是由演出剧场组成的，演出院线的经营管理活动主要围绕着演出剧场进行配置。在演出剧场型演出院线中，没有演出团体，它们的主要构成就是演出剧场。演出剧场型演出院线主要资源构成，如图4-17。

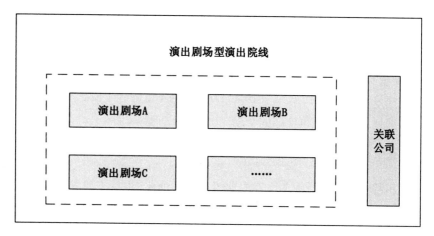

图4-17　演出剧场型演出院线构成

　　在演出剧场型演出院线中，演出剧场是整个演出院线的核心部分，所有业务都是围绕演出剧场展开的。关联公司是演出院线的组成部分，但不是必需的组成部分。演出剧场型演出院线存在统一调度协同机构，它主要负责演出院线的活动。

　　（3）剧场团体综合型演出院线

　　剧场团体综合型演出院线是指演出院线的资源配置主要是由演出团体和演出剧场共同组成的，院线活动围绕演出团体和演出剧场进行配置。剧场团体型演出院线主要资源构成，如图4-18。

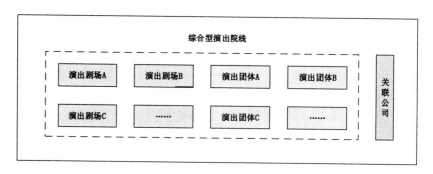

图4-18　剧场团体综合型演出院线构成

　　在剧场团体综合型演出院线中，演出团体和演出剧场都是演出院线的组成部分，它们是演出院线的主要组成部分。剧场团体综合型演出院线也存在一个统一的协调机构，负责演出院线的演出活动、演出资源的调度等工作。

　　在发展初期，演出院线以演出剧场型和演出团体型演出院线为主要形式。随着演出院线的发展，院线将从单一资源的演出剧场型和演出团体型向剧场团体综合型演出院线过渡。在发展成熟期，演出院线以剧场团体综合型为主要形式, 演出剧场和演出团体等多种资源共同构成一个演出院线, 剧目直接投入院线拥有的演出剧场, 演出资源更多是在院线内部配置的。

5.演出院线的优势

演出院线的优势是相对于演出主体传统经营管理方式而言的。演出院线与独立经营演出主体相比, 优势主要表现为: 品牌优势、规模优势、中间步骤少、资源丰富、获取资源成本降低等。

(1) 品牌优势

在市场经济时代, 品牌产生的作用有时比产品或者服务本身更有价值。演出主体独立经营时它的品牌影响力远远低于演出院线经营时的价值。在演出主体独立经营时, 除了个别的演出主体被消费者熟知, 很少有在观众中具有决定性影响力的品牌, 更谈不上影响观众的消费习惯和消费选择; 在演出院线经营时, 演出院线的数量有限、经营的规模大以及对观众的精神生活消费影响力大, 其在观众中的品牌价值远远大于演出主体独立经营的价值。

观众在日常消费时, 通常选择品牌好、影响力大的产品消费, 这是消费者心理。通过演出院线经营形成了品牌化经营演出资源, 它无形地提高了资源在消费者心里的价值。随着我国经济的发展, 人们的精神文化需求不断增长, 演出行业的市场潜力巨大, 通过品牌化经营可以占领消费市场的战略制高点。

品牌必然引起更多人的关注, 拥有更多的消费者。其他行业特别是广告行业, 可以借用演出院线平台作为媒介传播信息。演出行业可以通过广告等手段增加收入, 降低演出成本和观演票价; 票价的降低可以吸引更多的观众观看演出, 推动演出市场的发展, 所以品牌化与演出市场的发展是良性互动的, 品牌产生的作用是一举多得。

(2) 规模优势

演出主体独立经营时, 资源分散, 演出活动的准备活动程序繁琐, 周期时间长; 而演出院线经营时, 演出资源集中度高, 经营规模大, 演出活动程序相对简单。

演出院线规模化经营对资源的需求量较大, 可以一次性大量采购演出资源, 集中调度配置采购人员, 减少了单位资源的使用时间和演出资源成本。传统的经营管理方式, 协调演出难度大, 投入人力多, 造成演出周期长和人力资源浪费严重。

演出院线经营规模大，拥有比较强的市场信息收集能力、强大的经济实力，资源比较丰富，抗击演出市场的风险能力远大于传统小规模经营。传统小规模经营信息收集渠道少，经济规模小，需要独立应对演出市场的一切风险，所以演出主体的市场风险承受能力比较小。

演出院线经营有利于演出资源集中，减少演出主体之间的协调程序，缩短演出活动周期。资源集中有利于管理人员在更大范围内进行资源调度，提高了演出资源的利用效率。

（3）中间步骤少

在演出院线中，众多演出资源集中在一起，使用时协同的步骤大大减少。在演出资源独立经营时，使用演出资源需要协调多方演出资源所有者。

演出院线集中了演出剧场、演出团体等多种资源，在演出活动中资源更多的是在院线内部流动，大大缩减了剧场和团体之间的协调时间，简化了协调流程。演出院线经营改变了独立经营时需要演出剧本、演出剧场、演出团体等多方资源协调才能完成演出活动的局面。演出主体独立经营时，多方巡演将涉及多个演出团体和多个演出剧场的协调，步骤非常繁琐，中间协调流程相当多，大大降低了工作效率。

在演出院线经营时，利益分配方案有了统一的标准，它是一次制订、多次使用，大大地简化了利益分配的工作程序；而在演出主体独立经营时，利益分配涉及多个演出主体，不同的分配方案增加了演出活动的工作量。

（4）资源丰富

演出主体独立经营使演出资源分散，集中度不高。而演出院线经营时，它的经济规模更大，拥有更多的演出剧目、更多的场所、更多的演出场次。

演出院线通过市场扩张，拥有更多的演出资源，经济规模更大。随着集中演出资源量的增加、资源利用效益的提高，院线的经济收入也会随之增加，也更加提高了院线的经济规模。

经济规模的扩大，使得院线拥有更多的资本，投入到更多优秀的演出剧目中；优秀剧本的增加，使得演出团体可以根据剧本创作出更多的优秀演出剧目。

演出院线通过对演出剧场的规模经营管理，集中拥有更多的演出剧场，保障演出剧目有更多的演出场次，改变了优秀的演出剧目没有合适的演出剧场演出、无演出场次保障的局面。

（5）获取资源成本降低

演出剧场和演出团体通过院线的组织可以大规模向演出资源提供商获取演出资源，这样单位成本将会大大降低。在演出过程中，演出院线拥有众多的演出活动，可与第三方服务商，比如物流公司、酒店等，实行长期合作，降低第三方服务成本。

6.演出院线的劣势

任何事物都有正反两面，发展演出院线也一样，同时存在优点和缺点。前面已经分析了发展演出院线的优点，下面分析发展演出院线的主要缺点。发展演出院线的缺点主要表现为：可能使中小演出主体的利益受到侵害、不同演出院线之间可能形成恶性竞争、演出形式多元化削弱等。

（1）中小演出主体的利益可能受到侵害

由于中小演出主体力量比较小，发展演出院线可能使中小演出主体利益受到侵害。从演出院线本身来说，实力相对弱小的演出主体加入演出院线，其利益可能受到实力雄厚的演出主体侵害，难以保障中小演出主体的利益；从演出业来看，发展演出院线可能使未加入演出院线独立经营的演出主体利益空间受到挤压，甚至被恶意打压。

（2）不同演出院线之间可能形成恶性竞争

由于演出市场空间是有限的，不同演出院线之间为了各自利益，可能通过不正当的手段与对方恶性竞争利益空间。由于演出院线规模和影响力比较大，恶性竞争对演出业的伤害非常大，不利于演出业的健康发展。

（3）演出形式多样化可能削弱

由于演出院线的规模化发展，多个演出主体（特别是演出团体）加入演出院线，可能无法保留原有的演出特色，削弱了演出形式的多样化。与演出市场，追求多样化发展相违背，不利于演出业的发展。

发展演出院线应该充分利用演出院线的优势，避免演出院线的劣势，使演出院线的发展与演出业的发展相协调。为此，从规范角度来看，政府应该制定相应的法律法规，规范演出院线的经营活动；从管理角度来看，演出院线应该设计一套合理高效的治理机制，维护加入院线的各演出主体和院线整体的利益；从商业运行机制来看，演出院线应该通过商业模式的创新，避免通过恶性竞争赢取利益空间。文章将在后面章节对演出院线治理机制和商业模式进行探索、研究。

练习题

1.剧场根据建筑功能可以划分为哪些区域? 分别有哪些基本设施?

2.演出市场的三大主体是什么?

3.简述剧院、剧团、观众的业务流程。

4.剧场的经营方式分为哪几类? 各自有何特点?

5.演出市场有哪些其他主体?

6.什么是演出院线? 演出院线有哪几种形式?

7.我国的演出市场现状如何?

第二编

剧场技术

第5章 舞台机械

剧场是进行现场表演艺术的场所，一场时长不过两三个小时的现场表演，往往要模拟几十甚至上百名演员在十几个甚至几十个场景中的故事情节。传统现场表演，如京剧，主要通过演员的唱念做打模拟场景的变换；以西方写实艺术为代表的现代戏剧表演则注重还原真实的场景。随着科技的发展，机械的自动控制技术使得舞台的基本结构与形式、舞台的道具与布景的变换可以通过机械的运行控制得以实现。

在观演环境中，为提升演出质量、保证演出安全，需要在舞台各处设置各类舞台机械设备。这些机械设备有的可以实现景物的快速迁换，有的可以实现道具的快速上下场，有的可以实现舞台台型的变换，有的可以实现演员的反常规上下场，有的可以实现舞美效果的提升，有的可以实现舞台声学条件的改善，有的可以实现舞台照明装置的吊挂，有的可以实现舞台形式的变换，有的可以改变舞台的台口尺寸，有的可以实现剧场视觉效果的提升，有的可以保障剧场的安全。

剧场中具有哪些舞台机械与控制设备、这些设备安装在什么位置、具有何种功能、具有哪些技术参数、如何进行控制、如何进行操作与维护，是本章重点讨论的问题。

5.1 舞台机械概述

1.舞台机械的定义

舞台机械（stage machinery）是为舞台表演活动服务的机械设备的统称。在剧场等演出场所内，直接参与演出表演或为表演提供安全保障与服务的机械设备，称为舞台机械设备。

多数舞台机械设备都设置在舞台区域的上下或舞台表演区附近，因此，统称为舞台机械设备。有时,由于设备的实际安装位置临近舞台或在舞台区域,也可以把一些虽不参与表演但为表演活动服务的舞台机械设备也纳入舞台机械的范畴,如防火幕、软景与台毯储藏设备、货物转运设备等。

2.舞台机械的分类

舞台机械通常可以根据其分布的空间位置进行分类,也可以根据其具体功能进行分类,如图5-1。

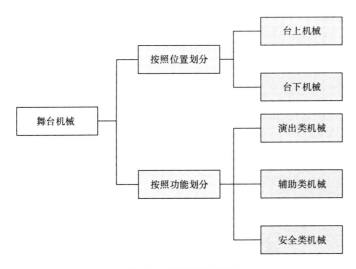

图5-1　舞台机械分类图

（1）台上机械与台下机械

舞台机械根据其布置位置的不同,一般安装在舞台台面上方或是舞台台面下方,舞台机械包括台上机械 (upper stage equipment) 和台下机械 (under stage equipment/under stage machinery) 两大类。

台上机械一般设置在舞台上空,是用于悬吊各种景物、道具、设备或演员的机械设备。台上机械设备一般可以实现升降运动。设备运动或静止时,在确保安全的情况下,允许演员在其下方长时间停留、活动。常见的台上机械包括防火幕、大幕机、假台口（上片、侧片）、吊杆、单点吊机、飞行机构、灯光渡桥、灯光吊笼声反射罩、银幕架系统等,如图5-2、图5-3。

运景吊机是设置在侧舞台或其他必要的位置,用于吊运或组装景片的起重设备。

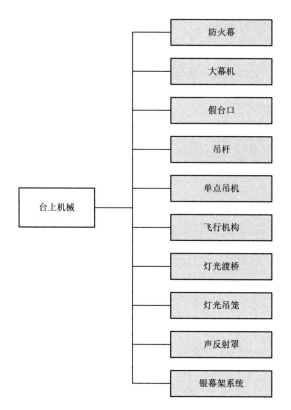

图5-2　舞台台上机械分类图

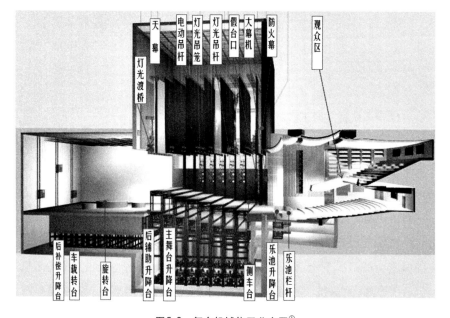

图5-3　舞台机械位置分布图①

---

① 图片来源: 蒋伟, 任慧. 舞台机械控制技术[M]. 北京: 中国广播电视出版社, 2009.

台下机械一般设置在舞台台面及舞台台面下, 用于迁换景物, 协助演员上下场, 或改变舞台的台型与形式。台下机械一般可以实现升降、水平、旋转运动, 可以放置道具、布景, 也可以载人。大部分台下机械在其原始位置时构成舞台平面的一部分。台下机械设备运动或静止时, 在确保安全的情况下允许演员在其上面长时间停留、活动。常见的台下机械包括舞台升降台 (乐池升降台、主舞台升降台、后舞台升降台、补偿升降台、辅助升降台、运景升降台、钢琴升降台、假台口软景储存升降台) , 车台 (侧车台、后车台) , 转台, 乐池升降栏杆, 如图5-4、图5-5。

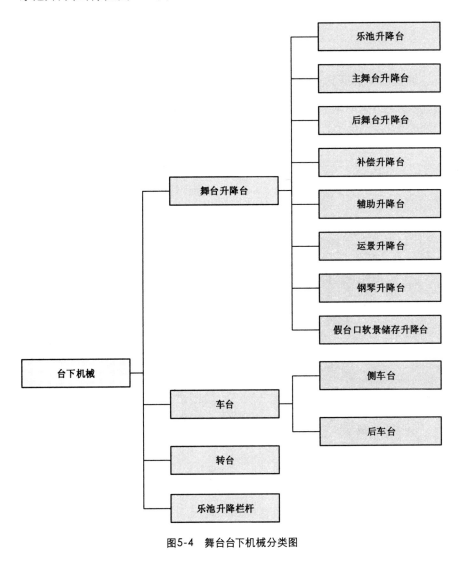

图5-4　舞台台下机械分类图

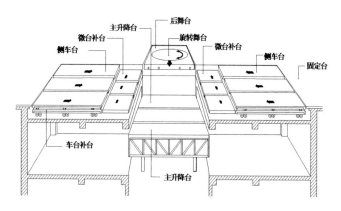

图5-5　舞台台下机械位置分布图[①]

（2）舞台机械的功能分类

舞台机械根据其实际功能,可以分为准备机械、表演机械和安全类机械三大类。这些机械的运动方式分为垂直运动、水平运动、旋转运动以及它们的组合形式,见表5-1。

表5-1　舞台机械功能分类表

舞台机械	准备机械	垂直运动	台上	灯光渡桥、灯光吊笼、檐幕吊杆、天幕吊杆、假台口上片、隔声防火幕、声反射板
			台下	乐池升降台、软景库升降台、布景转运升降台
		水平运动	台上	假台口侧片
			台下	整体式声反射罩
		复合运动	台上	侧舞台悬吊设备、后舞台悬吊设备
			台下	
	表演机械	垂直运动	台上	各种吊杆、提升大幕、轨道单点吊机、自由单点吊机
			台下	主升降台、辅助升降台、演员升降小车
		水平运动	台上	对开大幕机、二道幕机
			台下	侧车台、后车台
		旋转运动	台上	
			台下	台下各类转台
		复合运动	台上	三合一大幕机、飞行设备
			台下	车载转台、升降转台、多圈转台
	安全机械	消防安全	台上	防火幕、隔声防火幕、排烟窗
		一般安全	台下	安全防护门、防护网

---

① 图片来源: 蒋伟, 任慧. 舞台机械控制技术[M]. 北京: 中国广播电视出版社, 2009.

①演出类机械: 演出类机械是在演出过程中, 根据演出的需要, 在关闭幕布、舞台灯光压光、暗场或在开幕情况下快速迁换布景、实现演员的反常规上下场等功能的舞台机械。经常作为演出类机械的舞台机械包括电动吊杆、单点吊机、大幕机、车台、升降台、转台等。

②辅助类机械: 辅助类机械是在非演出及演出期间, 根据演出剧情、剧种、演出规模的要求, 改变舞台、观众厅的形式、形状、容积、混响时间, 调整观众席座位等舞台机械。经常作为辅助类机械的舞台机械包括假台口、灯光吊笼、声反射罩、乐池升降台等。

③安全类机械: 安全类机械是在非演出及演出期间, 为了保障舞台和演出时的安全需要而设置的舞台机械。经常作为安全类机械的舞台机械包括防火幕、各种防护网、安全门等。

舞台机械的主要功能可概括为:

①闭幕或灯光暗场时快速迁换布景。

②在观众视线下运送演员、更换布景以及制造特殊演出环境, 直接参与表演活动。

③根据演出剧种与演出内容的要求, 改变舞台的形式, 如由镜框式舞台变为伸出式舞台等。

④根据演出剧种与演出内容的要求, 改变舞台及观众厅的形状。

⑤为演出提供技术保障, 如声反射罩、隔音幕等。

⑥为演出提供安全保障, 如各种安全装置、防护网、防火幕等。

⑦为演出提供后勤保障, 如硬景升降台、软景升降机等。

5.2 单体舞台机械设备

1.台上机械

(1) 防火幕

《JGJ 57-202016 剧场建筑设计规范》规定中型剧场的特等、甲等剧场及高层民用建筑中超过800个座位的剧场舞台台口宜设置防火幕 (fire curtain/safety curtain/iron curtain) , 如图5-6。

防火幕一般是指安装在镜框式舞台的台口处, 当发生火灾时, 可以立刻下降关闭台口, 将舞台与观众厅分隔开, 防止火灾蔓延的设备。防火幕有时也设置在侧台口或后台口, 还有隔声功能。

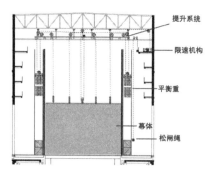

图5-6　防火幕结构图[1]

室内剧场由于用电量大、电线繁多、灯具众多且工作温度较高，又布置有大量幕布、道具和地板等易燃物质，因此，建筑剧场需要设置防火幕。防火幕除具有防止火势蔓延、将舞台与观众席隔离的作用以外，还具备阻烟、防窒息等功能。同时，为配合防火幕，舞台台口还必须设置喷淋系统，必要时开启，喷淋灭火。

一般剧场防火幕设置在舞台台口处，是台口内侧第一道横幕，称为台口防火幕。防火幕有时也设置在侧台台口处或者主舞台与后舞台之间，称为后台防火幕、侧台防火幕。

防火幕由幕体、提升系统、限速机构和其他部分组成。

①幕体

幕体为基本钢结构框架，内部填充防火阻燃材料，外部再包上钢板，底部配置缓冲装置，减少幕体与木质舞台地板冲撞带来的损坏，形成整个幕体的钢性幕结构。防火幕的耐火极限应符合国家的相关标准。

②提升系统

防火幕的运行采用升降运动，提升幕体的传动机构为电动卷扬机构或曳引机。由于幕体自重较大，需要加平衡重平衡幕体的自重，以减小电动机驱动功率。防火幕的提升常采用电动卷扬机装置，由电动机、制动器、离合器、减速器和卷筒组成。防火幕幕体的上升速度一般为0.1~0.5m/s。

③限速机构

在失火等紧急情况下，防火幕一般在启动后，依靠幕体的自重自由下落，具有较大的加速度和运动速度，当距离主舞台平面2.5m时开始启动限速机构使得幕体阻力下降，接近台面时再次减速，最后将幕体缓慢地落到台面，以避免伤及人，减小对台面的冲击。整个过程可以在45s内完成，迅速有效地防火、阻烟。

① 图片来源：浙江大丰（杭州）舞台设计院。

④其他部分

其他部分包括操纵机构、联锁机构和传感器、报警装置等。

(2) 舞台中的幕与幕类机械

剧场中除有为安全所设置的防火幕之外,为实现遮挡、美观、舞台空间的划分等,还需要设置各类幕,通常包括檐幕、大幕、二道幕、三道幕、纱幕、侧幕、天幕、投影幕等,其位置分布如图5-7。

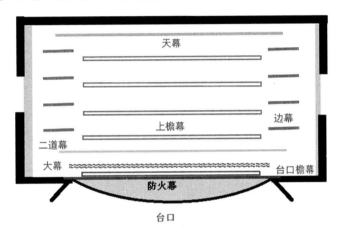

图5-7　舞台用幕分布俯视图

大幕 (proscenium curtain) 是设置在舞台表演区起始线上的面幕,分割舞台与观众厅,是在演出间隙或换景时通过开闭使用的幕,也常作为台口的基本装饰。大幕常常在演出开始时缓缓开启,在每一幕结束后关闭。

大幕的开闭方式分为对开、升降、斜拉等,也可以将其中任意二者组合,形成复合运动的模式,如图5-8。

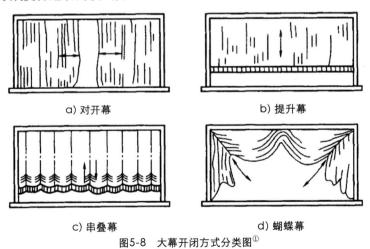

图5-8　大幕开闭方式分类图[①]

① 图片来源:陈德生. 舞台机械设计[M]. 北京:机械工业出版,2009.

串叠幕：幕布上部固定，以垂直等距布置的多根钢丝绳同时由下部提升可形成垂花装饰的幕布。

对开式又称希腊式，是指两端幕布相向或相反运动，实现幕的启闭，为使对开幕布叠纹均匀，出现了均匀伸缩大幕；提升式又称德国式，通过幕布升降，达到幕布启闭的目的，常包括整体提升、串叠提升两种形式；斜拉式又称意大利式，是指两幕片从对角提升，构成幕的形状与蝴蝶十分相似，又有蝴蝶幕之称。近年来，在许多剧场出现了兼有两种或三种开启方式的大幕，还出现了串叠幕 (cloud curtain/austrian curtain) 等开启方式。

纱幕 (veil curtain/gauze) 是一种具有透视效果的幕，将灯光投射在纱幕上，能够在纱幕上呈现出光影，透过纱幕，观众还能够依稀看到表演区的演出场景，给观众一种朦胧的效果。

二道幕 (scene changing curtain/act drop) 又称场幕，是一种用来分割演出区域的幕，在演出进行过程中，保持前景区演出继续，关闭二道幕进行换景。对于舞台纵深要求较低的演出，也可将二道幕作为背景幕。二道幕有对开、提升式开启方式。

天幕 (cyclorama) 是悬挂在舞台远景区、表现背景的幕布，是演出背景呈现的主要载体。天幕一般通过天排光 (投影)、地排光将天幕照亮，有时，也通过投影在天幕上呈现出特定的背景，如天空、远山、树林等，提示观众演出所处的环境。

投影幕是与灯光、投影设备配合使用的幕，能够表现特殊场景或画面，有时天幕、纱幕都可以作为投影幕使用。

穿帮：在影视剧中，常常用"穿帮"描述在影视制作中产生的小错误、漏出的马脚，如镜头内容前后不连贯，人物道具变动违反逻辑，摄影摄像器材、非演出人员被拍入镜头等。在剧场演出中，为防止非演出内容呈现给观众，而通过设置各类遮挡装置的方式被称为"防穿帮"。

檐幕 (transverse curtain/border) 是设置在舞台表演区上方的横幕，檐幕一般用于遮挡舞台上方的吊杆和吊挂的景片或灯具，防止穿帮。设置于大幕前面的檐幕称为前檐幕。

边幕 (wings/legs/tabs/tormentor) 又称为侧幕，位于主舞台的两侧。侧幕一般平行于台口线设置，并沿舞台纵深设置多道较窄的侧幕，用于遮挡侧台的候场演员、道具、景片，以及侧光位的灯光吊笼、灯光吊架和侧光位的灯具。这样设置既可以遮挡观众的视线，防止穿帮，又不影响演员、道具的上下场，如图5-9。

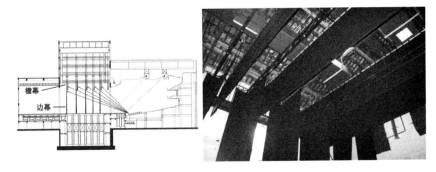

图5-9　演出防穿帮用幕位置图[1]

这些幕布的吊挂、提升、启闭等需要相应的舞台机械设备,常见的有大幕机,二道幕机,檐幕、侧幕(边幕)、天幕、纱幕等吊挂机械(吊杆)等。

①大幕机

> 大幕机(proscenium curtain machinery)是位于台口内侧防火幕之后的第二道横幕,是牵引演出大幕开启、关闭运动的机械设备,有对开、升降、斜拉等基本运动模式,可组合出复合运动结构。

剧场演出的开启往往以舞台大幕的开启作为标志。因此,剧场需要设置一道舞台大幕。舞台大幕的开启与关闭则需要借助大幕机实现。

大幕机打开大幕,表示演出的正式开始;大幕机关闭大幕,表示演出的结束、暂停或者剧目的某一幕结束进行幕间换景等。

对开式大幕机由幕体、幕轨钢架、收缩机构与拉幕系统组成;升降式大幕机由幕体、吊幕桁架、提升驱动系统、传动系统(滑轮组、钢丝绳、索具等)组成;斜拉式大幕机由幕体斜拉驱动系统、传动系统等组成。

大幕机常常采用电动卷扬式传动方式开闭大幕,大幕机由电机驱动机构、卷筒、导轨、钢丝绳、滑轮、减速机、制动器、行程限位开关等组成。

②其他幕类机械

在剧场演出中,除大幕以外,还配置有二道幕、檐幕、侧幕(边幕)、天幕、纱幕等。这些幕布中,有的在演出装台时将吊挂装置运行到指定位置,在演出中固定不动;有的会参与到演出中,在演出期间升降。因此,为实现各类幕布挂设、开闭的舞台机械装置称为幕类机械。

> 装台:在演出前将舞美布景、灯具、LED屏等演出装备安装到舞台上的过程称为演出装台。

幕类机械主要包括三类:用于分割演出场区,如二道幕机(scene changing curtain);用于布景,如纱幕的吊挂机械;用于防穿帮遮挡,如檐

---

① 图片来源:浙江大丰(杭州)舞台设计院。

幕、侧幕的吊挂机械等。根据以上各类幕布设置的吊挂位置,在其上方设置吊挂各类幕布的幕类机械,一般采用舞台机械吊杆进行吊挂。

二道幕在演出期间根据剧情的需要可以通过驱动系统实现开闭,通常为对开式,并能够根据演出的实际需要变换悬吊吊杆。

檐幕、侧幕一般通过吊杆吊挂在主舞台上方或两侧,在演出前吊挂到指定位置,分别实现遮挡舞台上空的吊挂装置、灯具,遮挡侧舞台非演出空间、候场演员及工作人员、侧舞台灯光吊笼和吊挂灯具等基本功能,并可以根据需要更换悬吊吊杆。为实现主舞台上方与两侧的无死角遮挡,沿舞台纵深方向需要设置多道檐幕,在主舞台两侧也需要对称吊挂多道侧幕。

纱幕一般设置在台口内侧,通过吊杆吊挂,在演出需要时降下,通过投影机、灯具等将动态视频、图像投射到纱幕上,能够浮现出梦幻绚丽的画面。由于纱幕面积较大,采用投影多通道融合系统拼接技术,可以实现超大尺寸显示,营造出绚丽的舞美效果。

这些幕类机械一般由幕体、驱动系统、传动系统等组成,常采用电动卷扬式传动方式,包括电机驱动机构、卷筒、导轨、钢丝绳、滑轮、减速机、制动器、行程限位开关等。

(3) 假台口

> 假台口 (false proscenium/portal lighting towers & bridge) 位于建筑台口的后面,能伸缩活动从而改变台口大小的装置,由一个假台口上片 (portal lighting bridge) 和两个假台口侧片 (portal lighting towers) 的钢架结构组成,实现演出台口尺寸的变化并提供台口灯位。

近年来也有少数剧场将假台口设置在台口外侧,俗称"双眼皮"。

由于剧场的建筑台口是固定的建筑结构,台口尺寸一经建设就无法修改。而剧场演出对不同演出的台口尺寸又往往有不同的需求,因此,为实现舞台台口尺寸的变化,剧场需要设置假台口装置,如图5-10。

假台口的作用包括:调整台口尺寸,将原建筑台口的尺寸缩小,满足剧目要求;悬挂灯具,为剧场提供台口处顶光灯位和柱光灯位;为工作人员提供台口上方的维修通道。

假台口上片由角钢或方管、圆管等型材焊接而成。宽度应大于建筑台口宽度,高度为2m~3m,厚度为0.7m~0.8m,可以升降。假台口上片起到台口灯光渡桥的作用,高度可以适当调整,提供顶光灯位,能够为维修人员提供维修通道。两端的安全防护门 (safety door) 与中片动作是相互联锁的。

安全防护门是设置在需要通行的隔断处,保证人员安全的门。

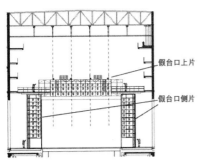

图5-10 假台口结构图[①]

假台口上片提升机构一般采用曳引式或电动卷扬机构,包括驱动系统、导向系统和传动系统等,具有提升、下降和紧急停车功能。升降片的提升速度为0.1m~0.2m/s。其行程为从台口上方1m到离台面1m,这样便于安装灯具和检修。带有提升、下降和紧急停车按钮的操作盘可以实现就地操作。两端的安全防护门与中片动作联锁。

假台口侧片共两片,分别设置于台口两侧,由型钢构成框架,内部可装设灯具,为演出提供台口的柱光灯位。侧片的重量通过铁轮和钢轨或橡胶轮和地板作用到台面上,这样可以减轻码头的负载。侧片上端必须通过码头导向,使侧片不至于晃动。两侧片可以在地面移动,配合上片从三个方向缩小台口,改变台口大小。除了三片框架以外,还配置有提升上片的提升装置和移动左右侧片的移动装置。假台口侧片可以直接手推、手拉,也可以采用链条驱动、齿轮齿条驱动等方式,包括驱动系统、导向系统和传动系统。

导向机构类似于火车的轨道,保证两片侧片在固定的轨道上运行,不会跑偏。

由于升降片和两侧片都装有灯具,所以面向观众一侧,为防止穿帮,通常在框架外表面上贴一层三合板,三合板上面蒙上一层丝绒布,颜色与大幕一致,使观众感觉自然,与建筑台口融为一体。

(4) 吊杆

> 吊杆 (fly bar/batten fly) 是设置在舞台上空横置的用来悬挂幕布、景物、演出器材的杆状或者桁架型升降设备。

为满足舞台上方各类灯具、悬挂会标、檐幕、纱幕、天幕、道具等演出器材的吊挂,需要在舞台上方设置机械吊杆。

---

① 图片来源:浙江大丰(杭州)舞台设计院。

吊杆一般分为景物吊杆和灯光吊杆。景物吊杆是设置在舞台上空用来悬挂幕布、景物、演出器材的杆状或者桁架型升降设备,也可以悬挂灯具。景物吊杆在演出需要时下降,将吊挂的景片展示在镜框式台口框架中,不需要时再升起,隐藏在台口高以上的台塔空间中,如图5-11。

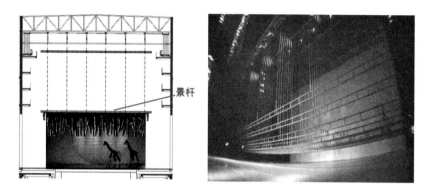

图5-11　景物吊杆结构图[①]

灯光吊杆 (lighting batten) 设置在舞台上空,用来悬挂舞台上部的灯具,也可以悬挂幕布、景物等其他演出器材,如图5-12。吊杆能够实现升降的基本运动。灯光吊杆一般会在杆体上设置为灯具供电的电源接口、为灯具提供控制信号的DMX512信号接口。

在临时搭建舞台中,常使用桁架 (truss) 悬挂灯具,音响设备。桁架一般是由截面呈方柱形或三角形的空间结构架。

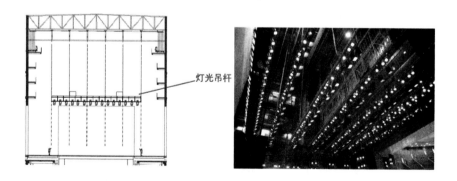

图5-12　灯光吊杆结构图[②]

景物吊杆间距一般不宜小于0.2m;灯光吊杆前后与相邻吊杆的间距不应小于0.5m;吊杆吊点的间距不应大于5m;吊杆的长度和吊点的数量及间

①② 　图片来源:浙江大丰(杭州)舞台设计院。

距应与台口和主舞台的宽度相适应; 对于设有防护冷却水幕系统的剧场, 吊杆的位置不应侵占防护冷却水幕系统的安装空间。

吊杆常采用钢丝绳提升方式或曳引式提升方式驱动。吊杆的驱动方式可以采用手动驱动方式、电动驱动方式或液压驱动方式, 又分别称为手动吊杆、电动吊杆、液压吊杆。

①手动吊杆

手动吊杆需要耗费大量人力在需要时拉拽、收放钢丝绳, 实现吊杆的升降。手动吊杆往往需要配置平衡重平衡杆体和载荷的重量以减轻人力。手动吊杆又分为手动单式吊杆与手动复式吊杆。

手动单式吊杆采用定滑轮实现转向, 在手动单式滑轮组中, 平衡重的重量与吊杆载荷相等, 平衡重行程也与吊杆行程一致。由于吊杆的行程是栅顶以下1~2米至舞台面以上1~2米, 因此滑轮组下滑轮只能设置在舞台面, 否则会影响侧舞台的使用, 如图5-13。

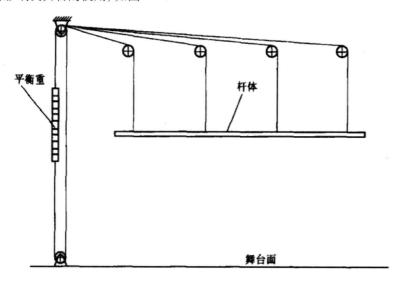

图5-13 手动单式吊杆示意图[①]

为避免滑轮组与侧舞台台面空间的使用冲突, 需要将下滑轮的位置升高, 于是剧场开始采用手动复式吊杆。手动复式吊杆在使用传统的定滑轮和下滑轮的基础上, 引入动滑轮。平衡重的重量是吊杆载荷的两倍甚至多倍, 平衡重的行程是吊杆行程的一半甚至更少, 这样吊杆的下滑轮可以设置在天桥上, 不会与侧舞台台面空间有冲突。

手动复式吊杆由杆体、拐角滑轮、吊点滑轮、平衡重等组成, 如图5-14。

① 图片来源: 陈德生. 舞台机械设计[M]. 北京: 机械工业出版, 2009.

根据吊点滑轮与拐角滑轮是否在同一水平高度,又可以分为斜拉式和水平式两类,如图5-15。

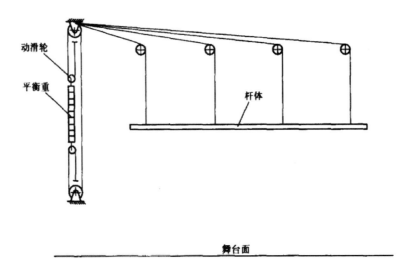

图5-14   手动复式吊杆示意图[①]

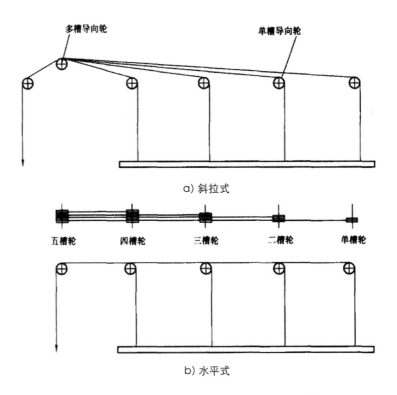

a) 斜拉式

b) 水平式

图5-15   斜拉式、平拉式手动复式吊杆示意图[②]

①②   图片来源: 陈德生. 舞台机械设计[M]. 北京: 机械工业出版社, 2009.

②电动吊杆

手动吊杆由于需要的大量人力, 劳动强度, 定位准确度、安全性都无法满足要求, 逐渐被电动吊杆取代。目前手动吊杆基本上已经绝迹。电动吊杆一般分为曳引式提升电动吊杆和钢丝绳提升电动吊杆。

曳引式提升电动吊杆又称钢丝绳摩擦提升吊杆, 是将传动手动吊杆中的拐角滑轮以曳引机代替, 实现吊杆的升降。曳引式提升电动吊杆主要由吊杆曳引轮、平衡重、滑轮组件等组成, 如图5-16。

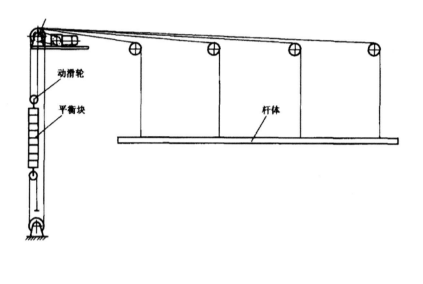

图5-16　曳引式提升电动吊杆结构示意图[①]

钢丝绳提升电动吊杆又称卷扬提升方式吊杆, 主要由吊杆杆体、卷扬系统、传动系统、控制系统和保护装置等组成, 其中卷扬系统包括电动机、减速器、制动器等, 传动系统包括卷筒、滑轮组件、钢丝绳和配件等。保护装置包括冲顶保护装置、松绳检测、跳槽保护、超载保护等。这种提升方式没有平衡重, 采用卷扬机驱动卷筒旋转, 卷筒旋转带动钢丝绳在卷筒的指定线槽上缠绕, 实现钢丝绳的上下收放, 钢丝绳通过拐角滑轮转向, 再通过吊点滑轮转向后, 连接在承载的吊杆与载荷上, 实现了吊杆的升降, 如图5-17。

①　图片来源: 陈德生. 舞台机械设计[M]. 北京: 机械工业出版, 2009.

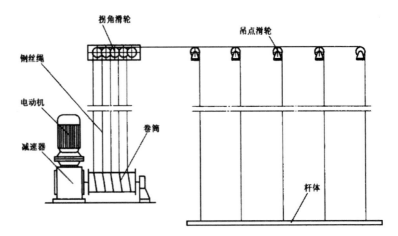

图5-17   钢丝绳提升电动吊杆结构示意图[①]

③液压吊杆

液压吊杆分为液压缸驱动吊杆和液压马达驱动吊杆。

液压缸驱动吊杆包括杆体、平衡重、滑轮组传动系统、液压缸。利用液压缸中活塞两端的压力差实现钢丝绳的收放，如图5-18。

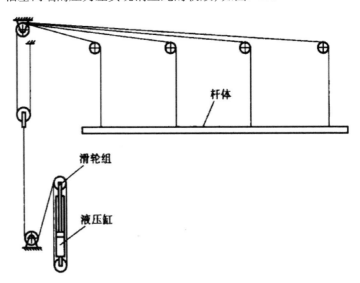

图5-18   液压缸驱动吊杆结构示意图[②]

液压马达驱动吊杆是将钢丝绳提升电动吊杆系统中的卷扬机替换为液压马达的形式，如图5-19。

①②   图片来源: 陈德生. 舞台机械设计[M]. 北京: 机械工业出版社, 2009.

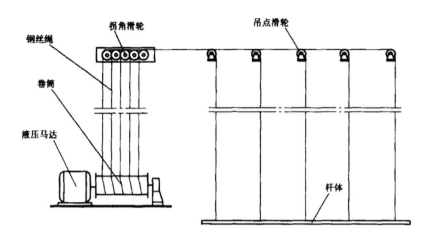

图5-19　液压马达驱动吊杆结构示意图[1]

目前剧场最常见的是采用电动卷扬式系统提升吊杆, 如图5-20。将驱动卷扬机设置于天桥, 将拐角滑轮、滑轮梁和吊点滑轮设置于栅顶上的顶棚位置。系统维护时, 可以方便到达栅顶、天桥, 进行设备检修。

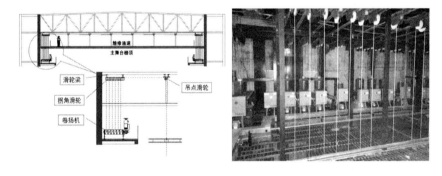

图5-20　电动卷扬式吊杆结构图[2]

(5) 单点吊机

　　单点吊机 (point hoist) 是设置在舞台上空, 通过单一悬吊点吊挂物体升降的设备。

由于吊杆设置在舞台上空的固定位置, 在空间利用上不够灵活。剧场往往在舞台上空的某些位置设置单点吊机装置, 为演员的反常规出场, 道具、布景的升降等提供提升的可能, 如图5-21。

①②　图片来源: 浙江大丰 (杭州) 舞台设计院。

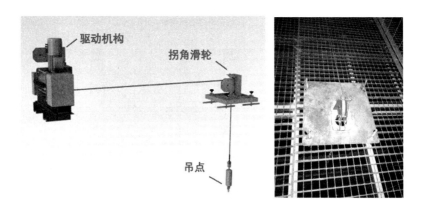

图5-21 单点吊机结构图

单点吊机包括轨道单点吊机、自由单点吊机。轨道单点吊机能够在一个轨道上设置多个移动吊点，吊点的移动依靠手动设定。自由单点吊机则是由一根缆绳和多个转向滑轮构成的单点吊机，可根据需要移动吊点位置。

由于吊杆是根据舞台面的基本尺寸布置在某条固定的轴线上，而单点吊机可以根据需要在舞台上方任何点位上使用，单点吊机作为吊杆的补充，用于悬挂布景和道具。单点吊机可以单独使用（例如悬挂道具、演员），也可以通过若干吊机配合使用，实现多点吊挂。

单点吊机通常由驱动装置卷扬机系统、滑轮组等传动系统组成。驱动卷扬机系统由电机、减速机、卷筒、钢丝绳、行程限位装置、其他配件等组成。一般剧场常将驱动装置、拐点滑轮设置于栅顶，设备维护时可以进入栅顶层工作。

(6) 飞行机构

> 飞行机构（flying mechanism）设置在舞台台口内及台口前或演播厅的任意位置，具有悬吊载重以及舞台平面上下、左右的二维直线运动功能，实现演员或景物飞行表演的机械装置。

现代剧场演出已经将舞台表演由舞台二维平面逐渐延伸到舞台三维空间，飞行机构（威亚等）就为演员的空间表演提供了可能。定制轨道的飞行机构，还可以根据悬吊演员或道具垂直上下及沿特定轨道实现旋转复合运动，形成空中圆周飞行效果，如图5-22。

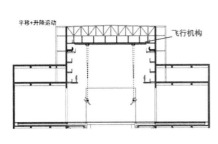

图5-22　飞行机构结构图[①]

(7) 灯光渡桥

> 灯光渡桥 (procenium/lighting bridge) 是位于舞台上方与吊杆平行设置的、可升降的, 用作安装、检修灯具的桥式金属构架, 也是可载人操作的通道, 灯光渡桥一般均带有为灯具设备供电及控制信号的电缆和接口, 方便挂设灯具。

灯光在舞台表演中占有重要位置, 现在的舞美人员更是越来越多地利用灯光来增强演员表演效果, 烘托演出气氛, 这就需要在舞台上布置大量的灯具。不少灯具需要悬挂, 并且能够移动投光。为更好地利用顶光的作用, 除了在灯光吊杆上挂设演出灯具外, 还可在舞台上方设置灯光渡桥, 如图5-23。

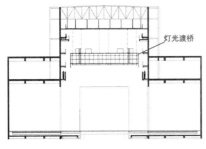

图5-23　灯光渡桥结构图[②]

灯光渡桥一般横置在主舞台上方, 一般可以设置3~5道渡桥, 每道渡桥之间设置若干道吊杆, 形成不同的吊挂区域。灯光渡桥两侧还有活动码头, 称为渡桥码头 (portal bridge), 由天桥上伸出, 通往灯光渡桥或假台口上片

对于设有假台口和灯光渡桥的舞台, 天桥应设置相应的码头与假台口或灯光渡桥相连通, 码头应分别与假台口上片的通道宽度、灯光渡桥通道宽度及衔接位置相对应。

①② 图片来源: 浙江大丰 (杭州) 舞台设计院。

的平台或吊板,可与两侧天桥连接,方便工作人员进出,工作人员可以通过码头走进灯光渡桥进行投光、换色片、维修等工作,如图5-24。

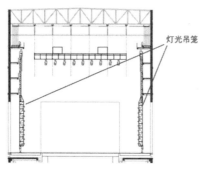

图5-24　灯光吊笼结构图[①]

灯光渡桥的升降常采用特制的卷扬式电动吊杆实现。其行程比吊杆短,最低离舞台台面1.5m,最高比台口高1m。

灯光渡桥通常由驱动卷扬机系统、滑轮组等传动系统组成。驱动卷扬机系统由电机、减速机、卷筒、钢丝绳、行程限位装置、其他配件等组成。

(8) 灯光吊笼与侧光吊架

部分剧场采用灯光吊架(side lighting ladder)替代灯光吊笼,灯光吊架是设置在舞台上空,以金属排架悬挂灯具的设备。

> 灯光吊笼(lighting (cable) basket)位于主舞台两侧上空,是用于吊挂灯具为主舞台表演区提供侧光光位的笼形钢架结构。灯光吊笼为灯具的供电和控制提供了电缆收放装置,并允许工作人员上下操作。

灯光吊笼由驱动电机、吊笼钢架、导轨机构等组成,其基本运动方式有升降、平移和升降平移组合三种运动形式。

有些剧场未设置灯光吊笼,而用侧光吊架代替。灯光侧光吊架与灯光吊笼功能一致,是位于舞台两侧上空,用于吊挂灯具为主舞台表演区提供侧光光位的多排组合型钢架结构。

侧光吊架由卷扬机、滑轮组、灯具钢架、钢丝绳等组成,可以实现升降、平移及组合运动。

灯光渡桥与灯光吊笼均是专业剧场侧光、顶光等主要灯位的吊挂装置,其位置分布如图5-25。

---

① 图片来源: 浙江大丰(杭州)舞台设计院。

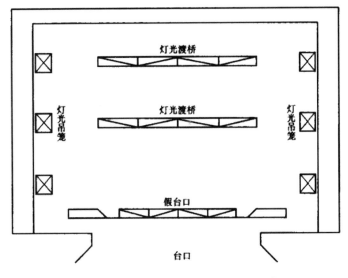

图5-25　灯光渡桥与灯光吊笼位置示意图[1]

(9) 声反射罩

> 声反射罩 (orchestral shell/acoustic reflector/band shell) 是为改善声场条件在舞台面或舞台上空设置的声反射装置。常用的形式有散片组装式、套装推拉式等。

舞台声反射罩不仅可以改善观众厅的音质，而且可以改善舞台表演区的声学环境，使演员有更好的发挥。多功能剧场一般都要设置一套声学反射罩，如图5-26。

图5-26　声反射罩实物图[2]

---

① 图片来源: 陈德生. 舞台机械设计[M]. 北京: 机械工业出版, 2009.
② 图片来源: 浙江大丰(杭州)舞台设计院。

声反射罩能够将大量传向侧舞台、后舞台、台塔的声波反射向观众厅，增加观众席的早期反射声、增大观众席响度、延长观众厅混响时间。

声反射罩一般由顶反射板、后反射板和侧反射板组成。顶反射板在需要时下降到一定高度，然后旋转一定角度，呈俯卧微仰状；后反射板需要时下降到舞台面；侧反射板平时存放在侧舞台上，需要时移到舞台中央位置，与顶反射板、后反射板一起，构成一个立体的反射罩。反射板由玻璃钢、铝板等轻质材料制成，按声学要求设计其表面形状。

顶反射板升降运动采用曳引传动，提升钢丝绳通过一个曲拐吊架吊装反射板，吊架下端设有支点，支点与反射板结构铰接。

声反射板的驱动系统包括反射板翻转驱动电机、反射板升降电机、滑轮组传动系统、钢丝绳等。

(10) 银幕架系统

各种剧场除了进行文艺演出外，还兼顾放映电影、视频等功能，使剧场具有多种用途。设置的银幕架应能放映普通银幕电影和宽银幕电影，需要提前确定银幕在舞台上的位置和尺寸。

银幕架系统 (lift screen frame) 设置应具有一定弧度，弧度半径由放映半径决定；具有一定的仰角，使画面和投光垂直；重量轻、刚性好；有护幕装置和缩框机构。

设置在剧院舞台上的银幕架，不像电影院那样长期固定在台面上，要经常提升。因此，银幕架要有提升机构。舞台上有文艺演出时，银幕架吊起；当需要放电影时，银幕架落下，如图5-27。银幕架系统一般采用吊杆吊挂，实现基本升降。

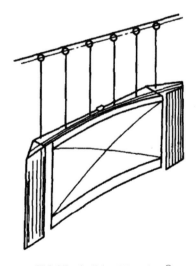

图5-27　银幕架系统示意图[①]

————————

① 图片来源: 陈德生. 舞台机械设计[M].北京: 机械工业出版社, 2009.

(11) 台口外吊挂机械

在舞台台口外、乐池、伸出式舞台及岛式舞台的上空, 应根据演出需要设置悬吊设备, 建筑设计应为悬吊设备的安装提供条件, 有时还会安装扬声器的工作桥, 称为声桥 (fore stage sound gallery)。

声桥: 镜框式舞台剧场, 在舞台口外上部专门安装扬声器系统的天桥。

2. 台下机械

台下机械是以舞台平面为基准, 设置于舞台平面或者平面以下的机械装置。专业剧场的台下机械分布如图5-28。

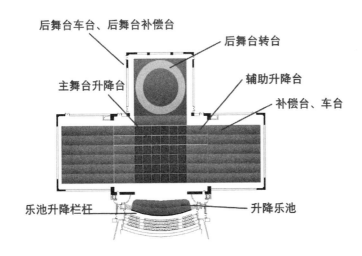

图5-28　台下机械分布图[①]

(1) 舞台升降台

> 舞台升降台 (elevating stage/stage lift) 设置在演出场所的舞台区域, 用来改变舞台的形状与形式, 是运送景物或演员的升降平台。

舞台升降台一般包括乐池升降台、乐池指挥台、主舞台升降台、辅助升降台 (微动台)、补偿升降台、后舞台升降台、运景升降台、钢琴升降台、演员升降小车等。

舞台升降台根据设计结构, 又可以分为单层升降台、双层升降台、子母式升降台、倾斜式升降台等, 如图5-29。

---

① 图片来源: 浙江大丰 (杭州) 舞台设计院。

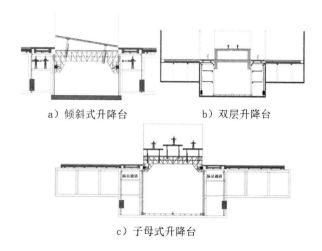

a）倾斜式升降台　　　b）双层升降台

c）子母式升降台

图5-29　舞台升降台结构图[①]

　　舞台升降台的传动设置于台仓区域，驱动装置一般放置于基坑内，因此，基坑深度应根据升降台的驱动方式和舞台工艺确定。

　　①乐池升降台与乐池指挥台

　　　　乐池是为演出乐队提供的演奏空间，一般设置在镜框式舞台台唇的前下方，也可以是为抒情剧的演奏而专门搭建的下沉空间。

　　乐池有三个基本功能：一是乐池下沉至观众席以下，为乐队演奏提供空间；二是上升至舞台平面，作为扩展舞台使用；三是与观众席高度平齐，摆放座椅，作为扩展观众席使用。为实现这三项基本功能，乐池空间需要设置乐池升降台，以实现乐池的不同功能。

　　乐池升降台（orchestra elevator/orchestra pit elevator）又名升降乐池，设置在台唇区乐池基坑内，可使乐池升降，台面处于需要的位置，如舞台平面、观众席平面、演奏平面或座椅台仓平面等。由于乐池有低于观众席平面的停止位，需要在乐池前沿设置乐池升降栏杆，即设置在乐池观众侧的可升降防护设备，防止前排观众跌落进乐池，如图5-30。

---

① 图片来源：浙江大丰（杭州）舞台设计院。

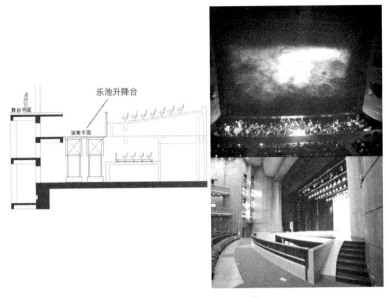

图5-30　升降乐池结构图[1]

乐池升降台由台体、驱动系统、传动系统、导向系统、平衡重系统、信号采集系统、安全防护系统、附属功能机构和支撑结构组成。

此外,为方便乐队指挥观看舞台平面的演出进程,同时方便乐队各个位置能够看到乐队指挥的动作,往往需要在乐池中设置一道乐池指挥升降台,在演出期间升高一个基本高度。

②主舞台升降台

> 主舞台升降台设置于主舞台表演区,为演出换景、演员反常规上下场提供可能。

一般主舞台升降台呈矩形,由多块升降块组成,可以独立升降,也可以编组升降,呈现各种舞台造型,以满足演出的需要,如图5-31。

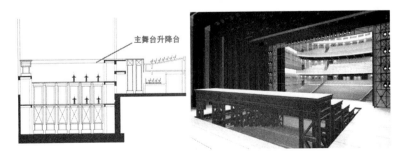

图5-31　主舞台升降台结构图[2]

---

①②　图片来源:浙江大丰(杭州)舞台设计院。

主舞台升降台由台体、驱动系统、传动系统、导向系统、平衡重系统、信号采集系统、安全防护系统、附属功能机构和支撑结构组成。

③后舞台升降台

后舞台升降台设置于后舞台区域，为演出换景、演员反常规上下场提供可能。一般后舞台升降台呈矩形，中间常设置一个旋转升降台，可以独立升降，也可以实现旋转换景，如图5-32。

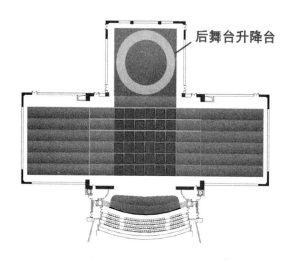

图5-32　后舞台升降台结构示意图[①]

④补偿升降台

补偿升降台（compensator for flushing）设置于车载转台下方靠近后辅助升降台处或两侧侧舞台车台下方，分别称为车载转台补偿台、车台补偿台。

对车载转台补偿台而言，当车载转台向主舞台方向移动一定位置后，补偿台可以上升补平，便于后舞台演员跑场。补偿台下降一定高度后可使车载转台由主舞台平移至后舞台。对侧舞台车台补偿台而言，当车台向主舞台移动一定位置后，补偿台可以上升补平，便于侧舞台演员跑场，补偿台下降一定高度后可使车台由主舞台平移回两侧的侧舞台，如图5-33。

---

① 图片来源：浙江大丰（杭州）舞台设计院。

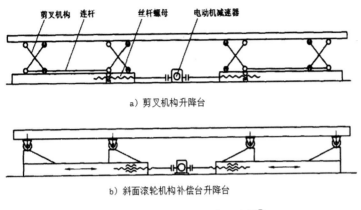

a) 剪叉机构升降台

b) 斜面滚轮机构补偿台升降台

图5-33　补偿升降台结构示意图

⑤辅助升降台（微动台）

辅助升降台（微动台, compensating lift/compensating elevator）

> 为配合侧舞台、后舞台车台在舞台台面上的运动, 辅助升降台需要升降一个车台的厚度, 又称为微动台。

辅助升降台包括侧辅助升降台和前、后辅助升降台。

侧辅助升降台是设置于主舞台和侧舞台之间的升降台, 一般品字形舞台的主舞台两侧均设置若干块侧辅助升降台。在侧舞台准备运行前, 为使其能在舞台平面高度上运动到主舞台上, 侧辅助升降台需下降一个侧台车台的高度, 为侧舞台车台升上主舞台提供行走空间与路径。

类似的, 在主舞台升降台的前后也分别设置若干辅助升降台。当前, 后辅助升降台下降一个车载转台的高度后, 后舞台的车载转台就能够从后舞台平面行驶到主舞台平面, 为车载转台的移动提供了空间与路径。

⑥运景升降台

运景升降台一般设置在侧舞台后方, 距离卸货通道较近, 用于提升、运送大型景片。

⑦钢琴升降台

钢琴升降台一般设置于音乐厅舞台面, 用于将钢琴运送到舞台平面上的升降装置, 钢琴升降台的面积一般要大于钢琴, 保证可以容纳一台钢琴。

⑧演员升降小车

演员升降小车（trap lift/actors lift）一般设置于主舞台下方负一层, 与

---

① 图片来源: 陈德生. 舞台机械设计[M].北京: 机械工业出版社, 2009.

主舞台平面上的电动活门 (flaps/trap door) 配合使用, 实现演员的反常规上下场。演员升降小车类似于电梯, 可以实现升降运动, 如图5-34。

演员活门: 舞台活门、活门, 是在固定舞台面或活动舞台面开设的可启闭的活动盖板。

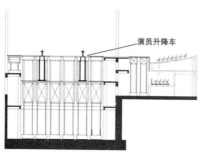演员升降车

图5-34　演员升降车结构图①

⑨假台口软景储存升降台

假台口软景储存升降台是位于台口处, 可将存有成卷舞台毯等的存景盒放进储存隔舱或从隔舱取出升降设备, 有时升降设备本身就带有存储隔舱。

(2) 车台

> 车台 (stage wagon/stage trucks) 是设置于侧舞台或后舞台上, 用来运送景物或演员的水平运动平台, 在侧舞台与主舞台间运行的车台叫侧车台; 在后舞台与主舞台间运行的车台叫后车台。

为实现布景运送、演员上下场的自动化, 舞台平面往往设置侧车台、后车台, 如图5-35。车台常采用液动、电动甚至气垫驱动的方式。

侧舞台车台可装载布景、道具或演员, 在舞台平面上的主舞台与侧舞台区域 (wingspace) 之间移动, 参与演出活动。侧舞台车台可以单独运行, 也可以任意组合运行。后车台一般又称为车载转台, 设置于后舞台, 具有水平移动和旋转功能。车载转台可以从后舞台移动到主舞台更换布景, 也可移动到主舞台, 实现旋转运动与迁换布景, 参与演出活动。

---

① 图片来源: 浙江大丰 (杭州) 舞台设计院。

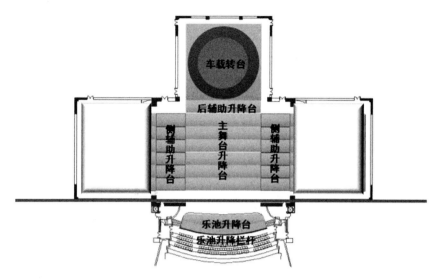

图5-35　车台结构示意图①

车台设计有莱茵河学派（Rhein School）与威斯巴登学派（Wiesbaden School）之分。莱茵河学派车台在台内运行，需要升降台、主升降台先辅助下降车台的厚度，车台才能在台内移动，如图5-36。

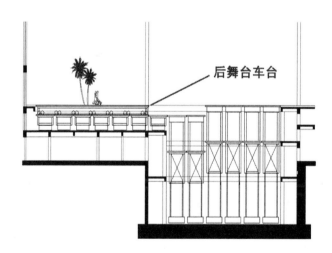

图5-36　后舞台车台结构示意图②

莱茵河学派车台的运行需要主舞台升降台、辅助升降台、补偿台相互配合。莱茵河学派车台的运行逻辑，如图5-37。

---

① ② 　图片来源：浙江大丰（杭州）舞台设计院。

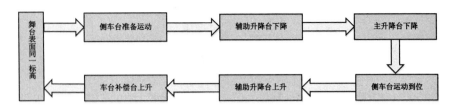

图5-37　车台内运行流程图

威斯巴登学派车台在台外运行，车台首先升高到台面以上，然后在舞台面上移动，如图5-38。

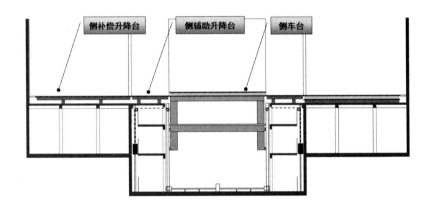

图5-38　车台台外运行结构示意图[①]

车台的运行具有多种驱动方式，主要包括自行式、齿轮齿条式、摩擦接力式等。自行式是指电动机经过减速器减速后，驱动行走轮行走；齿轮齿条式是指电动机经过减速器减速后，驱动齿轮旋转，齿轮与齿条的契合力推动车台行走；摩擦接力式是指在车台可能行走到的补偿台、主升降台的台面下，按照一定的间隔安装一对摩擦轮，由电动机带动旋转。在车台下面加装一条与车台等长的窄钢条，窄钢条通过补偿台、主升降台预留的窄缝，插入两摩擦轮之间的间隙。当窄钢条插入一对摩擦轮时，在摩擦力作用下，可以前进后退。前进后退到一定距离后，再由下一对摩擦轮接力驱动。

(3) 转台

转台 (revolving stage/turntable) 是指设置在演出场所的表演位置，运载景物或演员的旋转设备。转台已经成为现代剧场中常用的一种机械设备。

---

① 　图片来源：浙江大丰（杭州）舞台设计院。

　　按结构不同, 转台有片状转台、车载转台 (turntable wagon/wagon with built in turntable)、内设升降台的鼓筒型转台等多种形式。转台可以采用电动、液动驱动、摩擦轮传动、钢丝绳牵引传动、转子传动、齿轮传动等多种传动方式。

　　(4) 乐池升降栏杆

　　乐池升降栏杆是乐池升降台靠近观众席一侧所设置的防护栏杆。乐池升降台与乐池升降栏杆处于联锁状态, 在升降乐池需要下降时, 乐池升降栏杆升起来, 起装饰和保护作用, 防止人、物意外坠落。

5.3　舞台机械的驱动与传动

　　舞台机械的运行需要通过动力源给予机械系统驱动力, 如电动、手动、液动、气动等都是机械系统常见的动力源, 我们称为驱动源。这些动力源为舞台机械的运动提供驱动力, 但是舞台机械设备能够实现推、拉、升、降、转等不同自由度、不同维度的运行, 还需要根据舞台工艺设计配置适合的传动结构, 我们称之为传动设备 (如图5-39)。将驱动源提供的驱动力通过传动

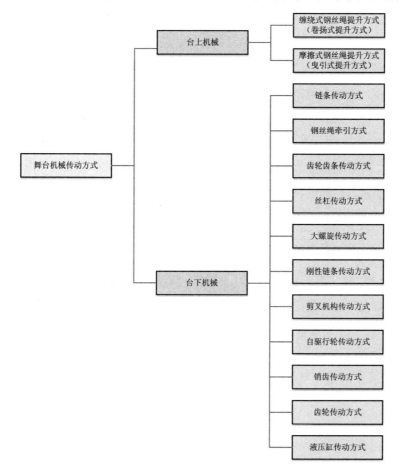

图5-39　舞台机械传动方式分类图

设备转化为舞台机械所需要的运动形式传递给机械装置,由于舞台机械装置众多,我们可以统一称为承载件。因此,实现舞台机械的基本运行,需要驱动设备、传动设备和承载件三部分。

1.舞台机械的驱动方式

舞台机械在三维空间中的运行形式主要包括升降、平移、旋转等。为实现这三种形式的运动,需要为机械装置提供驱动的动力源。在剧场中,舞台机械的驱动方式一般包括三种:手动方式、电力拖动方式和液压传动方式。

手动方式是早期实现舞台机械运行的动力源,驱动舞台机械运行的方式。这种方式采用人力做功转化为机械能的形式。手动方式原始、费力,往往要耗费大量的人力,目前已经基本被淘汰。

电力拖动方式简称电动方式,是采用各类电动机作为驱动源,驱动舞台机械运行的方式。驱动电机可以是直流电机、交流电机等。电机将电能转化为机械能,传递给机械装置,实现机械的运动。电动方式通过控制电机的启动、停止、调速,实现舞台机械的运动变化。

液压传动方式简称液动方式,是采用液压系统作为驱动源,驱动舞台机械运行的方式。液压系统将液体的压力能转化为机械能传递给舞台机械装置,实现机械的运动。液动方式通过控制液压系统中液体的压力、流量、方向等实现舞台机械的运动变化。

当舞台机械采用手动、电力拖动或液压驱动时,将其他形式的能量转化为直线或旋转运动的机械能。然而这些机械能都无法直接传送给舞台机械装置,而需要有与之相适应的手动传动系统、机电传动系统或液压传动系统。由于舞台机械的种类繁多,其工作原理、结构和传动方式各异,下面将对常用的舞台机械传动方式进行介绍。

2.台上机械的主要传动方式

台上机械一般包括:防火幕、大幕机、假台口、银幕架、幕类吊杆、二道幕机、灯光吊杆(渡桥)、景物吊杆、侧灯光吊笼(吊杆)、声反射罩(板)、单点吊机等,由驱动设备、传动设备和承载件三部分构成,如图5-40。这些台上机械设备绝大多数为悬吊设备,主要采用手动或电力拖动的驱动方式,一般采用钢丝绳提升。

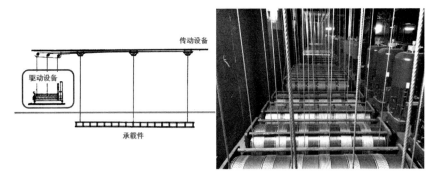

图5-40　台上机械传动结构图

台上机械一般主要实现升降运动,其传动形式主要包括缠绕式钢丝绳提升方式和摩擦式(曳引式)钢丝绳提升方式。

(1) 缠绕式钢丝绳提升方式

缠绕式钢丝绳提升方式,又称卷扬式提升方式,包括大直径卷筒钢丝绳单层缠绕和小直径卷筒钢丝绳多层缠绕两种方式。吊杆、吊笼、单点吊机、声反射罩(板)、防火幕等主要采用缠绕式钢丝绳提升方式。

该方式的传动系统包括驱动电机(又称卷扬机)、卷筒、钢丝绳、拐点滑轮、吊点滑轮和承载件(吊杆、吊笼、声反射罩等)。通过电机驱动卷筒旋转,钢丝绳在卷筒上的收、放带动承载件的升降运动。

(2) 摩擦式钢丝绳提升方式

摩擦式钢丝绳提升方式又称曳引式钢丝绳提升方式。假台口上片、银幕架及其他自身重量超过1吨的悬吊设备,主要采用摩擦式(曳引式)钢丝绳提升方式。

该方式的传动系统包括钢丝绳、曳引机、拐点滑轮、吊点滑轮和承载件等。通过曳引机驱动拐点滑轮旋转,利用钢丝绳与拐点滑轮之间的摩擦力带动钢丝绳升降,进而带动承载件进行升降运动。

剧场中各类台上机械的常用传动方式见表5-2。

表5-2　台上机械的常用传动方式分类表

缠绕式钢丝绳驱动 (卷扬式)	摩擦式钢丝绳驱动 (曳引式)
吊杆	假台口
吊笼	银幕架
单点吊机	其他
声反射罩	
防火幕	

3.台下机械的主要传动方式

台下机械一般包括: 主舞台升降台、辅助升降台、乐池升降台、观众厅升降台、车台补偿台、演员升降小车、乐池升降栏杆、乐池指挥升降台、软景库升降台和车台、转台等, 由驱动设备、传动设备和承载件三部分构成, 如图5-41。

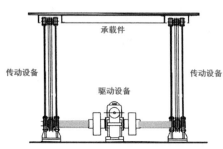

图5-41　台下机械传动结构图

这些机械设备主要采用电力拖动方式或液压驱动方式, 实现推、拉、升、降、转等台下机械的运动。台下机械常见的传动方式包括链条传动方式、钢丝绳牵引方式、齿轮齿条传动方式、丝杠传动方式、大螺旋传动方式、刚性链条传动方式、剪叉机构传动方式、自驱行轮传动方式、销齿传动方式、齿轮传动方式、液压缸传动方式等。

（1）链条传动方式

链条传动方式的原理是通过链条 (一般用多排滚子链, 如图5-42) 的拉曳带动升降台的上下运动。该方式改善了钢丝绳的弹性变形、无滑动、可远距离运动; 其缺点是噪声大、有冲击, 上升高度受吊点滑轮和基坑深度的限制。升降台常选用链条传动方式进行升降, 如图5-43。

图5-42　双排滚子链实物图

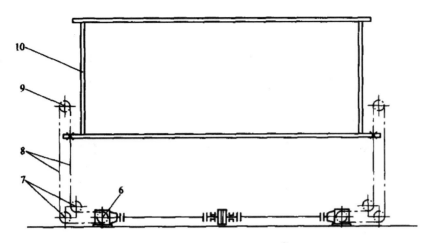

图5-43　链条传动结构示意图[①]

(2) 钢丝绳牵引方式

钢丝绳牵引方式的原理是通过驱动源拉拽钢丝绳实现承载件的升降与水平移动。该方式不受升降行程限制，但是钢丝绳易磨损且弹性变形使得定位不够准确，近代已基本不再使用。升降台或车台早期常选用钢丝绳牵引方式实现升降运动，如图5-44。

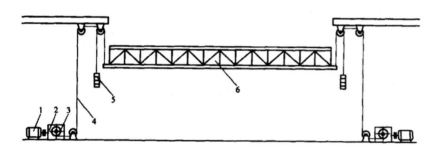

1电动机 2减速器 3卷筒 4钢丝绳 5平衡重 6台板
图5-44　钢丝绳牵引方式原理图[②]

(3) 齿轮齿条传动方式

齿轮齿条传动方式的原理是通过齿轮与齿条的啮合，将旋转运动转变为升降台的上下运动或车台的水平运动，如图5-45、图5-46。该传动方式具有两种形式：一种是齿条固定在基坑不动、设置在承载件上的驱动电机驱动齿轮旋转，齿轮就沿齿条爬上爬下实现升降运动；另一种是齿轮固定在基坑并通过驱动电机驱动转动，设置在承载件上的齿条沿齿轮钻上钻下实现升

①② 图片来源：陈德生. 舞台机械设计[M].北京：机械工业出版，2009.

降运动。这种传动方式承载力大、传动精度高、传动速度高,但是传动噪音大、磨损大。升降台或车台常选用齿轮齿条传动方式运行。

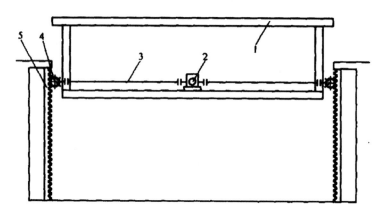

1台体 2电动机与减速器 3传动轴 4齿轮 5齿条
图5-45　爬上爬下式齿轮齿条传动方式原理图[1]

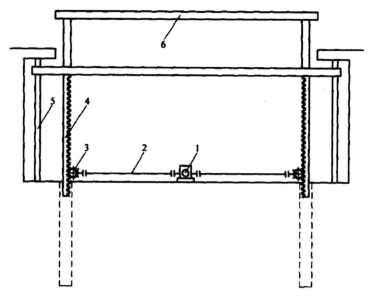

1电动机与减速器 2传动轴 3齿轮 4齿条 5导向 6台体
图5-46　钻上钻下式齿轮齿条传动方式原理图[2]

(4) 丝杠传动方式

丝杠传动又称作螺旋传动,其原理是通过丝杠和螺母的运动将旋转运动变为直线运动,用以传递能量和力,如图5-47。根据螺纹副的摩擦情况,丝杠可分为滑动丝杆和滚动丝杠,这两种类型在舞台升降台中都有应用。这种传动方式机械设备简单可靠,但是运行速度慢、传动噪音大、磨损大。升

———————————
[1][2]　图片来源:陈德生. 舞台机械设计[M].北京:机械工业出版,2009.

降台常选用丝杠传动方式实现升降。

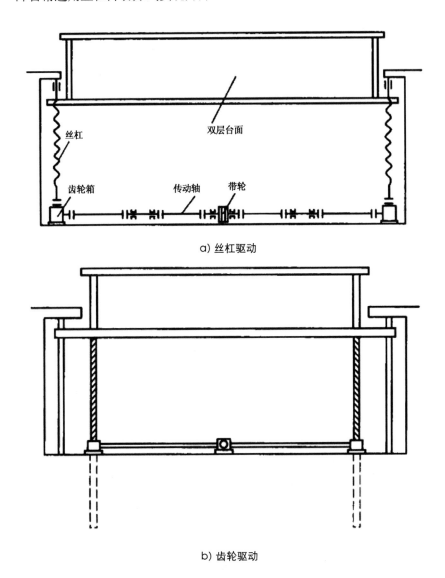

a) 丝杠驱动

b) 齿轮驱动

图5-47　丝杠传动方式原理图①

（5）大螺旋传动方式

大螺旋传动方式的原理是通过立板式卷盘与平板式卷盘沿螺旋状方向的旋转啮合，形成可上下伸缩运动的刚性立柱，带动升降台上下运动，如图5-48。该方式不需要深的机坑或升降柱储藏管，且噪声较大。近代使用的升降台常选用大螺旋传动方式实现旋转升降。

---

① 图片来源: 陈德生. 舞台机械设计[M].北京: 机械工业出版, 2009.

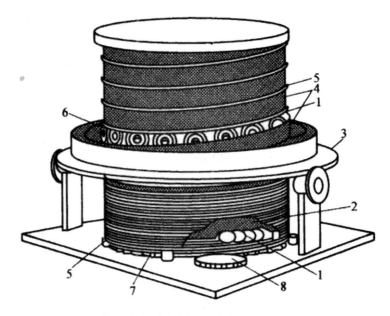

1滚珠轴承　2回转柱　3回转盘　4垂直盘带
5水平盘带　6支撑轮　7大齿轮　8小齿轮
图5-48　大螺旋传动方式原理图[①]

(6) 刚性链条传动方式

刚性链条传动方式的原理是通过刚性链条的推拉带动升降台的上下运动或车台的平动 (注: 刚性链条既能承受拉力也能承受推力), 如图5-49。该方式占用空间小, 升降块的升降高度不受基坑深度的限制, 结构简单、传动效率高, 稳定可靠、噪音小、定位精度高, 但是造价很高, 技术还不够成熟。在近代, 升降台或车台常选用刚性链条传动方式运行。

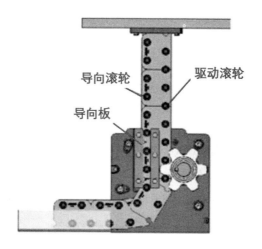

图5-49　刚性链条传动方式原理图

---

(7) 剪叉机构传动方式

剪叉机构传动方式的原理是利用平行四边形的不稳定法则, 通过剪叉机构的运动使升降台上下运动。其动力源可以是电力拖动, 也可以是液压驱动。该方式占用空间小, 结构简单, 造价低, 升降速度随着臂杆角度变化, 是临时搭建舞台的升降台最常用的升降方式, 如图5-50。

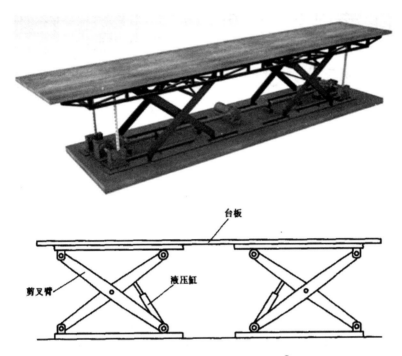

图5-50 剪叉机构传动方式原理图[①]

(8) 自驱行轮传动方式

自驱行轮传动方式的原理是通过电机、减速机驱动行走轮, 利用行走轮与地面或轨道之间的摩擦力驱动车台进行平动。其原理类似于在平地行走的汽车, 是车台常选用的传动方式之一。

(9) 销齿传动方式

销齿传动方式的原理是通过电机、减速机带动齿轮旋转, 利用齿轮和销齿的啮合产生切线方向的推力, 推动转台的旋转或车台行走。该方式与齿轮齿条传动方式十分相似。转台与车台常选用销齿传动方式运行, 如图5-51。

---

① 图片来源: 陈德生. 舞台机械设计[M].北京: 机械工业出版, 2009.

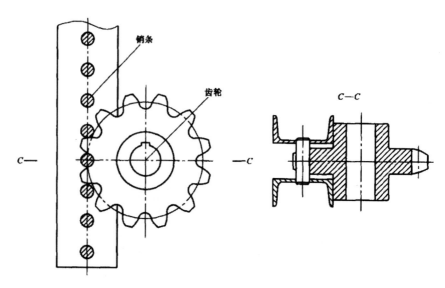

图5-51 销齿传动方式原理图[1]

(10) 齿轮传动方式

齿轮传动方式的原理是在转台上安装一个尺寸较大的齿圈,电机或液压马达驱动小齿轮旋转,小齿轮与齿圈啮合,带动转台旋转。转台常选用齿轮传动方式实现旋转运动。

(11) 液压缸传动方式

液压缸传动方式的原理是通过液压缸的伸缩运动带动升降台上下运动、剪刀撑臂杆开闭运动。这种方式能够承载的载荷较大且噪音较小,运动精确,能够适应液压、电动等多种驱动方式,但是液体容易泄露,维护不便。升降台常选用液压缸传动方式实现升降,如图5-52。

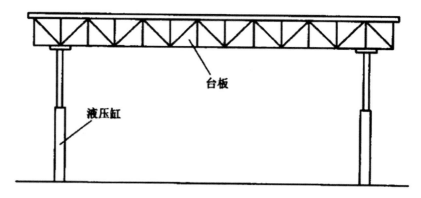

图5-52 液压缸传动方式原理图[2]

①② 图片来源: 陈德生. 舞台机械设计[M].北京: 机械工业出版社, 2009.

5.4　舞台机械的配置及性能指标要求

1.舞台机械的配置

不同形式的舞台，根据其演出类型的差异，舞台机械的配置也有差异。一般来说，专业剧场可以划分为两类：一类是镜框式舞台，一类是音乐厅等开放式舞台。

（1）镜框式舞台

镜框式舞台剧场主要包括歌剧院、戏剧场、会堂、报告厅等，常规的台上主要机械设备包括吊杆、防火幕、隔音幕、假台口、大幕机、二幕机、单点吊机、灯光渡桥、灯光吊笼和声反射罩等；常规的台下主要设备有主舞台设升降台、侧舞台设车台、后舞台设车载薄型转台、乐池升降台等。

（2）音乐厅等开放式舞台

音乐厅等开放式舞台的台上机械通常包括声反射板、灯光吊杆、布景吊杆、单点吊机；台下机械通常包括戏剧表演用升降台、车台，音乐演奏用演奏升降台、钢琴升降台等。相较于镜框式舞台，以音乐厅为代表的开放式舞台的舞台机械配置要简单得多，如图5-53。

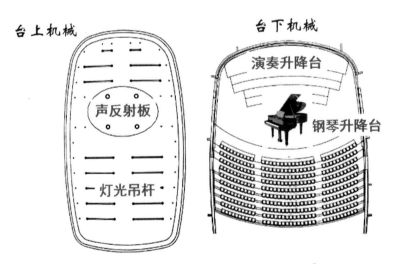

图5-53　音乐厅等开放式舞台的舞台机械分布图[①]

2.对舞台机械的要求

舞台机械用于剧场这个特殊的场合，同其他机械设备不同。舞台机械是为了满足舞台演出的需要，为表演服务的机械，不仅要能为布景、照明提供

---

① 图片来源：段慧文.舞台机械工程与舞台机械设计[M].北京：中国戏剧出版社，2013.

条件，还要合乎演出的习惯、节奏，实现各种动作和演出特技，为观众提供视觉、音响等方面的条件。因此，对剧场中舞台机械有以下要求：

(1) 安全可靠性

舞台机械的安全可靠性是舞台机械设计的首要指标，所有的舞台机械都必须保证绝对安全。安全性指标主要包括确保人身安全、设备安全和电气安全等三个方面。舞台机械的运行与控制应保证必须配备安全装置，包括防剪切、防撞、行程限位装置、过载、超速保护、联锁等。舞台机械控制系统应进行冗余设计，操作系统也应配置应急处理装置。

(2) 适宜的速度性能

舞台机械的主要任务是迁换布景、参与演出甚至载人运行。舞台机械的运行速度指标应能满足演出和换景的需要，也应考虑演员在机械上站立或进出舞台机械时的安全、舒适和平稳。根据演出内容的需要，有时希望运行速度在保证安全的情况下越快越好，有时需要有一个过程。另外，在确定舞台机械速度指标时，应考虑启动时的加速度以及停止时的减速度，避免由过大的加减速度产生的惯性力引起的冲击。一般舞台机械的运行均设置为安全速度内的速度可调模型，以实现缓起缓停、安全运行。

(3) 合理的载荷要求

舞台机械在换景和演出时通常都需要承载布景、道具、演员等，加上自重，需要承受一定的载荷。近年来，布景和道具的制作更加精良，对舞台机械的承载能力相应地提高了，舞台机械驱动装置的驱动能力也得到了提高。因此，所有的舞台机械装置均需要设置合理的载荷指标。

(4) 操作程序设置的灵活性

舞台机械的操作目前均采用计算机程序控制的方式。由于不同剧目、不同场次必然采用不同的舞台造型、不同的舞美布景，因此不同舞台机械的运行时间、先后顺序均有较大的差异。此外，在进行剧目排练和装台的过程中，往往需要根据导演的意图迅速修改舞台机械运行场景与运行逻辑。因此，操作程序设置应尽可能灵活、有效，便于操作人员快速修改。

(5) 简单快捷的操作控制系统

操作控制系统应稳定、安全，具有舞台机械运行控制、参数设置等基本功能，并兼有预选设备或设备组、预选运动参数、记忆、手动介入、现场修改和插入、图形及参数显示和故障自诊断功能，操作简单、界面友好、容易上手。

（6）低噪声

舞台机械噪声涉及观众观演的听觉效果。在噪声控制方面既要关注具体舞台机械运行时产生的辐射噪声，又要关注观众厅敏感点（线）处测量的综合排放噪声。通过提高机械的制造精度，减小噪声排放，保证剧场使用达到实际标准。

（7）查找故障容易

故障易诊断、易修复，对操作人员要求低。

3.舞台机械的性能指标要求

舞台机械的主要性能指标包括运行速度、提升载荷、升降载荷、定位和同步精度、噪声控制指标等。

（1）运行速度

①车台速度：$0.3m/s \rightarrow 0.8m/s \rightarrow 1.0m/s$。

②升降台速度：$0.1m/s \rightarrow 0.15m/s \rightarrow 0.3m/s \rightarrow 0.5m/s \rightarrow 0.7m/s$。

③电动吊杆速度：$0.35m/s \rightarrow 0.7m/s \rightarrow 1.2m/s \rightarrow 1.5m/s \rightarrow 1.8m/s \rightarrow 2.0m/s$。

④大幕机提升、对开速度：$1.0m/s \rightarrow 1.5m/s \rightarrow 2.0m/s$。

（注：速度指标的确定与行程有关，换景时间应控制在30s之内。）

（2）提升载荷（净载荷）

①电动吊杆：$400kg \rightarrow 500kg \rightarrow 750kg \rightarrow 1000kg$。

②单点吊机：$150kg \rightarrow 250kg \rightarrow 500kg$。

（3）升降载荷（净载荷）

升降台的静载荷：$400kg/m^2 \rightarrow 500kg/m^2 \rightarrow 750kg/m^2$。

（注：不包括升降台设备构件自重的有效载荷。）

（4）定位和同步精度

①升降台定位精度：$\pm0.5mm$，升降台同步精度：$\pm1mm$。

②车台定位精度：$\pm1mm$，车台同步精度：$\pm2mm$。

③电动吊杆定位精度：$\pm1mm$，电动吊杆同步精度：$\pm2mm$。

④单点吊机定位精度：$\pm1mm$，单点吊机同步精度：$\pm2mm$。

⑤乐池升降台定位精度：$\pm1mm$，乐池升降台同步精度：$\pm2mm$。

（注：定位精度及同步精度，是指设备在额定速度、额定荷载下的定位精度，有同步运动要求的设备的同步精度）

（5）噪声控制指标

舞台机械设备的噪声指标要同时满足两类测试指标。一类是机旁的辐射噪声或经过降噪隔噪处理后的控制噪声；另一类是观众厅敏感点（线）处的综合排放噪音噪声。

国家文化部、建设部颁布的《剧场建筑设计规范》中对噪声指标有过规定，但目前争议较大。

（6）木地板台缝

《剧场建筑设计规范》规定机械舞台的台板之间及与相邻固定台板之间的缝隙不得大于12mm，高差不得大于3mm。

舞台设备木地板安装完工后各部分水平间隙：

①升降台之间、升降台与固定地板之间的间隙：≤8mm，但>3mm。

②车台之间、车台与辅助升降台之间、车台与固定地板之间的间隙：≤12mm，但>5mm。

③车载转台运动时和运动结束后与主升降台或车台之间的间隙：≤10mm，但>5mm，与固定地板或辅助升降台之间的间隙：≤8mm，但>3mm。

④车载转台内部转动与不动部分的间隙：≤10 mm，但>5mm。

⑤鼓筒式转台与固定地板之间的间隙：≤10mm，但>5mm。

⑥鼓筒式转台内的升降台、升降块之间的间隙：≤8mm，但>3mm。

5.5　舞台机械控制系统与操作

1.舞台机械控制系统

舞台机械控制系统设置一个主控制系统，能够实现单体舞台机械设备控制、设备连锁、状态监视、动作设定、编组运行、场景排序、紧急停车、故障诊断、系统维护等功能。为方便操作，往往还配置有智能型手动控制（manual operation）系统、紧急控制系统、辅助控制系统执行控制功能。这些控制终端都要求具有良好的操作界面和简便的操作方法，以满足装台、排练、演出对舞台机械设备的控制要求。

在舞台机械控制系统中（如图5-54），各控制台与可编程逻辑控制器（PLC）连接，实现机械装置的逻辑控制，实现机械装置运行的启动、停止、定位、软上限、软下限的设定等。机械装置的运行依靠电机驱动，速度的调节通过变频器、减速机、制动器等实现。该系统中机械装置的运行数据主要包括速度、位置、载荷等。这些参数也正是舞台监督台监控的数据,均可以通过分布在舞台机械、电机等位置的位置传感器、速度传感器与载荷传感器实时读取,反馈到舞台机械控制台的监控界面上。因此,如果将舞台监督台与舞台机械控制台通过网络连接,在技术上实现舞台机械状态数据向舞台监督台的实时传输是可行的。

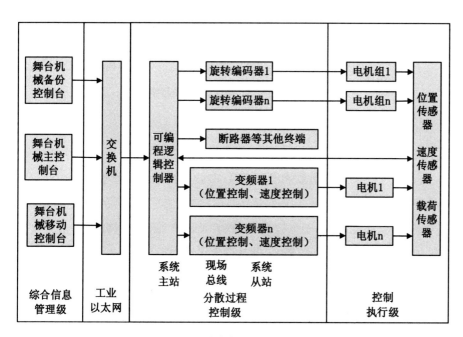

图5-54 舞台机械系统结构图

2.舞台机械的安装调试与验收检测

(1) 舞台机械设备安装

舞台机械的安装需要遵循基本的安装流程规范。其安装流程一般包括:①设备开箱,清点登记;②划定安装基线;③设备基础(外观)检验;④设备就位;⑤精度检验与调整;⑥设备固定;⑦拆卸、清洗与装配;⑧润滑与设备加油;⑨设备调试与设备试运转;⑩设备验收。

(2) 舞台机械设备调试

舞台机械设备调试需要分别对单台设备、多台设备进行各项舞台机械运行参数的测试运行。其基本流程如图5-55。

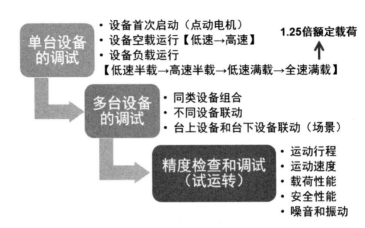

图5-55　舞台机械设备调试主要流程图

（3）舞台机械设备验收

　　舞台机械设备验收检测是指舞台机械设备经过调试合格，具备运转条件，并且电气及操作控制系统和液压系统均已调节完毕。验收需要进行初步检查（技术文件）、设备工艺布置及结构检查（位置、数量等）、验收测试（外观检查、性能测试、安全检测等）和验证测试复查（根据需要，对验收测试中有怀疑的内容进行复查）。其具体步骤为：

安全开关激发时，设备运行停止；工作行程开关，车台运动障碍检测装置或防挤压开关，卷扬机送绳检测开关激发设备停止后，设备只能反向运动即只能向减少危险的方向运动。

　　①外观检查。

　　②安全设施测试（安全开关、超速/超载保护、停机）。

　　③性能测试（速度、载荷、行程、停位精度、噪声）。

　　④设备运动状态测试（单台、成组、同步运行、连锁）。

　　⑤电气系统检查。

　　⑥控制操作系统功能测试。

对台上设备中数量较多的设备，随机抽查不少于1/4；台下设备应逐台检测；其他设备随机抽检，但同类设备不少于一台；如有不合格设备，检测数量加倍，直至逐台检测。

　　⑦设备特性和安全标记的检查等。

3.舞台机械的操作与维护

　　舞台机械的操作与维护可以划分为三个阶段：演出筹备阶段、演出操作运行阶段和维护阶段。在演出筹备阶段、演出操作运行阶段，操作人员需要掌握舞台机械设备操作规程、设备使用安全措施、舞台机械设备故障紧急处理流程，并对可能出现的危险情况预先作出正确判断，采取预防措施。在维护阶段，根据设备的运转和使用规律，进行设备维护保养，对设备进行检查和易损零件测量，在零件出现问题前采取适当方式修理。

（1）演出筹备阶段

操作人员的工作流程如下：

①了解演出中的舞台机械设备使用需求，掌握舞美效果图（rendering）、舞台布置图、灯位图等工程用图。

②设备检查，安全设施准备。

③编制舞台机械设备动作程序（cue表），编制过程需要依据以下安全要求：防剪切；防撞；防超出行程限位；过载保护设置；超速保护设置；联锁（防止误合误断）。

程序逻辑包括单一设备动作控制、设备逻辑关系控制与复合动作程序控制。其中，单一设备动作控制包括移动动作、旋转动作。设备逻辑关系控制包括临时动作、条件动作、延时动作、变化动作等。

在装台模式下：新建剧目——输入剧目名称；新建场景——输入场景数量（即cue的数量）；添加设备——输入要添加的使用设备；编辑每个场景的运行数据——输入起始位、目标位、速度或到位时间、加速时间、减速时间，选择操纵杆，以上操作即设置了一个舞台机械cue，包括起点、终点、速度（加速度、减速度、参考速度），通过交互界面可以观察每个cue的速度—时间二维曲线、位置—时间二维曲线。此外，还可以通过多点模式，在一个cue中对任意设备设置多个停点，实现设备在一个cue中有多个动作；cue的运行——进入彩排模式，选择剧目、选择场景，执行cue操作。

④严格按照厂家提供的操作手册进行操作，严格禁止不正常操作。

⑤准备紧急预案。

⑥设备恢复，确保设备都处于安全位置。

⑦资料整理，归档。

（2）操作与运行阶段

操作人员需要掌握：

①掌握舞台机械设备操作规程、设备使用安全措施、舞台机械设备故障紧急处理流程。

②对可能出现的危险情况预先作出正确判断，采取预防措施。

（3）维护阶段

①根据设备的运转和使用规律，进行设备维护保养。

②对设备进行检查和易损零件测量，在零件出现问题前采取适当方式修理。

练习题

1.什么是舞台机械? 舞台机械如何分类?

2.舞台机械有哪些单体机械设备? 其结构组成、功能各是什么样的?

3.舞台机械有哪些驱动方式?

4.舞台机械有哪些传动方式? 有何特点, 请试着做图进行分析。

5.舞台机械有哪些性能指标?

6.舞台机械控制系统包括哪些装置?

7.舞台机械安全需要考虑哪些因素?

8.对舞台机械的基本要求有哪些?

第6章　舞台灯光

剧场表演中，舞台灯光是照亮舞台环境的基本设备。伴随着舞台灯光需求的不断提高、舞台灯光技术的不断发展，灯光在剧场中的作用已经不限于照亮舞台，通过控制光的投射区域、光的颜色、光的亮度，舞台灯光已经能够表现自然场景的变换、显示时间的变化、创造动态的效果，甚至能够塑造人物造型、表达演出情感、烘托演出气氛等。

舞台灯光技术涵盖了灯光照明理论、灯光设计理论、灯光设备设计、研发、检测与系统集成等多种专业知识。在灯光专业的技术工作中，需要大量不同工种的技术人员参与到灯光团队中，如图6-1。

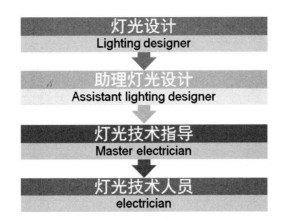

图6-1　灯光专业技术分工图[①]

本章将会重点讨论剧场中具有哪些灯光设备、这些设备安装在什么位置、具有何种功能、具有哪些技术参数、如何进行控制、如何进行操作与维护。

---

① 图片来源：高一华，邱逸昕，陈昭郡. At Full：剧场灯光纯技术[M].台湾:台湾技术剧场协会，2015.

6.1 灯光设计的基本要素

为了将舞台照亮，并突出每个演出场景中的主要演员，需要在舞台的周围设置多个安装灯具的基本位置，每个位置挂设不同类型的灯具，投射向指定的舞台区域，形成各区域的特定光效。这一过程就是指在指定光位挂设指定类型的灯具，投射到指定的光区，得到不同的灯光效果，配合演出的需要。

1.光位

光位（light position）是指在观演环境中，为配合舞美效果而摆放或吊挂的光源所在的位置与角度。每一类光位都以被照射物体（如演员）为照射对象，在特定的位置、特定的方向上进行投射。在人物造型塑造的过程中，基本光位根据空间位置可以划分为水平分布光位与垂直分布光位两大类。水平光位与垂直光位将光线在三维空间中进行投射，是根据投射的实际需要设计投射角度的基本方法，如图6-2。

图6-2 基本光位分类图

水平光位以演员鼻子中央水平位置为原点进行计算,在水平位置上可以划分出的基本光位,包括正面光、前侧光、中侧光、侧光、侧逆光、轮廓光、逆光等,如图6-3。

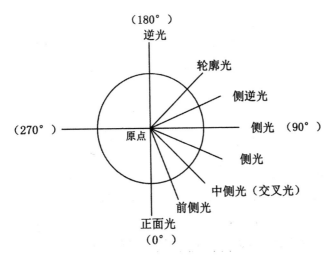

图6-3　水平光位示意图①

(1) 正面光

正面光是指设置在被摄人物和表演区正前方的光位。正面光位于水平位置0°至10°的范围内。正面光使得人物正面均匀受光,前面较亮,但是缺乏纵深感。

(2) 前侧光

前侧光是指位于正面光一侧,照射光线的方向与舞台中线为20°至25°范围内的光位。前侧光光线投射到演员脸部的一侧,使得脸部另一侧呈现光影,表现出脸部基本的轮廓、线条。

(3) 中侧光

中侧光是指位于正面光一侧,照射光线的方向与舞台中线为40°至50°范围内的光位。由于中侧光在水平45°角的位置上与异侧轮廓光形成交叉,故又称为交叉光。中侧光投射所形成的光影环境接近普通光照条件下的视觉效果,因此常作为人物布光中的主光光位使用。

(4) 侧光

侧光是指位于正面光一侧,照射光线的方向与舞台中线为60°至90°范围内的光位。侧光一般用作辅助光,能够突出人物的造型,如演员的形体线条、服装的立体效果等。

(5)侧逆光

侧逆光是指位于正面光一侧,照射光线的方向与舞台中线为110°至120°范围内的光位。侧逆光可以突出高光效果,如演员的额头、头顶等。

(6)轮廓光

轮廓光是指位于正面光一侧,照射光线的方向与舞台中线为135°至160°范围内的光位。轮廓光能够刻画出人物、景物的造型轮廓,也能够模拟自然光线状态。

(7)逆光

逆光是指位于正面光一侧,照射光线的方向与舞台中线为170°至190°范围内的光位。逆光与正面光相对,从演员的后部向前投射出演员的头部和肩部等轮廓,分隔出人物与背景的层次。

垂直光位是指不同高度与垂直角度的灯位。以演员的眼睛所在水平面为基准,在垂直方向上可以划分为低位灯光(水平位置以下0°~45°)、中低位灯光(水平位置以上20°~30°)、中位灯光(水平位置以上40°~45°)、中高位灯光(水平位置以上60°)、高位灯光(水平位置以上70°)、顶光(水平位置以上90°),如图6-4。

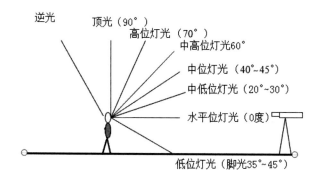

图6-4　垂直光位示意图[①]

2.专业剧场灯位

灯位:又称光位,照明灯具在演出空间的位置。

在专业剧场中,如歌剧院、戏剧场等,都有固定的吊装舞台照明灯具的位置。这些位置在进行剧场建筑设计时,就已经根据剧场的相关要求,进行

---

① 图片来源:演艺设备技术培训教材编写委员会.演艺设备技术培训专业灯光教材[M].北京:中国演艺设备技术协会, 2014.

了空间的预留，并设置相应的吊挂装置。每场演出的筹备阶段都会由灯光师根据剧场情况设置本场演出需要的灯位 (lighting position)，挂设需要的舞台照明灯具。

专业剧场灯位通常指舞台演出空间与观众厅灯具所处的具体投射位置和方向。专业剧场灯位包括面光、耳光、脚光、台口柱光、台口顶光、顶光、天地排光、侧光 (吊笼、灯架、天桥)、逆光、舞台流动光、追光、光位的组合等，根据剧情的需要，还可以设置流动光，如图6-5。

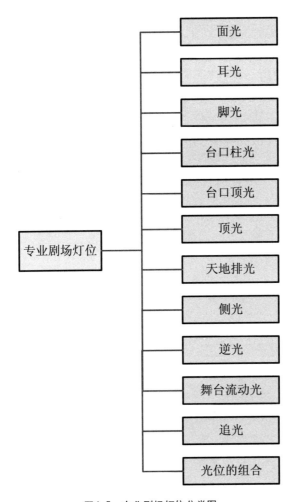

图6-5　专业剧场灯位分类图

这里以镜框式剧场品字形舞台为例，介绍专业剧场的基本灯位，如图6-6。

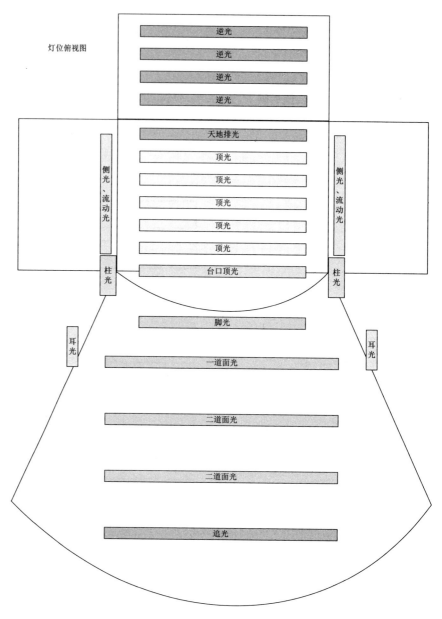

图6-6 专业剧场的基本灯位图

(1) 面光

面光 (front light) 是平行设置在剧场观众席上方天棚位置, 向舞台内进行投射的光位。

面光灯具设置在观众厅顶部的面光桥 (fore stage lighting gallery) 上。面光主要照射表演区前部, 也兼顾舞台后区的正面照明。面光的角度一般为

60°、45°、30°，根据与舞台距离由近及远依次称为一道面光、二道面光、三道面光，以45°面光最常见。面光的布光常采用平行投射、左右交叉投射、前后交叉投射、光斑放大投射等形式。

此外，在观众厅后侧上方，常设置用于向舞台投射追光的房间，因此，追光光位是由追光手单独控制追光灯照射特定演员或布景的灯位。

(2) 耳光

> 耳光 (front side light) 又称台外侧光，是设置在剧场观众席前部两侧的侧墙上，向舞台内进行投射的光位。

耳光灯具设置在观众厅两侧，设置耳光室 (fore stage side lighting) 安装耳光灯具。耳光主要用于加强演员正侧面的亮度，消减面光因投射角度过大而在人身上产生的阴影。从台口向观众席后部依次为一道耳光、二道耳光。耳光一般对称设置，每侧设置几行、几列光位进行灯具的挂设。耳光的布光常采用同一标高灯的对称交叉布光或不同标高灯的对称交叉布光等形式。

(3) 脚光

> 脚光 (food light) 又称台口脚光，是设置在台唇前沿从下往上以低角度近距离照射的光位。

脚光主要用于照射舞台前区的演员，消除因面光角度过大而造成的面部（鼻下）阴影，也是传统戏曲中用于突出演员服装与动作的补充光位，通常置于大幕前端台面、舞台边缘的台唇或灯槽内，一般采用多回路的条形组合灯具，可移动并向上投射。早期的脚光还有提示演员注意舞台台唇边缘的作用。

(4) 台口柱光

> 台口柱光 (torm tower) 又称台口内侧光、内耳光，是设置于台口两侧假台口侧片上，向主舞台照射的光位。

台口柱光设置于台口两侧假台口侧片上（有时也在台口内侧设置安装灯具的竖向钢架，称为台口柱光架），主要用于照射舞台，形成台口侧光，突出人物的前后纵深。常采用对称平行投射和交叉向后投射的方式。

（5）台口顶光

> 台口顶光（proscenium top light）是设置于假台口上片，向舞台区域投射的光位。

台口顶光常作为舞台中景区、远景区面光的补充。

（6）顶光

> 顶光（top light）是设置在主舞台、后舞台上空，从舞台的上方相对垂直的角度向下投射的光位。

顶光用于将观众的视线聚集于被照射的区域内。顶光的布光常采用正向投射、垂直投射、反向投射三种方式，主要投射舞台的中部或后部表演区。

（7）天地排光

> 天地排光分为天排光（cyclorama light）、地排光（ground row）。天排光是设置于主舞台与后舞台之间或主舞台远景区，距离天幕1~2m，吊挂在舞台吊杆上斜向下对天幕进行照射的光位；地排光与天排光相对，设置于主舞台与后舞台之间或主舞台远景区，距离天幕2~6m，一般摆放在舞台面斜向上，对天幕进行照射的光位。

天排光从高位照亮舞台的背景天幕，地排光从低位照亮舞台的背景天幕，二者相互配合，将舞台背景天幕照亮。

（8）侧光

> 侧光（side light）是除了台外耳光、台口柱光之外，设置在舞台两侧上空，从主舞台两侧进行投射的灯位，包括天桥侧光、灯架侧光。

天桥侧光简称桥光，是设置于舞台两侧天桥上，向舞台进行照射的光位。灯架侧光是设置于主舞台与两侧的侧舞台之间的灯光吊笼或灯光吊架上，向舞台进行照射的光位。侧光的作用是从主舞台的两侧向表演区投射，使人物和景物具有立体感，增强演出的纵深感与空间感。侧光按从低到高的顺序分为一道侧光、二道侧光、三道侧光。侧光具有向前投射、平行投射和向后投射等形式。

(9) 逆光

> 逆光 (back lighting) 是设置于舞台后区上方的吊杆上，向舞台前方的表演区投射的光位。

通过逆光照射可以为演员、布景、道具勾画轮廓，也能够形成清晰的光束效果。逆光的使用应尽量避免炫光现象出现。

如给独唱演员一个定点光，勾勒出其基本轮廓。

(10) 舞台流动光

> 舞台流动光 (movable lighting) 是在传统灯位系统的基础上，根据演出的实际需要临时布置的光位。

流动灯光因设置灵活方便，常被用来补充因角度问题而无法照射的盲区，或消除因灯具投射位置与角度的原因所导致的阴影。最典型的流动光是藏匿于侧幕之后的低位侧光，能够弥补主舞台两侧低角度向上照射的空缺。

(11) 追光

> 追光 (follow light) 是设置于观众席后上方，由特定操作人员用光斑跟踪演员的行走路径，以突出演员所塑造的人物形象和个性化表现，引导观众注意力的光位。

追光一般设置于观众席后上方的追光室 (fore stage back lighting) 内，由专人值守、专人操作，以方便追光光圈能够及时迅速地跟随追光对象。

(12) 光位的组合

一场演出需要各种光位的组合，最基本的就是三点布光法，如面光与顶光、追光的组合；面光与侧桥光、侧流动光、顶逆光的组合；耳光与对侧台口柱光、顶光的组合等。

3.光型

光型是指在舞台照明中各种光的位置以及所起的具体作用。光型可以划分为主光、辅助光、轮廓光、眼神光、定点光、背景光、装饰光等，如图6-7。

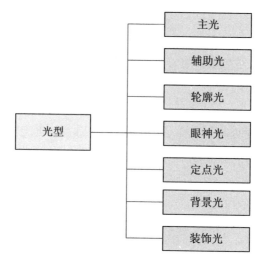

图6-7　光型分类图

（1）主光

主光（key light）是布光中起主导作用的光型。根据演出剧目的实际需要，首先确定主光光位。主光光型一般要强于辅助光光型，因此通常采用大功率灯具进行投射。主光一般采用正面光、正侧光。在专业剧场中，主光光位一般采用面光或耳光，有时也采用侧光。

（2）辅助光

辅助光（fill light）是主光的补充或辅助，一般弱于主光，与主光呈一定角度，能够起到增强舞台空间感与立体感的作用。

（3）轮廓光

轮廓光又称逆光，位于演员的后方，是相对于观众视线的反方向的投射光位，可以强于主光，也可弱于主光而强于辅助光，起到勾勒人物造型轮廓的作用。逆光包括正逆光、侧逆光、顶逆光、低逆光等，从舞台的后方、侧后方、顶后方及较低的后方向前投射，勾勒出人物与景物的轮廓，使舞台空间中的人物和景物更具有立体感和纵深感，并形成逆光光影。

（4）眼神光

眼神光是采用正面光、正侧光投射，对人物眼睛实施布光，能够突出人的眼神，表达人物性格。

（5）定点光位

根据演出内容的需要，在舞台光位中选择的特定光位。

（6）背景光

背景光是为了突出人物造型，通过利用背景光的投射实现人物光与背

定点光（spot light）：对舞台重点位置与重点人物的小范围强调照明。

景光的明暗差异。

(7) 装饰光

装饰光是指灯光设计中对局部造型、道具、景片等起装饰作用的光型。

4.舞台光区

人物和景物所处的舞台位置不同，突出的程度也就不同。因此，从突出造型的角度，一般将舞台划分为九个区域，光区的划分也根据这一划分进行。它们突出强调的程度依次是：中下>中央>左下>右下>左中>右中>中上>左上>右上，如图6-8。

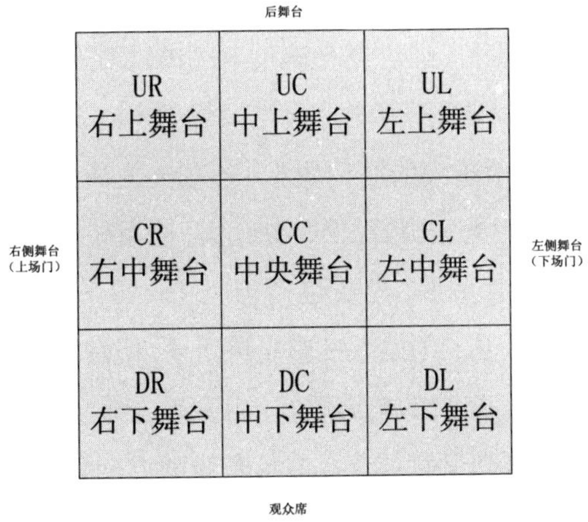

后舞台
UR
右上舞台
UC
中上舞台
UL
左上舞台
右侧舞台
(上场门)
CR
右中舞台
CC
中央舞台
CL
左中舞台
左侧舞台
(下场门)
DR
右下舞台
DC
中下舞台
DL
左下舞台
观众席

图6-8　舞台光区分类图①

此外，根据舞台的进深，可将光区划分为台唇区、台口区、一景区、二景区、三景区（主要表演区）、中景区、远景区等，如图6-9。

光区
台唇区
台口区
一景区
二景区
三景区
中景区
远景区

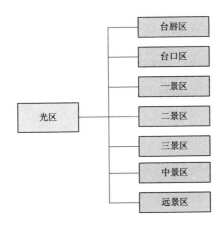

图6-9　舞台光区分类图

① 图片来源：高一华，邱逸昕，陈昭郡. At Full：剧场灯光纯技术[M].台湾:台湾技术剧场协会，2015.

5.光质

光质 (clight quality) 是表示光线的性质的名词。(由于舞台灯具中的光源种类繁多、灯具发出的光线由于其光学器件的不同, 导致投射出的光线在光质上有很大的差异。) 在进行灯具、光源研发过程中, 工程师根据实际的光学要求, 设计出不同光质的灯具。

物理光学中指出, 光可以分为直射光、反射光、折射光。直射光是指光源投射出的光线直接投射在被照物体上的光, 例如太阳光。反射光是指光源投射出的光线经过反射后照射到被照物体上的光, 反射面的平滑程度决定了反射光光质效果。如经过漫反射产生的光线方向性不明显, 投影被虚化, 明暗光比小, 光质柔和; 经过反光碗反射的Par灯光线明显, 投影光斑明显, 明暗光比大, 光质较硬。折射光是指光源投射出的光线经过折射后照射到被照物体上的光, 折射透镜的结构决定了折射光光质的效果。如聚光灯汇聚光线, 光线明显, 投影光斑明显, 明暗光比大, 光质较硬。

从灯光设计的角度来讲, 光质包括硬光 (hard focus) 和软光 (soft focus)。硬光光线明显, 方向性强, 投影光斑明显, 明暗光比大, 照射范围不大。其特点是光照强烈, 光线的聚集性好, 阴影有边缘, 常作为主光使用, 具有突出造型的作用。软光又称柔光, 柔光光线的方向性不明显, 投影被虚化, 明暗光比小, 照射范围大。其特点是光质柔和, 光线杂散, 阴影处边缘不明显, 是一种散射光, 柔光常作为背景光或辅助光, 用于大面积铺光。

6.2　舞台光源

1.舞台光源的发展阶段

发光的物体称为光源。光源可以分为非人工光源和人工光源两大类。光源的发展经历了自然光照明、明火照明和电光源 (lighting source) 照明三个阶段。

（1）自然光照明阶段

非人工光源中, 最常用的就是日光。早期的演出均是在室外进行的, 演出照明借助于自然光源进行, 称为自然光照明阶段。

（2）明火照明阶段

随着演出进入室内, 受到室内光线环境的限制, 人们开始采用明火, 借助于燃料的燃烧, 产生明火而发光。16、17世纪, 蜡烛、火把、煤油灯是最主要的舞台照明光源。尽管舞台上使用的只是蜡烛、煤油灯，但为了使这些现在看来很微弱的光不仅仅具备照亮舞台、满足视觉的基本功能，同时产生一定的艺术效果，我们的前辈早就想方设法采用一些非常原始的手段来控制灯光，如遮光板、遮光罩、反光镜等。

19世纪初期，煤气灯照明进入剧场，人们又开始追求煤气灯的完美控制。在帕西·费茨杰洛特 (Fitzgerald) 的《舞台背后的世界》(*World behind the Scenes*) 中记载着这样一段文字："在巴黎歌剧院 (Paris Opera) 内，有不少于28英里的煤气管道，至少有80个阀门，控制着960个喷嘴。"1866年10月13日《建设者报》又有一段对煤气灯控制设备的报道："一个人，位于旋钮系统之前，非常有效地控制着舞台和整个剧场的灯光。如果需要，他可以瞬间把所有的灯全部点亮。"其控制端是大小不同的多种阀门，显然是我们今天灯光控制台上总控、集控、单控等多级控制的先祖。可见当时的煤气灯在舞台照明中的规模和控制设备的完善程度。

(3) 电光源照明阶段

1809年，英国化学家戴维发明电弧光灯，利用电极之间产生的电弧发光；白炽灯 (incandescent lamp) 的发明，无疑使舞台灯光发生了革命性的变化。1881年10月，英国伦敦的萨伏伊剧场 (Savoy Theatre) 首次在舞台上使用电灯，据同年12月29日《泰晤士报》报道，新式灯光完全满足舞台灯光需求，并提到了使用一种旋卷的铁丝电阻以在全亮和全暗之间进行过渡。可见，在白炽灯使用于舞台照明的同时，诞生了相应的灯光控制设备。

> 白炽灯：电流通过灯丝的热效应使灯丝加热至白炽状态而产生可见光和红外辐射的发光体。

2.舞台电光源

随着电光源发明成功，剧场中的照明进入电光源照明阶段。根据发光原理，目前应用于剧场的光源有三种：热辐射光源、气体放电光源、LED光源，如图6-10。

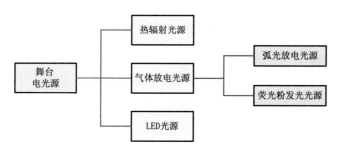

图6-10　舞台电光源分类图

(1) 热辐射光源

通电使物体温度升高而发光的光源称为热辐射光源。由于热辐射光源往往采用灯丝通电加热至白炽状态而发光，也称为白炽光源。

电流流过钨丝后产生大量热能使得灯丝温度升高到2400k~2900k，呈白炽状，导致发光。电能大部分转换为热能，只有很少部分转化为光能。

一个热辐射光源由灯丝 (filament)、泡壳、内容物和灯头 (cap) 组成。灯丝是光源的发光体，最早采用竹炭丝、纤维素丝，后来逐渐被金属钨丝代替。原因是钨丝熔点高，蒸发率小，可见光辐射特性好，机械加工性能好，可以根据光源形状与光学特性的要求加工成直丝、单螺旋、双螺旋、单排丝、双排丝、立螺、卧螺等形式。泡壳采用普通玻璃、硬质玻璃或石英玻璃。内容物是泡壳中填充的气态物质，一般包括真空泡、充气泡 (如卤钨泡)。充入气态物质是为了防止黑化现象，提高光源的使用效率。真空泡的泡壳内抽为真空，充气泡内充入气体，如卤钨泡中充满了卤化物。灯头是光源在灯具中进行电连接和机械连接的集合部，包括单端灯头 (如螺口灯头、插口灯头、聚焦灯头、特种灯头) 和双端灯头。

(2) 气体放电光源

气体放电光源是一种利用气体放电时有很强的可见光辐射的原理，使得电流通过气体 (包括金属蒸气) 而发光的光源。

气体放电光源一般划分为两类：弧光放电光源和荧光粉发光光源。

弧光放电光源利用弧光放电使气体 (含金属蒸气) 发光，如高压钠灯、氙灯 (xenon lamp)、金属卤化灯。以钠灯为例，高压钠灯内充有钠元素和汞元素，加电启动后，电弧管两端电极之间产生电弧，电弧高温作用产生钠蒸气和汞蒸气，阴极发射的电子向阳极运动的过程中，撞击钠蒸气、汞蒸气，产生气体放电，发出金白色可见光，基本结构如图6-11。

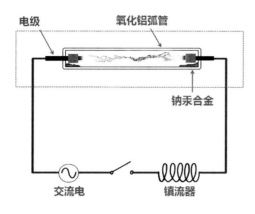

图6-11 高压钠灯工作原理图[①]

荧光粉发光光源利用高压激励汞, 蒸发低气压的汞蒸气, 汞蒸气在放电过程中辐射短波紫外线, 诱发荧光粉产生可见光。例如生活中用的日光灯、电视演播室、舞台用的三基色荧光灯 (primary colour fluorescent lamp) 等。

这种光源包括启辉器、镇流器、灯管等。启辉器 (启动器) 的组成可分为: 充有氖气的玻璃泡、静触片、动触片、触片为双金属片, 其工作原理如图6-12。

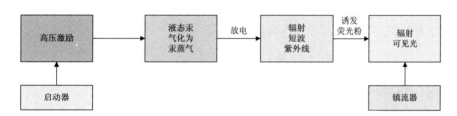

图6-12 荧光粉发光工作原理图

①当开关接通的时候, 电源电压立即通过镇流器和灯管灯丝加到启辉器的两极。220V的电压立即使启辉器的惰性气体电离, 产生辉光放电。

②这个过程的热量使双金属片受热膨胀, 因为动静触片的膨胀程度不同, U形动触片膨胀伸长, 与静触片接触而接通电路, 于是镇流器的两极接触。电流通过镇流器、启辉器触极和两端灯丝构成通路。这时, 由于启辉器两极闭合, 两极间电压为零, 启辉器中的氖气停止导电, 辉光放电消失, 导致管内温度下降, U形动触片冷却收缩, 两触片分离, 电路自动断开。

在两极断开的瞬间, 电路电流突然切断, 镇流器产生很大的自感电动势, 与电源电压叠加后, 作用于管两端。灯丝受热时发射出来的大量电子, 在

---

① 图片来源: 韩振雷, 侯庆来. 舞台灯光与影视照明[M].北京:国防工业出版社, 2015.

灯管两端高电压的作用下,以极大的速度由低电势端向高电势端运动。在加速运动的过程中,碰撞管内氩气分子,使之迅速电离。氩气电离生热,热量使水银产生蒸气,随之,水银蒸气也被电离,并发出强烈的紫外线。

在紫外线的激发下,管壁内的荧光粉发出近乎白色的可见光。光源正常发光后,由于交流电不断通过镇流器的线圈,线圈中产生自感电动势,自感电动势阻碍线圈中的电流变化,这时镇流器起降压限流的作用,使电流稳定在灯管的额定电流范围内,灯管两端电压也稳定在额定工作电压范围内。

(3) LED光源

> LED光源又称固态照明,是一种利用半导体二极管的单向导电性发光的光源。

目前正迅速发展的LED光源中,发光二极管 (LED) 是用半导体材料制作的正向偏置的PN结二极管。当在PN结两端注入正向电流时,注入的非平衡载流子 (电子—空穴对) 在扩散过程中复合发光。随着红色发光LED、绿色发光LED、蓝色发光LED、白色发光LED、琥珀色发光LED光源的研发,LED光源已经在大量舞台灯具中得到应用。LED体积小,温度低,较坚固,寿命长,但色温较高,成本高,显色性差。

6.3　舞台灯具

1.舞台灯具的定义、组成与功能

(1) 舞台灯具

舞台灯具 (luminaries) 是通过光学、电学、机械等物理手段对电光源发出的光线进行调整和限制,来满足演出照明的需求,并能够通过调光控制台对灯光效果进行艺术创作与操作的装置。

(2) 舞台灯具的组成

舞台灯具通常由光学结构系统 (主要部分)、电气结构系统、机械结构系统三大部分组成。

①光学器件: 通常采用一个或几个灯泡 (lamp) 作为灯具的光源,采用透镜、反光镜、遮光板等构建出光光路。

插座: 在灯具内固定灯泡位置并与电源相连接的器件。

②电气部件: 用于固定灯泡并提供电气连接的部件,包括灯头、灯座、导线、插头、插座 (lamp socket)、DMX512信号接口等电气连接件,变压

器、镇流器、触发器 (ignitron)、控制芯片等控制单元。

③机械部件: 用于支撑、安装灯具或改变光学器件的作用形式, 包括灯具外壳、支持件、吊挂件灯钩、调节角度、光阑、焦距、换色、图案片等机械配件。

(3) 灯具的基本功能

①保护光源; ②提高光源光能利用率; ③改善照明的质量; ④装饰、美化照明环境。

2.舞台灯具的光学器件

舞台灯具为充分利用光源辐射出的光能, 采用的光学器件主要包括反光镜、透镜等, 如图6-13。

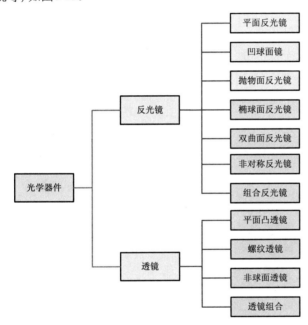

图6-13　舞台灯具的基本光学器件分类图

(1) 反光镜

在舞台灯具中经常采用的反光镜包括平面反光镜、凹球面反光镜、抛物面反光镜、椭球面反光镜、双曲面反光镜、非对称反光镜、组合反光镜等。

①平面反光镜

平面反光镜常用于扫描式电脑灯, 平面镜设置于光源外侧, 通过控制微型电机在两个自由度上的位置变化, 实现光线入射角的变化, 改变灯具投射光束的方向。

②凹球面镜

凹球面镜常用于舞台卤钨聚光灯, 如将光源置于球心位置, 光源发出的光线经反光镜反射后仍通过球心。

③抛物面反光镜

抛物面反光镜常用于舞台回光灯,将光源置于抛物面的焦距之内,反射光束为扩散光束;将光源置于焦点上,反射光束为平行光束。

④椭球面反光镜

椭球面反光镜常用于椭球聚光灯,将点光源置于焦点F1处,光线经反光镜反射后都会聚于焦点F2处,增强F2处光斑的光亮度及其光强度。

⑤双曲面反光镜

双曲面反光镜常用于散光灯,将光源置于焦点F1处,光源发出的光线经反光镜反射后,呈扩散光束。

⑥非对称反光镜

非对称反光镜常用于天幕散光灯,在部分反射式灯具中,由于灯位与被照面的非对称关系(如天地排光向天幕投射),能够解决受照面的照度均匀性问题。

⑦组合反光镜

根据灯具对光路的需求,反光镜组合能够改善投光角度、受光面的照度均匀度。

(2) 透镜

在舞台灯具中,经常采用的透镜包括平面凸透镜、螺纹透镜、非球面透镜等。

①平面凸透镜

平面凸透镜常用于卤钨聚光灯,与反光镜配合使用,构成平凸聚光灯。将光源置于焦点处,光源发出的光束经透镜两次折射转化成平行光束;将光源置于焦距之内,光束转化成"扩散"光束;将光源置于焦距之外,光束转化成"汇聚"光束。

②螺纹透镜

螺纹透镜(fresnellens)又称菲涅耳透镜,常用于卤钨聚光灯,与反光镜配合使用,构成螺纹聚光灯(fresnelspot light)。相较于平凸透镜聚光灯,多螺纹透镜能产生较为柔和、均匀的光斑效果。

③非球面透镜

非球面透镜能够根据光路的实际需求,改善透镜表面的形状,从而获得清晰的光斑,达到理想的聚光效果。

④透镜组合

透镜组合常用于成像灯、电脑灯, 利用不同透镜的组合, 获得理想的输出光束。

3.舞台灯具的分类

通常情况下, 舞台灯具的种类多而杂, 分类依据也较多。根据光通量的空间, 可划分为直接灯具、直接-间接灯具、间接灯具; 根据光强分布, 可划分为正弦分布型、广照型、漫射型、配照型、深照型; 根据所使用光源, 可划分为白炽灯、荧光灯、卤钨灯 (incandescent lamp)、霓虹灯、激光灯 (laser lamp)、金属卤化物灯 (metal halide lamp)、LED灯等; 根据控制方法, 可划分为人工控制灯、机械控制灯、声控灯、程控灯、电脑灯等; 根据吊挂方式, 可划分为吸顶式、嵌入顶棚式、悬挂式、壁灯、移动式、门前座灯、庭院灯、路灯、广场照明灯等; 根据使用场所, 可划为民用灯、建筑灯、工矿灯、车间灯、船用灯、舞台灯、农用灯、军用灯、航空灯、防爆灯、摄影灯、医疗灯等。最常见的划分方式是根据灯具的结构与使用功能。

(1) 基本划分

一般来说, 舞台灯具根据其结构, 可以划分为常规灯、电脑灯, 如图6-14。

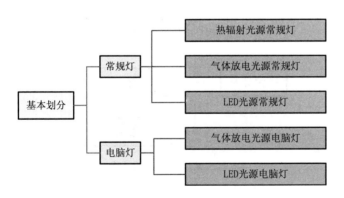

图6-14　舞台灯具基本分类图

常规灯 (conventional light) 是一种通过灯光控制台, 只能够调节灯光亮暗的灯具, 用于影视拍摄、演播室照明、剧场等基本照明, 除了能够调节亮度外, 焦距、水平与俯仰角变化只能手动调节, 颜色变化只能通过增加色纸或换色器实现。

常规灯在演出中用于基本照明,一般只能调节灯具亮灭与亮度级别。常规灯通常包括聚光灯、柔光灯、成像灯、par灯、回光灯、追光灯等聚光类灯具,三基色荧光灯、条灯(border light)、天幕散光灯、新闻灯等泛光灯(flood light)。大部分常规灯均采用热辐射光源,采用晶闸管(可控硅)调光,只有少部分常规灯采用气体放电光源(arclamp),如三基色荧光灯。近年来,出现了很多具有LED光源的常规灯替代传统的常规灯。

聚光灯照射范围有限,具有明显的光斑,投射特定场景、人物,泛光灯照射范围大、均匀且无明显边界光斑。

电脑灯(moving light)是由电脑控制的结构相对复杂、功能较多的,用于效果照明的灯具,包括摇镜式与摇臂式两类,能够实现水平与俯仰角、颜色、光圈大小、图案、形状、棱镜等多种效果变化。电脑灯采用气体放电光源,由于气体放电光源的亮度级不易调节,因此,电脑灯常采用机械调光的方式,即通过调光台发出的DMX512信号控制光闸开合角度的变换实现调光。近年来,出现了很多具有LED光源的电脑灯替代传统的电脑灯。

LED灯是近年来逐渐进入剧场的节能型灯具,所有的常规灯、电脑灯的具体类型都可以在LED灯中找到原型,如LEDpar灯、LED泛光灯、LED椭圆反射罩聚光灯(LED成像灯)等。

(2)功能划分

舞台灯具根据其使用功能,又可以划分为聚光类灯具、泛光类灯具和效果类灯具,如图6-15。

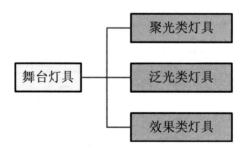

图6-15　舞台灯具功能分类图

①聚光类灯具

利用直射或者反射与直射把光源发出的光集中通过透镜对舞台的局部范围投射光的灯具,被称为聚光类灯具(spot light)。

聚光类灯具大多产生硬光,常用于局部投射人物、造型或道具,形成造型光。聚光灯可以采用移动光源或移动透镜等机械方式变焦,采用遮扉控制光斑范围,如平凸透镜聚光灯、螺纹聚光灯、成像灯等。

②泛光类灯具

利用光源的直射光与光源照射曲面反射器获得的反射光进行投射的

灯具为泛光类灯具 (flood light)。泛光类灯具与聚光类灯具相比,少了起汇聚作用的透镜,因此,一般产生的光束呈现发散状态,光质较柔,多用于大面积辅助光照明,如天幕散光灯、平板柔光灯等。

③效果类灯具

利用光源、光学器件、色片、图案片以及机械方式实现光束、光色、特殊效果变化,能够配合各种舞美道具表现出逼真的舞台效果的灯具称为效果类灯具 (effect light)。

效果类灯具除用于基本照明之外,更多的是通过其特殊的结构呈现出演出所需要的特定效果,通过亮度、颜色、光圈、图案、棱镜、投射角度等不断变化,呈现出特定的舞美效果,如电脑灯。

4.典型的舞台常规灯灯具

(1) 平凸透镜聚光灯

平凸透镜聚光灯 (plano-convex spotlight) 一般采用热辐射光源或LED光源,如将卤钨光源置于反光碗与平凸透镜之间,平凸透镜接近灯口的位置,如图6-16。调整光源的前后位置,能够改变光斑的大小,光斑大时亮度低,小时亮度高。调焦方式有手控、杆控和电控三种形式。平凸透镜聚光灯投射光线的光质较硬,进行局部投射能够获得较清晰的轮廓。此外,平凸透镜聚光灯的水平、俯仰角都可以通过手控、杆控或者电控的形式实现。

图6-16　平凸透镜聚光灯实物图[①]

---

① 图片来源: 冯德仲.国际照明设备辑要[M].北京: 世界知识出版社, 2017.

(2) 螺纹透镜聚光灯

螺纹透镜聚光灯(fresnel spotlight)的结构与平凸透镜聚光灯一样,只能从其灯口的透镜处区分:即用螺纹透镜替代了平凸透镜,如图6-17。螺纹透镜聚光灯投射光线的光质较软,是进行大面积铺光使用的灯具。

图6-17　螺纹透镜聚光灯实物图

(3) 回光灯

回光灯采用热辐射光源或LED光源,将卤钨光源置于凹球面镜前,是将光源发出的光线反射出光的灯具,属于反射式聚光灯,如图6-18。通过手控、杆控、电控等形式可以将光源沿反光镜光轴方向前后移动,实现光束角的调节和光束夹角的调整。回光灯投射出硬光,亮度高、光效好,且投光面积也较大,光线分布范围比菲涅尔聚光灯要宽,投射距离比菲涅尔聚光灯更远。它的缺点是照射光斑光质不够均匀、散射光多,无法补偿灯泡在光轴上任意一点的均匀反射问题。

图6-18　回光灯实物图[①]

① 图片来源: https://image.baidu.com/。

(4) Par灯

Par灯又称筒子灯，抛物线反射罩聚光灯（Parabolic Aluminized Reflector Spotlight），采用热辐射光源或LED光源，由铝合金灯筒、灯泡（一体灯泡）、灯梁组成，如图6-19。其中灯泡是集光源、透镜、反光器为一体的密封型卤钨灯泡，类似于汽车的前灯。Par灯的光学器件采用集成的形式，无法实现调焦。Par灯的灯口处设置色片夹卡座，能够加装色纸，以产生各种颜色的光束效果。Par灯结构简单、重量轻，便于搬运携带，是小型演出中最常用的面光照明灯具。

图6-19 Par灯实物图

(5) 成像灯

成像灯（eliipsoidal refiector spotlight/profile spotlight），又称椭球聚光灯，采用热辐射光源或LED光源，如图6-20。成像灯包括反射器、光源、成像透镜组、变焦透镜组、光阑等。成像灯能够在其光学系统的焦点位置设置插片槽。在插片槽中插入色片或图案片，光源通过椭圆反射器和聚光透镜就可以投射出各种清晰的光影造型或图案效果，并可以控制投射光斑的大小和形状、输出光线的强弱。

图6-20　成像灯实物图

(6) 追光灯

追光灯 (follow light) 采用气体放电光源, 如氙灯、镝灯 (dysprosium lamp) 等, 是一种射程远、光束窄的特殊聚光追光灯, 如图6-21。追光灯的射程一般在15m以上, 光斑均匀, 光斑边缘清晰, 光斑大小、光圈、焦距均可调整, 并可用光闸迅速切光。

追光灯一般设置在剧场观众席上方的追光光位上, 安装在特制的支架上, 一般通过工作人员手动操纵, 追随舞台上的演员或者加强局部的亮度, 也主要用于突出造型、引导观众的视线。

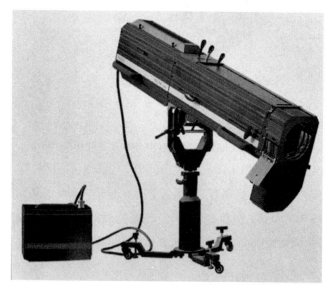

图6-21　追光灯实物图[①]

---

① 图片来源: 冯德仲.国际照明设备辑要[M].北京:世界知识出版社, 2017.

(7) 天地排灯

天地排灯 (cycloramalight, groundrow) 又称天幕散光灯, 一般采用热辐射光源或LED光源, 由光源和非对称反光碗组成, 如图6-22。为了产生均匀的天幕照明, 使天幕上离灯最远点和最近点上的照度基本一致, 它的反光器设计为非对称型。天地排灯的光源往往设置为多个, 为天幕的大面积铺光提供条件。

图6-22 天地排灯实物图

(8) 三基色冷光灯

三基色冷光灯又称三基色柔光灯, 常采用气体放电光源或LED光源, 如图6-23。三基色冷光灯光源相较于热辐射光源, 产生的热量少, 称为冷光源。三基色冷光灯主要由灯体、灯梁、灯管、反光器以及电子整流器等组成。三基色冷光灯利用红、绿、蓝三种稀土荧光粉按比例混合后, 可制作不同光谱能量分布的荧光灯。这种灯具光照柔和、均匀, 温度较低, 显色性好, 是演播室照明中面光照明的理想灯具。

图6-23　三基色冷光灯实物图

5. 电脑灯

（1）电脑灯的定义

> 电脑灯是一种采用气体放电光源或LED光源，通过电脑控制能够实现调光、光束水平或垂直角度变化、换色、光斑图案变化、棱镜、光束大小变化、光频可变、变焦等功能的智能化效果灯具。

电脑灯与常规灯最本质的区别：电脑灯具备多种基本功能（属性），具有多个通道，常规灯只有一个属性即调光。

（2）电脑灯的分类

电脑灯按外形结构形式，大致分为两种：一种是镜片扫描式电脑灯（moving scan或scanner），另一种是摇头式电脑灯（moving head），如图6-24。

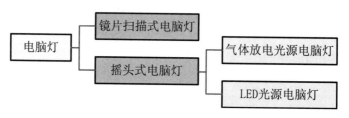

图6-24　电脑灯分类图

①镜片扫描式电脑灯

镜片扫描式电脑灯是第一代电脑灯,镜片扫描式电脑灯由灯头、灯体、提梁和灯尾组成,如图6-25。

图6-25　镜片扫描式电脑灯实物图

灯头设置有反光镜片和驱动电机,通过俯仰(tilt)和水平(pan)两个自由度的电机驱动,投射光束能够实现垂直(y轴)和水平(x轴)的组合扫描摆动。

灯体部分包括各类光学器件和散热装置。光学器件中,光源一般采用一个气体放电光源(需配置启动器)或多颗LED灯珠,如高色温的HMI、MSR、MSD或RGBW四色LED灯珠。反光镜、凸透镜组、颜色轮、三基色盘、图案轮、光闸(gate)、棱镜效果轮、柔光片(frost)。图案、颜色、频闪等效果变化由对应电机驱动实现。散热装置一般采用电驱动的散热风扇。

光闸:光源与透镜之间可以放置切光片、光闸(光栅)、效果器等附件的闸口。

提梁的设置能够使电脑灯悬挂安装在灯架上或支撑在地面上使用。

灯尾部分主要包括驱动电路板、解码电路板、电源馈入线及电源开关、地址码设定开关、信号插座以及电脑灯的各种状态指示灯等。

②摇头式电脑灯

摇头式电脑灯是目前各类演出中使用的主流灯具。摇头式电脑灯一般包括灯头、灯体、支架和灯座四个部分,如图6-26。

图6-26　摇头式电脑灯实物图

摇头式电脑灯的灯头设置了一组透镜输出光束，根据透镜的不同，可以投射不同光质的光束。

灯体部分与镜片扫描式电脑灯灯体的结构与组成相似，但体积较大。在光学器件中，光源一般采用一个气体放电光源（需配置启动器）或多颗LED灯珠，如高色温的HMI、MSR、MSD或RGBW四色LED灯珠。反光镜、凸透镜组、颜色轮、三基色盘、图案轮、光闸、棱镜效果轮、柔光片、图案、颜色、频闪等效果变化由对应电机驱动实现。散热装置一般采用电驱动的散热风扇。

支架部分由俯仰驱动电机和结构支架组成，俯仰驱动电机驱动电脑灯俯仰运动，俯仰角范围可达270°，支架支撑灯体。灯座包括悬挂连接装置、灯具散热风扇、电脑灯的驱动电路板、解码电路板、水平驱动电机、电源馈入线及电源开关、功能菜单显示窗及设定按钮、DMX信号插座、各种状态指示灯等。悬挂连接装置可以安装灯勾，用于电脑灯的悬挂，卸下灯勾，灯座也可以坐在地上。散热风扇主要为灯座内部的主板散热。电脑灯的驱动电路板、解码电路板是灯具信号传输与控制的核心。电脑灯的控制信号首先进入解码电路板进行信号解码，解码信号转化为控制信号发送给驱动电路板，驱动电路板发出控制指令，驱动指定的步进电机完成不同的动作。状态指示灯指示各种运行状态，包括信号传输状态、灯泡工作状态、驱动电机工作状态、散热风扇工作状态等。

摇头式电脑灯根据其出光角度、光质的不同，分为染色型、图案型、成像型、光束型和切割型等。染色型（wash）是柔光染色型电脑灯，一般不含有图案变换功能，灯头设置一个螺纹透镜，投射柔和均匀光束，不会造成锐利

目前舞台演出所使用的电脑灯均为摇头式电脑灯，因此，后文所涉及的电脑灯功能、组成、原理与操作使用等，均描述的是摇头式电脑灯。

的边缘和光影造型;图案型(spot)是含有图案变换功能的聚光型电脑灯;成像型(profile)是成像型电脑灯,又称欧式造型聚光灯;光束型(beam)是硬光型造型聚光灯;切割型(shapers)是具有光束形状切割功能的电脑灯。

(3) 电脑灯的功能及组成

① 功能

电脑灯具有实现光束亮度变化、光束投射方向的变化、镜头调焦变化、光束颜色变化、三基色组合变化、图案组合变化、图案旋转变化、棱镜效果变化、柔光效果变化、镜头光圈收缩变化、光束频闪变化等诸多功能。

光束亮度变化与频闪变化通过控制光闸开闭、光闸开闭的频率实现出光多少和频闪频率的变化。有的灯具采用带缝隙的轮片来实现调光、频闪和切光,可控制轮片处于不同位置和不同的运动速度,达到不同的效果。

光束投射方向的变化能够控制灯体在水平、垂直方向上的投射变化,运动的范围最大可达540°,垂直摆动的范围约为270°。

镜头调焦变化通过控制调焦透镜在光学系统中的位置,实现对焦与模糊等不同状态。

颜色变化通过不同颜色片之间的变换实现,有的采用色轮进行色彩的跳跃式变化,有的采用RGB混色或CMY混色的连续变色。色轮变化驱动色片旋转到不同位置,光路中可以呈现出不同的颜色,转动速度不同,颜色变换速度也就不同。可以在颜色片上使用红、橙、黄、绿、青、蓝、紫等颜色的滤光片。混色方案则通过调节光路中三种基色的比例实现。

图案组合变化是将多种图案片安装在转盘上,通过转盘的转动来变换图案,图案片还可以自转,转动的速度变化还能产生各种图案的转动效果。

棱镜效果需要利用多棱镜等特殊镜片,通过棱镜与图形片组合使用,产生多重图案,加上棱镜的自身旋转和转速可调等功能,可产生不同的效果。

光斑的大小可以控制对应切光片任意切割光斑,并可将切割后的光斑旋转。以上所有效果均是由对应效果执行模块的步进电机驱动实现的,如图6-27、图6-28。

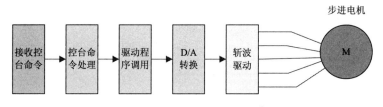

图6-27　步进电机驱动原理图[①]

① 图片来源:易理告.基于协议的通道舞台电脑灯控制系统设计[D]. 广东:广东工业大学,2007.

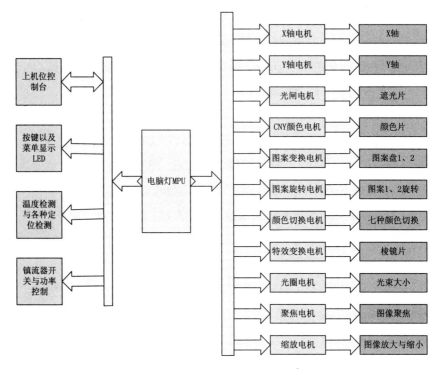

图6-28　电脑灯效果控制原理图[①]

②组成

电脑灯的结构可分为光学系统、机械系统、电气系统。在光学系统中，电脑灯通常采用气体放电光源如HMI、MSD、HTI、HMD 等，一般采用椭球反光碗和组合透镜组；在机械系统中，电脑灯的变化都是利用步进电机带动相应的机械装置和光学元件来实现的，有的使用齿轮传动，有的使用皮带传动；在电气系统中，电脑灯中的控制电路板上有单片机负责接收来自控制台的 DMX512 信号，将收到的数据处理、加工后送至步进电机的驱动电路板，由步进电机执行相应的动作，由于电脑灯通常采用气体放电光源，气体放电灯需要有触发电路和镇流器（ballast），其结构如图6-29。

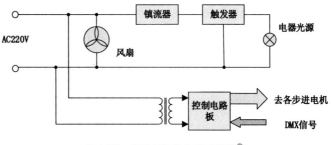

图6-29　电脑灯触发电路原理图[②]

①② 　图片来源: 易理告. 基于协议的通道舞台电脑灯控制系统设计[D]. 广东: 广东工业大学, 2007.

此外,电脑灯的功能菜单显示窗与设定按钮具有以下基本功能。

地址设定功能 (address) : 设置电脑灯的DMX地址。

灯具类型设定功能 (setup) : 设置电脑灯的工作模式, 通常有简单模式、标准模式、扩展模式等。

灯具性能配置功能 (config) : 设置灯泡启动方式、电脑灯的水平、俯仰、菜单显示窗的信息显示方式等。

灯具状态设定功能 (fixture) : 设置复位操作, 设定电脑灯的状态显示, 包括错误信息的显示、软件版本的显示、灯具使用寿命的显示等。

DMX传输特性设置功能 (DMXdata) : 设置电脑灯通道 (channel) 值等。

自检功能 (test) : 测试电脑灯的光束输出功能是否正常。

手动操作功能 (manual) : 不通过电脑灯控制台, 直接给电脑灯的某个通道输入控制数据, 完成某个操作。

复位功能 (reset) : 设置复位操作, 使灯具恢复到正常状态。

这些功能的实现如图6-30。

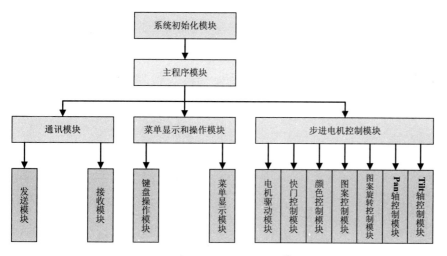

图6-30　电脑灯功能模块图①

(4) 电脑灯的控制

由于一台电脑灯具有多种属性功能,因此,在区分电脑灯的功能时,常以通道数进行命名,如16通道染色灯、26通道光束灯等。

---

① 图片来源: 易理告. 基于协议的通道舞台电脑灯控制系统设计[D]. 广东 : 广东工业大学, 2007.

一个电脑灯具有多种属性功能，每一个功能对应电脑灯的一个通道（channel），每个型号的电脑灯都有一个通道列表与之对应，需要使用者查阅产品说明书，掌握其各个通道所对应的具体功能，每个通道由数字量描述该通道对应的功能，数字量的范围是0—255。

电脑灯控制遵循灯光控制DMX512协议，灯具上应设置DMX信号接口以及DMX512地址设置界面与配套按键。为了让灯光控制台有效识别电脑灯每个通道的属性，需要在使用电脑灯之前，为每一台灯具分配一个DMX地址。

为控制不同类型的多台灯具，在使用前为每台灯具分配的一个范围在1至512之间的地址码数字，在灯具和控制台上均需要将该地址码进行配置，控制台才能够控制灯具。

6.效果器

剧场中除了使用各种舞台灯具配合舞美效果呈现之外，还常配置各类效果器（effect projection）设备，在演出中呈现雨、雪、水、火等特殊影像效果的器材或附件，如烟机、雾机、泡泡机、雪花机等，如图6-31。

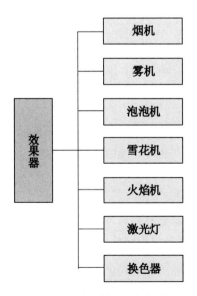

图6-31　常见效果器分类图

（1）烟机

烟机利用烟油作烟雾剂，通过电加氢产生略带香味的灰白色烟雾充满演出环境，为演出提供朦胧的效果，也为提高灯具光束的可见度提供可能。烟机喷烟以对人体无害为基本要求，如图6-32。

图6-32　烟机实物图

（2）雾机

利用干冰升华产生白雾形成贴近地面的浓雾，有时也使用专用喷雾油，为演出提供模拟自然的场景。干冰运输、保存不方便，应慎重使用。雾机实物如图6-33。

图6-33　雾机实物图

（3）泡泡机

利用电机搅拌机内泡泡液，经风扇吹出泡泡，配合舞美效果使用。泡泡落到舞台上，易造成湿滑，必须选用合适的专用泡泡液，泡泡机如图6-34。

图6-34　泡泡机实物图

(4) 雪花机

利用专用雪花油喷射出雪花效果,模拟雪花飘扬的效果。雪花油落到舞台也容易造成湿滑,需慎重使用。雪花机如图6-35。

图6-35　雪花机实物图

(5) 火焰机

利用各种颜色的火焰油喷射出特定颜色的火焰,配合演出情节的需要,火焰机实物如图6-36。

图6-36　火焰机实物图

(6) 激光灯

激光灯 (laser light) 是利用激光束、变频, 形成极细的各色可见光束, 具有颜色鲜艳、亮度高、指向性好、射程远、易控制等优点, 如图6-37。

图6-37　激光灯实物图

(7) 换色器

换色器 (color changer)（如图6-38）是附加在灯具上, 便于灯光色彩转换的可控制装置, 是一种利用DMX信号驱动换色器、驱动电机旋转, 带动色值变换位置的装置, 使用时需将换色器固定安装在常规灯前方, 实现对常规灯的换色功能。

这些效果器配合舞美、灯光效果, 模拟真实环境的效果, 提升观众的视觉感受。这些效果设备一般不采用集中控制的方式, 而是派专人通过设备遥控器一一进行控制, 但是, 这些设备均兼容DMX512信号的控制。

图6-38　换色器实物图

6.4　舞台灯光的调光

舞台灯光的调光是利用电学、光学、机械等手段,在一定范围内实现光源、灯具的亮度级别的线性调节。舞台灯光的调光包括6个主要阶段,如图6-39。

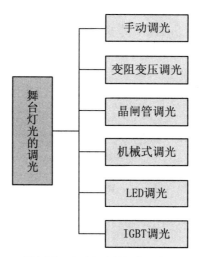

图6-39　舞台灯光的调光分类图

1.手动调光

早期的灯光控制由于受到当时技术条件的限制,无法实现电力控制,只能采用手动遮挡、变距、调焦等机械手段调节灯光的亮度,这时的光源多为明火、蜡烛、煤油灯等非电光源。

2.变阻变压调光

随着物理电学的逐渐成熟，从灯具中逐渐分离出了调光控制装置，称为调光器 (dimmer)。早期的调光器都是通过简单的电力控制方式来控制的，如盐水缸式调光、变阻器 (resistance) 调光、变压器 (transformer) 调光、磁放大器调光等，如图6-40。被控对象均为纯电阻设备，通过变阻或变压等方式调节电光源的输出功率，进而调节灯光的亮度级。这时的灯光控制系统的雏形已经显现。灯光控制最小系统包括灯具、变阻调光器和电源。这也是变阻调光最小系统的雏形。

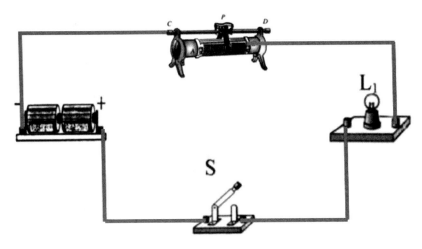

图6-40　变阻调光系统图

3.晶闸管调光

（1）晶闸管的基本构造

晶闸管 (silicon controlled rectifier) 又称可控硅，是在晶体管基础上发展起来的一种大功率半导体器件。晶闸管同半导体二极管一样，具有单向导电性，但它的导通时间是可控的，可以使半导体器件由弱电领域扩展到强电领域。

晶闸管由PNPN四层半导体材料组成，形成了3个PN结。晶闸管包括阳极A、阴极K和控制级G。因此，晶闸管是一种四层三端器件，其符号与结构如图6-41。若把中间的N1、P2分成两部分，就形成了一个PNP型三极管和一个NPN型三极管组成的复合管。

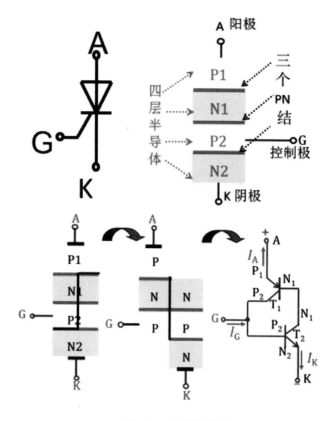

图6-41　晶闸管结构图

(2) 晶闸管的导通原理

若在A与K之间增加正向阳极电压EA, 在G与K之间增加正向控制级电压 (又称门级电压) EG, 如图6-42。若EA > 0、EG > 0, 根据电路原理:

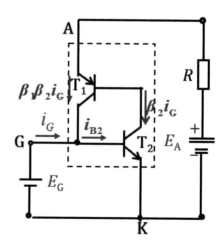

图6-42　晶闸管导通原理图

$$i_{B2} = i_G$$

$$i_{C2} = \beta_2 i_G = i_{B1}$$

$$i_{C1} = \beta_1 i_{C2} = \beta_1 \beta_2 i_G = i_{B2}$$

在极短时间内使两个三极管均饱和导通, 此过程被称为触发导通。晶闸管导通后, 去掉EG, 依靠正反馈, 晶闸管仍可维持导通状态。

晶闸管具有如下基本特点:

①晶闸管在反向阳极电压作用下, 不论门极为何种电压, 都处于关断状态。

②晶闸管同时在正向阳极电压与正向门极电压作用下, 才能导通。

③已导通的晶闸管在正向阳极电压的作用下, 门极失去控制作用。

④晶闸管在导通状态时, 当阳极电压减小到接近零时, 晶闸管关断。

晶闸管具有可控性和单向导电性。当晶闸管加上正向阳极电压后, 门极加上适当的正向门极电压, 晶闸管才能由截止变为导通。晶闸管一旦导通后, 门极失去可控作用。导通的晶闸管, 不管门极有没有电压, 阳极一旦加上反向电压, 晶闸管就由导通变为截止。

晶闸管的导通条件:

①阳极与阴极之间加上正向电压。

②门极与阴之间加上适当的正向电压。

晶闸管关断的条件是使流过晶闸管的阳极电流小于晶闸管规定的维持电流, 其实现方式包括:

①减小阳极电压。

②增大负载电阻。

③加反向阳极电压。

(3) 晶闸管调光原理

根据晶闸管的导通原理, 在门级不加任何信号时负载R上没有电流、电压。如果在门级上加固定的直流信号, 晶闸管就导通。如果在适当的时候加上控制电压, 晶闸管导通, 这时, 负载R上有电流、电压。若将该负载R看作是一个电源, 晶闸管导通后, 电光源具有输出功率, 就处于点亮状态。

如图6-43, 电压u代表阳极电压, u_g代表门级电压, u_0代表负载电光源两端的输出电压, u_T 代表晶闸管两端的分压。

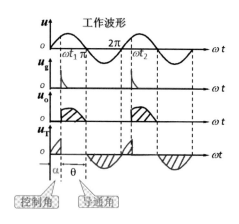

图6-43　晶闸管工作波形图

门级电压从0开始直到晶闸管触发脉冲到来的瞬间的角度, 称作控制角 α; 每半个周期晶闸管导通时间的角度, 称作导通角 θ。$\alpha + \theta = 180°$, 用来表示晶闸管在承受正向电压的半个周期的导通或阻断范围。导通角越大, 控制角越小。

因此, 控制晶闸管导通角的大小, 能够改变 u_0 截取横轴 ωt 的有效面积, 有效面积代表负载电光源的平均输出功率, 即控制电光源的亮度级别的变化。

虽然通过调整晶闸管的导通角可以解决导通角范围内的输出功率大小问题, 但是在 π 至 2π 内, 由于阳极电压变为反向电压, 晶闸管仍然不会导通。在实际工程应用中, 常将两个晶闸管反向并联, 形成双向晶闸管, 交替导通, 解决 π 至 2π 周期内晶闸管无法导通的问题, 应用于调光。

> 晶闸管调光是通过一个较小的控制级(门级)电压触发晶闸管导通, 实现负载电光源的点亮, 通过调节控制级电压的触发相位, 实现负载电光源有效输出功率变化, 进而实现对光源调光。

因此, 晶闸管也是实现由弱电控制强电的重要器件。

(4) 剧场中的晶闸管

根据晶闸管调光原理, 一路晶闸管对应一台负载灯具, 一台舞台灯具就需要一路晶闸管。

由于舞台演出需要大量灯具, 因此, 需要将晶闸管封装在专门的柜、箱等形式的集成装置中, 称为硅柜、硅箱。一个硅箱或硅柜根据其设置的晶闸管数量, 又可以称为6路硅箱、12路硅箱等。

舞台演出均采用大功率灯具, 灯具分布的舞台区域往往称为强电区。作为灯具调光器件的晶闸管具有弱电控制强电的特性, 在强电区给负载供强电, 将硅箱、硅柜置于专门的硅室中, 门级采用弱电驱动, 设置在灯具控制台上, 由控制台的执行推杆触发, 如图6-44。

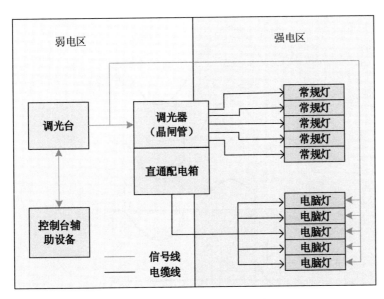

图6-44　舞台灯光强弱电分区示意图

晶闸管调光系统包括两部分:

①一是电光源部分, 主要是各类灯具, 也可以是遵循DMX512控制协议的各种效果设备 (如烟机、雾机、雪花机、泡泡机、电控烟花炮等)。

②二是照明供电系统, 主要包括控制电器 (如灯控制台、调光器、保护电器、开关电器等) 作为系统的控制端, 传输线路 (如导线、电缆、无线网络等) 作为信号传输的介质。

(5) 晶闸管调光的问题

晶闸管调光存在的主要问题是谐波干扰。谐波产生的主要原理为: 控制台发出控制信号, 由调光器转变为相位角脉冲控制驱动可控硅, 可控硅由交流主回路电压过零关断。在下一周期重复相同的动作。相位角脉冲起始位置不同, 交流主回路电压波形被斩波后的面积不同, 从而实现了输出到灯

需要注意, 晶闸管调光仅能对热辐射光源进行调光, 因此, 大部分常规灯 (如卤钨光源聚光灯、Par灯、散光灯等) 均采用晶闸管调光。

泡上的功率不同,达到调光的目的。如图6-45,阻性负载下(感性负载下可控硅调光器很难使用)本来交流主回路电压和电流为正弦波,斩波后输出到灯泡上的电压和电流仅为正弦波的一部分。

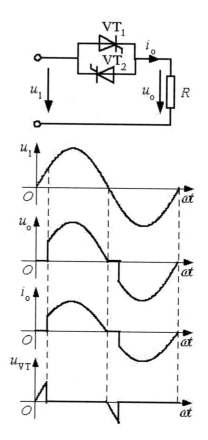

图6-45　电阻负载单相交流调压电路及其波形

此电路在开通角为α时,负载电压有效值U_O、负载电流有效值I_O、晶闸管电流有效值I_{VT}和电路的功率因数λ分别为:

$$U_O = \sqrt{\frac{1}{\pi}\int_\alpha^\pi (\sqrt{2}U_I \sin\omega t)^2 \, d(\omega t)} = U_I\sqrt{\frac{1}{2\pi}\sin 2\alpha + \frac{\pi-\alpha}{\pi}}$$

$$I_O = \frac{U_O}{R}$$

$$I_{VT} = \sqrt{\frac{1}{2\pi}\int_\alpha^\pi (\frac{\sqrt{2}U_I \sin\omega t}{R})^2 \, d(\omega t)} = \frac{U_I}{R}\sqrt{\frac{1}{2}(1-\frac{\alpha}{\pi}+\frac{\sin 2\alpha}{\pi})}$$

$$\lambda = \frac{P}{S} = \frac{U_O I_O}{U_I I_O} = \frac{U_O}{U_I} = \sqrt{\frac{1}{2\pi}\sin 2\alpha + \frac{\pi-\alpha}{\pi}}$$

由以上电路和各式可知，α的移相范围为$0 \leq \alpha \leq \pi$。当$\alpha = 0$时，相当于晶闸管一直导通，输出电压为最大值，$U_O = U_I$。随着α增大，U_O逐渐降低，直到$\alpha = \pi$时，$U_O = 0$；同时，$\alpha = 0$时，功率因数$\lambda = 1$，随着α的增大，输入电流滞后于电压且发生畸变，λ也逐渐降低。

将输出电压展开为傅里叶级数，可以看出，除了比较大的基波外，还有3，5，7，9，11，13，15等谐波。谐波所占比例随触发相位角的增大而增大。

在可控硅调光器中，需要一个很大的滤波电感，滤波电感的作用是使可控硅调压输出正弦波的前沿变为圆角，在有滤波电感时，即使相位角脉冲位置相同，谐波和基波的关系也是不固定的，滤波电感越大，则谐波越小，基波越大。这是因为串联较大的电感抑制冲击电流，抑制交流电流畸变的效果较好，从而使被斩波后正弦波的前沿变得更为圆滑。而且由于正弦波被斩波后前沿的圆滑度即交流电流畸变率与阶跃响应相对应，因而对这一关系的描述在调光领域的采用上升时间，即电感越大，上升时间越大，谐波越小。同时，电感越大，发热量越大，电路的效率也相应降低。而在实际应用中，人们都是使用特别大的滤波电感来进行滤波，虽然在一定程度上减轻了谐波的影响，但是同时也增加了电路的无功功率，降低了电路的效率，也不能彻底解决谐波的问题。

4.机械式调光

晶闸管调光解决了热辐射光源的调光问题，而大部分电脑灯采用气体放电光源，气体放电光源仅能实现亮与灭两种状态，如节能灯、日光灯，无法采用晶闸管调光。因此，常采用气体放电光源的电脑灯就无法采用晶闸管调光。这类灯具采用机械式调光，由电脑灯控制台发出DMX512信号，信号驱动电脑灯中光闸开闭、步进电机转动相应的角度，进而驱动遮光板开闭角度的大小的变化，实现电脑灯亮度级别的线性变化。

这类灯具采用直通柜（direct circuit rack）供电，如图6-46。直通柜是一种用于提供直通回路控制的设备。直通柜采用小型空气开关控制，每一直通回路采用一个单极空气开关控制。在剧场中，直通柜与硅箱一般均设置于硅室，由专门技术人员负责控制。

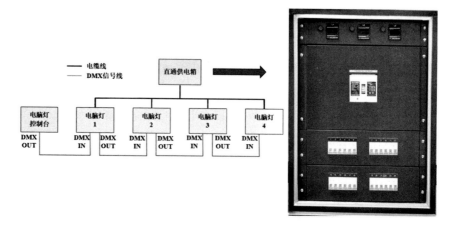

图6-46　电脑灯直通供电示意图

5. LED调光

热辐射光源采用晶闸管调光,气体放电光源采用机械式调光,LED 光源的调光先后经历了模拟调光、PWM调光和三端双向晶闸管(TRIAC)调光等。

（1）模拟调光

模拟调光通常是在带有模拟调光功能的LED驱动器IC专门设置一个引脚,施加一个范围为$0\sim10V$(有的范围仅为$0\sim1.25V$)的模拟电压,来调节通过LED的电流,从而改变LED的发光亮度。

模拟调光的优点是方法比较简单,而且消除了在调光过程中所产生的噪声。但是,这种调光方式存在以下缺陷:调光范围小,通常仅为10:1(即10%~100%);LED驱动器的转换效率随LED电流的减小和灯光变暗而急速降低;由于LED色谱与电流有关,模拟调光影响发光质量,易产生色偏现象。

（2）PWM调光

PWM调光方案通常是在LED控制器IC专门设置的一个引脚上,施加一个宽窄不同的数字式PWM矩形波脉冲来改变LED电流,从而调节LED亮度。改变PWM信号的占空比,则可以改变矩形波脉冲的宽度和通过LED的有效平均电流。输入PWM信号的频率范围为几百赫兹到10KHZ,在高端照明应用中有时达数万赫兹。如果PWM频率低于100HZ,则不足以掩盖人们的视觉闪烁速率。在PWM调光模式下,LED电流在零和最大电流之间频繁切换,LED电流不是处于最大值,就是被关断。借助改变PWM占空比,可以调节LED的平均电流，从而改变LED 的亮度。

PWM调光的信号通常由MCU或专用集成电路（ASIC）等提供。

PWM调光解决方案的优点有以下几个方面：调光范围宽，可达0~100%，并且只要调光频率不是太低（如低于100HZ），就不会出现闪烁现象；无论调光程度有多大，都允许LED始终在优化和恒定的电流上工作，并且能够使LED驱动器保持较高的频率；在整个调光范围内，能够保持色调一致，不会发生色偏。

该调光解决方案不需要太多额外的控制电路成本。

PWM调光方式的主要问题是，当PWM信号频率落入200HZ～20KHZ范围内时，容易在LED驱动器IC周围的电感和输出电容上产生人耳可听见的噪声。

（3）TRIAC调光

传统钨丝灯三端双向晶闸管（TRIAC）调光器可以用来对LED进行调光。

由于传统TRIAC调光器是为控制白炽灯这类纯电阻性负载专门设计的，而离线式LED照明系统与白炽灯的情况完全不同，在较低功率的LED驱动应用中，并不能保证足够大的输入电流来维持晶闸管稳定工作，于是就可能出现TRIAC多次导通，引起LED闪烁。仅凭借传统的泄放电电阻配合TRIAC调光器工作，难以达到令人满意的调光效果，因此需要采取相应的对策。

在目前的几种主要调光解决方案中，究竟选哪一种，取决于LED灯具的应用要求。在舞台应用中就是要达到足够宽的调光范围和好的色调效果。

6.IGBT调光

IGBT调光又称IGBT正弦波调光，主要是为了解决晶闸管调光不连续等问题。其主要原理为设计单相交流斩波调压电路，如图6-47，V1、V2的控制信号相同，V3、V4的控制信号相同，并且与V1、V2的控制信号反向。当输入交流电为正弦波正半波时，且V1、V2控制极为高电平时，V1、V2打开，V3、V4截止，此时交流电向负载供电；当V1、V2控制极为低电平时，V1、V2截止，V3、V4打开，此时V4和V3中的二极管完成续流。当输入交流电为正弦波负半波时与此类似，即通过调节输入到4个IGBT模块控制极的PWM信号的占空比，调节输入到负载中的电压。

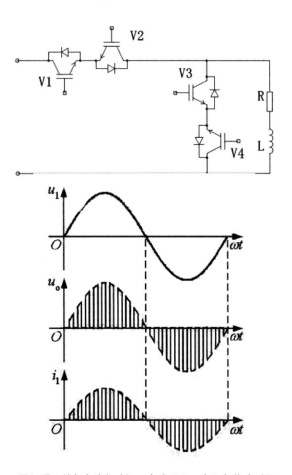

图6-47 单相交流斩波调压电路原理及电阻负载波形图

设斩波期间（V1或V2）的导通时间为ton，开关周期为T，则占空比 D=ton/T，即通过改变占空比D来调节输出电压。

设交流输入电压$u_i(t) = U_m \sin(2\pi f t)$，开关函数$S(t) = \begin{cases} 1\text{开关闭合} \\ 0\text{开关关断} \end{cases}$，则将开关函数傅里叶展开为：

$$S(t) = D + \frac{1}{\pi}\sum_{1}^{\infty}[\sin 2n\pi D \cos\frac{2n\pi}{T_s}t + (1-\cos 2n\pi D)\sin\frac{2n\pi}{T_s}t]$$

其中调制比为$N = f_s/f$，由于输出电压$u_o(t) = u_i(t) \cdot S(t)$，因此

$$u_o(t) = u_i(t) \cdot S(t)$$
$$= DU_m \sin 2\pi f t + (U_m/2\pi)\sum_{n=1}^{\infty}\frac{1}{n}\{\sin 2n\pi D[\sin(nN+1)2\pi f t - \sin(nN-1)2\pi f] - (1-\cos 2n\pi D)[\cos(nN+1)2\pi f t - \cos(nN-1)2\pi f t]\}$$

即：

$$u_o(t) = DU_m \sin 2\pi f t + \varphi[(nN \pm 1)2\pi f t]$$

由上式可见,输出电压的频率为基波频率和频率为$(nN \pm 1)2\pi f$的高次谐波组成,谐波比较容易滤除;基波频率的幅值为输入电压的D倍,即可实现通过调节占空比D来控制输出电压的目的。同时,正弦波调光实现连续调光,提高了效率。

6.5　灯光控制系统与传输协议

在白炽灯开始使用于舞台照明的同时,相应的灯光控制设备就诞生了。但是,最初的一段时间内,用户对这些灯光的控制仅仅限于简单的亮、暗控制,还未形成一定的系统。

随着舞台演出行业的不断兴起,灯光在演艺舞台中的作用逐渐增强。因此,为满足舞台演出多光源、多色彩、多效果的要求,必须配备大量不同功能的舞台灯具。同时,将这些灯具都容纳到同一个系统中,集中控制,以方便灯光师及时、有效、方便地操作。由此,演艺灯光控制系统应运而生,经历了灯光模拟控制、灯光数字控制和灯光网络控制三个主要阶段,如图6-48。

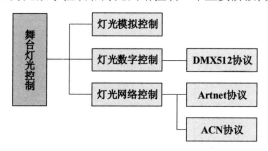

图6-48　演艺灯光控制系统的发展阶段

1.灯光模拟控制系统

硅控元件的发明和可控硅技术的运用造就了低压信号可以控制强电的可行性,造就了模拟时代的来临,专业调光控制台也由此出现。灯光模拟控制系统包括模拟调光台、模拟调光器、灯具,如图6-49。

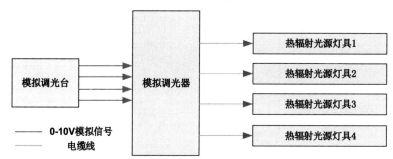

图6-49　灯光模拟系统图

其控制方式是由模拟调光台送出0~10V的模拟电压信号,经信号线送到模拟调光器的触发电路,对晶闸管电路导通角的大小进行变化控制,以达到对灯光控制系统进行调光和各种控制。

但在模拟灯光控制系统的控制台中,每个推杆只对应一个调光回路和一条信号线,尽管可以通过拨码开关减少推杆的数量,通过多芯信号电缆减少信号线缆的根数,但总的来说,模拟灯光控制系统信号线较多,一致性较差,实现信号的备份较困难,操作也不太方便。除了一些简易演播室还在使用外,模拟灯光控制系统的使用已不多,而且逐渐会被淘汰。

2.灯光数字控制系统

在灯光控制的发展进程中,特别是20世纪六七十年代,灯光控制回路的数量一直在持续增加,从十至数十回路增加至上百回路,所需的模拟控制线路在数量上也相应地增加。显然,这种传统的连接与控制方式已不能满足当时控制回路急剧增加的需求,寻找一种更方便、简单的连接与控制方式成为那个时代的热点问题。至20世纪80年代,数字多路复用传输方式已成为演艺灯光系统架构的核心,但围绕着怎样进行数字多路复用,设备生产厂商们一直争论不休,其焦点是灯光控制信号传输的主要参数数据(如相关电气特性、数据格式、数据协议、接插件和线缆等)该如何被认识与定义,国际上曾先后推出20余种演艺灯光多路复用传输协议。协议实际上代表了所支持厂商的利益,因此协议自诞生之日起就处在激烈的竞争之中,到20世纪末,绝大部分协议已被娱乐业与市场所淘汰,DMX-512协议可以理解为那个时代优胜劣汰下的优胜代表者。

数字控制由数字调光台送出DMX512数字信号,经信号线送到数字调光器的触发电路,对晶闸管电路导通角的大小进行变化控制,以达到对灯光控制系统进行调光和各种控制,如图6-50。

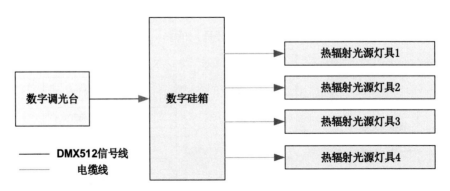

图6-50　灯光数字系统图

但是，DMX-512数字灯光控制系统只能单向传输数据，不能实现调光控制台和其他灯光控制系统设备之间的数据交换，数据格式中没有地址码，不能加载其他资料内容（DMX只提供回路及亮度的资料）等（注：DMX-512-A系统支持数据双向传输），不能保证数据可靠地发送，也不能接收其他通信信号，如设备工作情况、电气参数、状态设置指令、出错警告等，在设备发现智能化程度上没有什么作为。

DMX-512作为早期的灯光控制协议，曾经因其简单实用受到各厂商的青睐和广泛应用，但交互性差的硬伤导致其并非真正意义上的网络控制协议，其仅仅实现了灯光控制系统的数字化。DMX信号只作为其他非网络灯光设备和灯光网络系统之间的连接（如电脑灯控制台和系统连接、换色器控制台和系统的连接）。但在实现网络灯光控制的过程中，它暂时还不会消失，而是作为一种过渡协议存在，特别是在中、小型及非专业演艺场所中，仍具有较强的生命力。DMX-512协议的历史地位是不可忽视的，作为一段时间内的行业标准，目前倡导的网络控制协议也以兼容DMX-512协议为设计指导思想。

> 　　DMX-512协议是由美国剧院技术协会（USITT）于1987年制定的、专用于控制台与调光器之间的数据传输协议，1990年经修改与补充后，正式命名为DMX-512/1990协议。其中，DMX是digital multiplex（数字多路复用）的英文缩写，512表示一对数据线上可以同时传输512个通道的调光控制信号。

该协议对灯光控制信号传输的主要参数做了详细规定，使各厂家的设备可相互连接，兼容性大大提高。同时，由于DMX-512协议采用串行方式传送数字信号，控制台与设备之间只要一对信号线即可，大大简化了控制台与设备之间的连接。即使在灯光控制网络化大行其道的今天，各大生产厂商在使用数据传输协议的同时一定会把DMX-512接口加到自己的产品上，以供用户选择。

DMX512协议的传输速率为250kbps，每个数据位的时间是4us，每个字节是11位，共计44us。因此，512个字节的数据传输时间为44*512=22.528ms，数据的帧头通常是88us。

在DMX512协议的数据包中，如图6-51，除了空闲位IDLE、起始标志位break、第零位起始码SC等DMX数据包的起始标志外，最主要的就是数据包中的512个DMX数据帧。每一个独立数据帧记录了灯具一个通道的控制数据。它的帧格式如下：每个DMX数据帧共11位，包括1个起始位，用S表示，低电平有效；两个结束位，用E表示，高电平有效。其余8位是有效的数据位，也就是灯具所要接收的控制指令数据。每一位的值为0或1，用高低电平表示。该8位二进制代码表示采用8bit量化，代表了灯光控制数据的参数值范围（0-255, 225=2^8-1）。

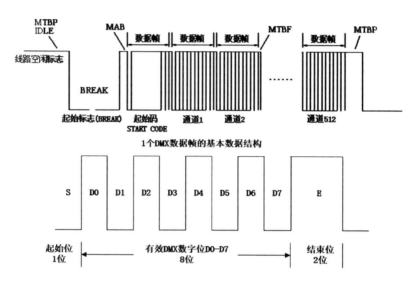

图6-51　DMX512协议数据包数据规范示意图

3.灯光网络控制

就在设备生产厂商为各种演艺灯光数字多路复用传输协议进行激烈竞争之际，斯全德公司以他们原有的SMX协议内容为基础，研制出首个以"以太网"架构和TCP/IP为平台的网络灯光系统（Show-Net），并在20世纪90年代初应用在旧金山大剧院地震后重建的工程上。这是世界上第一个网络化演艺灯光控制系统，其意义重大，主要贡献表现在：灯光控制的概念由原来只需要回路及亮度/数值变化，扩展到数据双向传输、并行平台、全跟踪备份、多重优先权限、资源共享等功能，当然，这也受益于当时网络技术的飞速发展。随后，又有多家设备生产厂商相继推出他们的演艺灯光网络系统，这些演艺灯光网络系统均以"以太网"架构和TCP/IP平台为核心，与网络化的组成概念基本一致，其平台或功能也大同小异，所不同的是每家厂商使用自家的协议码，于是新一轮的演艺灯光网络通讯协议之争又开始了。

（1）Artnet协议

鉴于DMX512协议已经在娱乐业广泛使用，得到设备生产厂商的积极响应这样一种基本事实，英国Artistic License公司在1998年提出了一个10Base-T的基于TCP/IP协议的演艺灯光以太网控制协议（Artnet）。协议认为网络技术只有和DMX512技术相结合才能使控制系统更可靠，即在保留DMX512技术的基础上搭建网络平台，用标准的以太网络作为载体，允许远程传输大量的DMX512数据。这一观点得到了欧洲娱乐业与许多设备生产厂商的认同，在这一轮的演艺灯光网络通信协议之争中，Artnet协议逐步成为具有代表性的主流协议。

Artnet协议对节点、服务器、媒体服务器（media server）、IP地址配置、网络拓扑结构以及数据传输策略等做了详细的说明，系统中的设备可以双向传输数据，也允许数据通过互联网进行传输（使用TCP/IP协议中的UDP协议进行数据传输，通过设定应答信息来实现数据的可靠传输），而且协议对容错和寻址等内容均有所涉及。

Artnet协议可以理解为将多路DMX512信号在控制台中打包后，在一根网线上传输，在强电区通过协议解码器将数据解包，还原为多路DMX信号发送给灯具。在保留DMX512技术的基础上搭建起来的网络平台，可以理解为传统DMX系统的变种，由于在灯具终端仍旧未实现网络化，不支持对灯具设备的"即插即用"、数据交互。可以认为Artnet是一个具有过渡性质的半网络化控制协议。这一时期的灯光控制系统如图6-52。

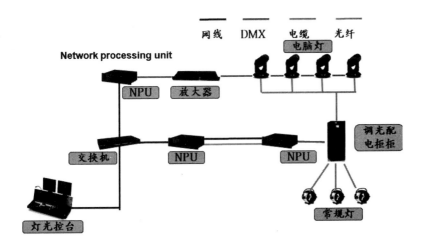

图6-52　网络化灯光系统图

（2）ACN协议

美国娱乐与服务技术协会（ESTA）于2003年提出了下一代灯光控制网络数据传输的先进控制网络标准（ACN）。ACN允许在单一的网络系统中传输不同类型的调光及相关数据，更能够将不同品牌的调光设备组成同一系统，供演出需要。ACN协议是以协议集的形式给出的，由若干子协议组成，包括系统构架、设备描述协议、数据会话协议、设备管理协议、设备发现协议等，如图6-53。

应用层组件（设备）：如控制台或调光柜等			
ACN协议	其他	设备管理协议（DMP）	设备描述语言（DDL）
	网络管理协议（NMP）	会话数据传输协议（SDT）	
TCP/IP	UDP（用户数据报协议）		（TCP）
	IP协议		
硬件，如以太网			

图6-53　ACN协议架构图

ACN协议使灯光控制系统中设备的互联互通、"即插即用"、在线升级、远距离控制、设备运行信息回馈、网络可靠性、有效利用带宽、系统安全监控以及相关的系统联动技术等成为可能，因此，ACN协议是真正意义上的网络灯光控制协议。但是，截至目前，该协议尚未以标准出台，市面上也未见有真正的基于该协议的灯光系统。可以说，灯光系统的网络化尚未实现。

6.6　调光台与调光器

1.调光台

调光台，又称灯光控制台（lighting console）、灯控台等，是在演出前与演出时，能够控制灯具调光、光束水平或垂直角度变化、换色、光斑图案变化、棱镜、光束大小变化、光频可变、变焦等效果变换的控制设备。

调光台是灯光集中控制的中心。调光台根据其控制方式与功能,可以划分为基于通道(channel)的灯光控制台和基于灯具的灯光控制台。

(1) 基于通道的灯光控制台

基于通道的灯光控制台适用于控制电脑灯、常规灯,通常用于控制常规灯、测试电脑灯通道属性,是最传统的灯光控制台的控制模式。

基于通道的灯光控制台上往往设置十几路或者几十路推杆,一路推杆对应一路调光回路,即一台常规灯;每一路推杆对应的是哪一台常规灯则需要通过线路连接才能知道。一般常规灯控制台均属于这一类型。调光台输出的弱电控制信号传输给调光器,调光器中的晶闸管导通,输出的强电电压驱动控制白炽光源灯具渐明渐暗,如图6-54。

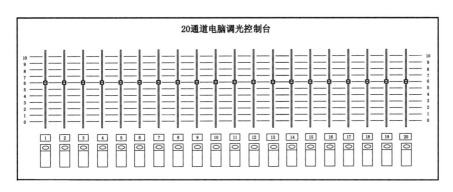

图6-54 基于通道的灯光控制台示意图

这类调光台具备单控、点闪、集控、总控、预置、预置速度调节等功能。

①单控

单独控制单控推杆,控制某一个调光回路,调节该调光回路对应的常规灯的亮度级别。

②点闪

单独控制点闪按键,控制某一个调光回路,实现该回路对应的常规灯的亮与暗两种状态。

③集控

将若干回路对应灯具的相同亮度调节与同步变化集成在一根集控推杆上,进行集中控制。

④总控

任意灯具的单控、集控需要保证总控推杆置于最高值,才可以操作。

⑤预置

将若干回路对应灯具的不同亮度调节后所形成的多个灯光场景存储在预置推杆上，在演出执行时通过一根推杆直接实现场景再现的操作。

⑥预置速度调节

预置推杆执行灯光场景的时间调节操作，能够改变灯光场景执行的时间长短。

此外，这类调光台中还具有光路指示灯、光路/集控信号指示、集控存储键、工作方式选择按键、速度显示窗、页显示窗、翻页键等功能键与显示视窗等，如图6-55。

如一台20通道灯具控制台允许控制的最大通道数是20，现代电脑灯通道数量众多，演出需要的灯具数量众多，因此，基于通道的灯具控制台很难满足多灯具、多通道的要求。

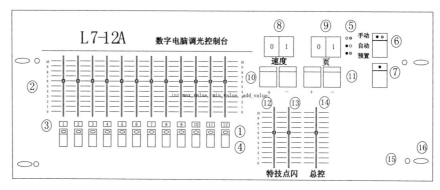

①光路指示灯　②光路推杆/集控推杆　③光路/集控信号　④集控存储键/点闪键
⑤工作方式说明　⑥工作方式选择按键　⑦预置按键　⑧速度显示窗　⑨页显示窗
⑩速度调整键　⑪翻页键　⑫特技总控推杆　⑬点闪总控推杆　⑭总控推杆等功能键

图6-55　基于通道的灯光控制台功能示意图

（2）基于灯具的灯光控制台

基于灯具的灯光控制台适用于控制电脑灯、常规灯，是现代灯光控制台的控制模式，适用于各种规模的演出，可以替代传统的基于通道的灯光控制台，如MA控制台等。

由于电脑灯功能更多，基于通道的调光台受推杆数量的限制，无法解决现代演出使用电脑灯数量多、电脑灯的通道数量多所导致的多通道控制问题，无法适用于电脑灯控制程序操作模型，因此，基于灯具的灯光控制台应运而生。

基于灯具的灯光控制台包括灯具选择区、属性区、功能区、素材区和走灯程序区，如图6-56。

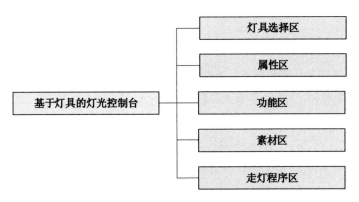

图6-56　基于灯具的灯光控制台功能图

①灯具选择区

灯具选择区具有灯具单选、多选、全选基本功能，高级控制台还具备编组功能。

②属性区

灯具属性区（attributes）包括调光、位置、图案、颜色、光束、对焦、控制、切割等基本功能。

③功能区

功能区（function）包括素材、走灯程序编辑、灯库编辑、灯具配接、设置、复制、粘贴等功能按键。

④素材区

素材区（preset）包括为构建灯光场景的亮度、颜色、位置、图案、光束等素材资源或这些资源的组合（效果effect）。

⑤走灯程序区

走灯程序区（chase）为灯光场景cue动作的存储区域。灯光师在演出前将一系列编辑好的灯光场景（含有随时间变化的场景）存储在走灯程序推杆或者按键上，在演出过程中，根据提前制作好的cue表时序和舞台监督的实时调度命令，将灯光场景及时一键式展示。

（3）两种灯光控制台的区别

基于通道的灯光控制台以通道为基本单元，仅适用通道需求不高的常规灯系统。基于灯具的灯光控制台，其控制对象在兼容常规灯基于通道的控制模式的基础上，具备以灯具的属性为基本单元进行控制的能力。这种能力需要以下先进功能模块的支持。

由于基于通道的灯具控制台只有若干通道推杆，每条推杆根据系统级联方法和地址分配，将灯具的具体功能分配到指定通道上，因此，最简单的灯光控制台没有灯库文件存储，相对高级的，如珍珠控台支持R20格式的灯库文件，MA控台支持XML格式灯库文件。

①灯库

> 灯库是灯光控制台中存储的控制台可读的灯具功能通道说明书，每一台灯具在灯光控制台中都有一个或多个灯库与之对应。目前的灯库一般采用R20、XML格式进行存储，相当于灯具在控制台中的驱动程序。

在灯光控制台上预先为演出编辑亮度、颜色、回路数量组合、时间等参数成为场景程序并存储、调用的操作。

基于灯具的灯光控制台通常应存储常见品牌的各种型号的电脑灯灯库，用户可以不断增加灯具生产商提供的新灯具的灯库，也可以自己编制灯库存入控制台中。灯库采用统一的存储格式，将不同灯具的同一功能属性统一映射到控制台的属性控制模块上，使得不同灯具的相同属性（如调光、颜色、位置等）能够映射到调光台的同一属性控制按键上。例如，灯光师希望将若干不同型号的灯具编为一组，统一控制该组灯具颜色、亮度效果的变化，若使用基于通道的灯光控制台，就需要找出每一台灯具的颜色通道、调光通道，逐一编程（program），由于灯具型号不一，对应通道的位置也不同，查找过程非常麻烦。在基于灯具的灯光控制台上，由于灯库的存在，通道查找可由控制台自动完成，用户只需直接选择灯具，调节颜色或亮度的属性参数即可。

②素材、效果

调光台与调光器的关系：既然调光台和调光柜都是为了对灯光的亮度进行调节，为什么不把二者的功能融合在一台设备上呢？采用调光柜与灯光控制台分开设置，即调光柜靠近舞台缩短配电线路，将其放置在专门的硅箱室内，控制台设置在观众厅后部专用的灯光控制室内较好，这样可以从正面观察舞台，其效果与观众感受相同，比较直观，便于灯光师有效控制。虽然从调光柜到灯光控制的距离较远，但一根屏蔽控制电缆就能实现可靠的遥控。但更重要的是，出于安全的考虑。"弱电控制强电"是可控硅调光的关键所在。灯光控制台的供电取工艺电源用电，与调光硅箱分开，保证强电远离操作员和观众，保证操作安全。

基于灯具的灯光控制台由于是基于XML的灯库进行功能描述的，因此，它可以通过灯库规范直接提取每一台灯具的特定属性，生成灯具的属性素材，如亮度级、颜色、图案等，也按照XML的格式存储起来，供灯光编程时调用。而这些素材还可以通过组合、排序结合效果变化图形发生器生成大量的灯光效果（effect）。素材与效果均放置在灯光控制台的存储池中，灯光编程可以随时调用，大大提高灯光执行的效率。

除以上功能以外，现代的灯光控制台还具备灯效虚拟展示功能，为离线编程提供可能；具备多屏、多点触控能力，操作更加简便；具备灯具、效果器（烟机、雾机、泡泡机等）、LED屏、图形发生器、数字媒体灯、视频的综合控制能力，并能够支持midi格式音乐的驱动，实现视效的统一控制、与音频的联动。

2.调光器

在演艺灯光的各种控制中，灯光的亮度控制是最基本的控制。调光器的发展基本代表了灯光控制技术的发展史。其大致经历了三个阶段：电阻器调光阶段、变压器调光阶段和晶闸管调光阶段。

电阻器调光与变压器调光各自代表了那个时代调光的技术能力。今天我们所谈及的调光器 (dimmer) 主要是由晶闸管等功率器件、触发电路和保护电路组成的，因而又称硅箱 (中、小型调光器) 或硅柜 (大型调光器)，如图6-57。在剧场中常设置安放舞台调光柜 (dimmer rack) 等灯光控制柜的设备用房，称为调光柜室 (dimmer cubical room)。调光柜的功能是控制信号，实现灯光亮度变化的柜式组合。具体为接收调光台发送来的控制信号，通过触发电路，控制晶闸管器件的工作状态 (导通、截止或改变导通角大小) 从而控制舞台上的灯具光源两端的电压变化，以调整灯具的通断和亮度变化，针对卤钨灯和白炽灯等靠热惯性发光的灯具，采用可控硅相控技术实现平滑调光控制。和旧调光器 (电阻器、变压器) 相比，由于它的体积小、质量轻、功耗低、寿命长以及使用方便等优点，以晶闸管及其派生出来的以双向晶闸管为核心器件的调光器在演艺灯光控制系统中很快占据了统治地位，这种状况一直到今天都没有改变。

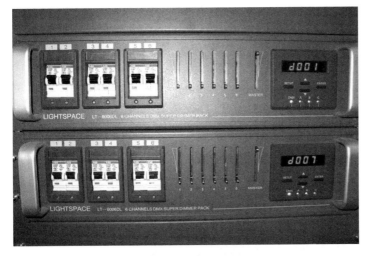

图6-57　硅箱实物图

从长远角度来看，将来的所有灯具都应具备自动调控功能，所有灯光设备都应有一定的自我描述和状态参数，可与控制方进行数据交互、资源共享。调光器接收调光控制台发送来的控制信号，根据其中的控制节拍，控制舞台上或演播厅中灯具光源两端的电压变化，调整灯具的发光亮度，实现光的有序分布，从而达到灯光师的设计目的。这里必须指出的是：调光器是通过弱电信号来控制电信号的设备，设备选型时必须充分考虑其可靠性、抗干扰性和安全性等指标。

　　调光器与直通供电箱的关系：调光器一般是指包含若干组晶闸管调光器模块的硅箱，通过灯光控制台发出的弱电触发信号决定晶闸管的开闭，进而影响硅箱输出电功率的大小，实现热辐射光源灯具的亮度调节。直通供电箱 (direct circuit rack) 一般是专门为电脑灯供电的装置，由于电脑灯多采用气体放电光源或LED光源，因此，其调光不需要硅箱装置，只需要通过直通供电箱为电脑灯供电即可，电脑灯的各种效果变化是通过DMX 512信号驱动对应的机械装置，实现调光、换色、变焦等功能的。这也是我们常在一些灯具吊杆上看到有调光标识和直通标识的区别。

6.7　调光台控制灯具实例

1.基于通道的灯光控制台控制常规灯

必需设备:

> 控制台:基于通道的灯光控制台。
>
> 调光器:硅箱。
>
> 灯具:热辐射光源的常规灯 (6台), 分别命名为ch1—ch6。

为点亮灯具1—6, 需要完成以下基本步骤:

①控制台与调光器选型

灯光控制台若要控制灯具, 它的控制推杆数量就要满足灯具总的通道数量。在本例中, 6台灯具每台各1个通道, 通道数累加, 一共6个通道, 因此, 调光台一定要不少于6个通道推杆, 才能满足要求。这里我们选择20通道调光台来满足需求。

小贴士:

1.若将热辐射光源灯具直通接口上会怎么样?

2.若将气体放电光源灯具接到调光接口上会怎样?

由于热辐射光源常规灯 (6台) 采用晶闸管调光, 每台灯具对应一组晶闸管调光模块, 需要6组可控硅模块。这里我们选择6路可控硅调光器满足需求。

②灯具属性的通道分配

将调光台20个通道中的前6个通道 (对应推杆为推杆1—6) 依次分配给灯具ch1—ch6。

③地址分配

在硅箱面板上将硅箱的DMX512地址配置为1。若将调光台20个通道中的5—10通道 (对应推杆为推杆5—10) 依次分配给灯具ch1—ch6, 则将硅箱的DMX512地址配置为5。

④系统连接

如图6-58, 将调光台与硅箱用DMX信号线连接, 将硅箱6路可控硅输出的6条电缆分别连接到ch1—ch6上, 将硅箱配电箱打开, 将每一路可控硅通电空开开关打开, 这时硅箱和所有灯具就处于供电状态了, 再将灯光控制台供电打开。

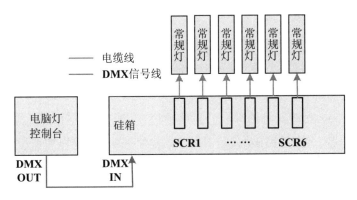

图6-58 系统连接图

⑤灯具控制

对应推起第1—6路推杆,灯具ch1—ch6分别亮起,每路推杆在最低位置时,该路推杆对应灯具处于关闭状态,每路推杆在最高位置时,该路推杆对应灯具处于最亮状态。这样,每台灯具都可以在亮与灭之间进行线性调节。

2.基于通道的灯光控制台控制电脑灯

必需设备:

> 控制台:基于通道的灯具控制台。
>
> 调光器:硅箱。
>
> 灯具:4台电脑灯,见下表。

灯具1	灯具2	灯具3	灯具4
5通道LED Par灯	5通道LED Par灯	4通道摇头染色灯	4通道摇头染色灯

为点亮灯具1—4,如图6-59,需要完成以下基本步骤:

图6-59 系统基本元件示意图

①查看灯具的功能属性说明

找到灯具的说明书，查看灯具说明书中灯具的通道属性功能。如图6-60，灯具1、2都有5个通道，相当于5种功能，当我们想实现某个功能，就需要将该功能对应通道的DMX通道值发送到该灯具。若要灯具1、2显示红色效果，就需要将该灯具的亮度通道4、频闪通道5和红色通道1的DMX值分别设置为255发送给该灯具；若要灯具3、4变换俯仰投射的角度，需要调整该灯具的通道3或4的DMX值。

灯具1、2：5通道LED Par灯

通道	内容	DMX值	功能描述
1	红色	000-255	红色从暗到亮线性调光
2	绿色	000-255	绿色从暗到亮线性调光
3	蓝色	000-255	蓝色从暗到亮线性调光
4	亮度	000-255	从暗到亮线性调光
5	频闪	000-015	无频闪
		016-127	脉冲频闪速度由慢到快
		128-255	开光

灯具3、4：4通道摇头染色灯（wash）

通道	内容	DMX值	功能描述
1	亮度	000-255	关闸从暗到亮线性打开调光
2	颜色	000-015	白色
		016-127	颜色1-颜色7
		000-255	由慢到快流水效果
3	水平旋转	000-255	0-450度水平旋转
4	垂直俯仰	000-255	0-270度垂直旋转

图6-60　灯具通功能图

②控制台与调光器选型

灯光控制台若要控制灯具，它的控制推杆数量要满足灯具总的通道数量。本例中，4台灯具通道数累加，一共18个通道，因此，调光台一定要有不少于18个的通道推杆，才能满足要求。这里我们选择20通道的调光台满足需求。

由于5通道LED Par灯、4通道摇头染色灯分别为LED光源LED灯具、气体放电光源的电脑灯，其调光及其他效果控制均遵循DMX512协议，因此，不需要设置可控硅，只需要为灯具提供充足的直通供电接口即可，这里我们给出4路直通箱，通过直通接口为灯具直接供电，满足需求。

③灯具属性的通道分配

4台灯具的每个功能究竟要由哪几个推杆来进行控制是灯具属性的通道分配要解决的问题。在系统级联之前，控制台需要将各个推杆通道分配到不同灯具的通道属性上去。分配的方法就是为每台灯具分配一个起始地址，即DMX地址。

如灯具1我们分配为起始地址1, 灯具1有5个通道, 会占据通道1—5, 或者说是地址1—5, 因此, 对应控制台上的推杆1—5的控制功能就依次与灯具功能列表中的红、绿、蓝、调光和频闪相对应; 灯具2就不能使用地址1—5了, 不妨将灯具2起始地址设为6, 它有5个通道, 就会占据控制台的推杆6—10; 灯具3起始地址设置为11,它有4个通道,占据控制推杆11—14; 灯具4起始地址设置为15, 占据控制台推杆15—18, 如图6-61。

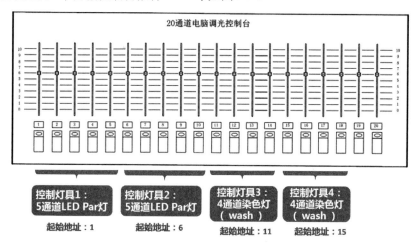

图6-61　控制台通道分配示意图

根据灯光传输控制所遵循的DMX512协议的规定, DMX512数据包中只包含512个数据帧, 所以设置的地址范围需要保证所有灯具的通道范围不能超过512。因此, 灯具起始地址设置的第一个原则是: 灯具的地址范围是1—512。第二个原则是: 每台电脑灯的地址范围是唯一的, 各个灯具的地址码不能有交集, 即每一个地址或通道不能给两个灯具共享, 每台灯具占据独立的地址空间, 如图6-62。

若在演出中给多台同样的灯具分配相同的地址码, 则这些灯具在控制过程中, 始终同步呈现相同的效果。

若在演出中给多台不同类型的灯具分配相同的地址码, 则这些灯具由于接收到的信号与通道功能不对应, 将会呈现出其他错误的效果。

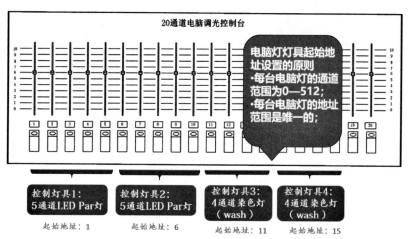

图6-62　灯具地址设置示意图

以上的地址分配方案确定后,可以得到每台灯具与控制台推杆的一一对应关系,如图6-63。

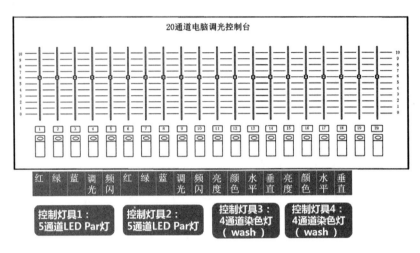

图6-63 控制台推杆与灯具属性对应示意图

④系统连接

灯具属性与控制台推杆的对应关系确定后,就需要到每台灯具背板的操作界面上将其起始地址设置为对应的地址码,这一过程被称为拨码。

拨码完成起始地址的分配后,将调光台和所有灯具通过DMX信号线串接在一起,给所有灯具设备通电,给调光台通电,就可以使用调光台的推杆改变灯具效果的功能,如图6-64。

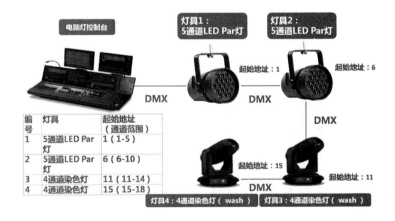

图6-64 系统连接示意图

⑤控制灯具

例如，我们希望将4台灯具调节为红色效果，就需要将每个灯具对应的亮度通道、频闪通道和红色通道的推杆推到最大值处，这时，灯具就会点亮，并呈现出红光。

但是，在这个过程中，数据是如何由灯光控制台向灯具进行传输的呢？我们以其中一个推杆为例：当推起一个通道推杆的瞬间，推杆的位置代表着0~10v的电平值，是模拟信号。控台会将该模拟信号数字化，采用的是8bit量化，量化后，0~10v的电平值转化为0至2^8-1，也就是255的数字量。该数字量以8位二进制代码的形式存储为每个DMX数据帧中的8个有效数字位。因此，在DMX数据包中，所有推杆的DMX数据帧按照其通道的先后顺序加载到DMX数据包的通道中，以每秒44次的频率由调光台向串联灯具不断地发送，直到新的推杆位置发生变化，数据包更新，如图6-65。

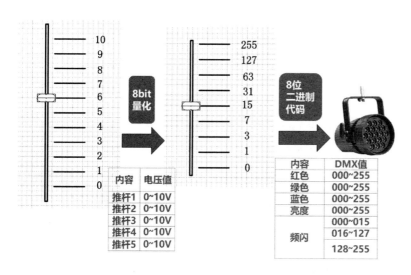

图6-65　灯光控制台推杆模数转化示意图

每台灯具在收到DMX数据包后，根据设置的起始地址和本灯的通道数提取其中属于自己的DMX帧，将其转换为灯具的控制信号，发送给本灯具的执行单元（如一台灯的关闸控制单元、换色控制单元）。随后该灯就会执行指定的操作，如图6-66。

图6-66　灯光控制数据发送示意图

以上操作步骤可以归结为:

①电脑灯调光台上每个推杆的电压值(模拟信号)经过8bit量化转化为数字信号。

②数字信号在控制台显示屏、灯具说明中以十进制数表示,在DMX512数据包中以8位二进制代码的形式存储在DMX数据帧中。

③每个DMX数据帧按照其通道的顺序排列后,存放在DMX数据包中。

④DMX数据包传输给具体的灯具(每个DMX数据包能够传输512个通道的数据)。

⑤灯具根据其起始地址和通道数从DMX数据包中提取对应的DMX数据帧。

⑥将对应的数据帧进行数据处理后发送给指定的控制单元(如步进电机、光闸电机)。

因此,DMX512协议地址分配(电脑灯灯具起始地址设置)的原则是:

①电脑灯必须串接起来。

②每台灯具有一个地址区间,区间的大小取决于灯具的通道数量。

③一个地址等价于一个通道,等价于一个属性。

④每台电脑灯的通道范围为0~512。

⑤每台电脑灯的地址范围是唯一的。

⑥DMX地址不能重复使用,但可以闲置。

3.基于通道的灯光控制台控制常规灯与电脑灯

必需设备:

控制台:基于通道的灯光控制台。

调光器:硅箱。

灯具:热辐射光源的常规灯 (6台),分别命名为ch1—ch6;两台7通道摇头染色灯,分别命名为f1、f2。

①查看灯具的功能属性说明

找到灯具的说明书,查看灯具说明书中灯具的通道属性功能。如表6-1所示,灯具ch1—ch6为常规灯,都有1个通道,灯具f1、f2都有7个通道,相当于7种功能,若想实现某个功能,就需要将该功能对应通道的DMX通道值发送到该灯具。

表6-1　通道摇头染色灯通道列表

通道	内容	DMX值	功能描述
1	亮度	000~255	关闸从暗到亮线性打开调光
2	频闪	000~255	频闪频率由慢到快
3	水平旋转	000~255	0~540度水平旋转
4	垂直俯仰	000~255	0~270度垂直旋转
5	红色	000~255	红色由暗到亮
6	绿色	000~255	绿色由暗到亮
7	蓝色	000~255	蓝色由暗到亮

②控制台与调光器选型

灯光控制台若要控制灯具,它的控制推杆数量要满足灯具总的通道数量。本例中,6台灯具中每台各1个通道,两台7通道电脑灯,通道数累加后,共计20个通道,因此,调光台一定要具备不少于20个通道推杆的条件,才能满足要求。这里我们选择20通道调光台满足需求。

由于热辐射光源常规灯 (6台) 采用晶闸管调光,每台灯具对应一组晶闸管调光模块,需要6组可控硅模块,这里我们选择6路可控硅调光器。此外,为两台电脑灯提供充足的直通供电接口即可,这里我们给出4路直通箱。调光器包含6路可控硅模块、4路直通,满足需求。

③灯具属性的通道分配

将调光台20个通道中的前6个通道（对应推杆为推杆1—6）依次分配给灯具ch1—ch6，将通道7—13分配给灯具f1，将通道14—20分配给灯具f2。

④地址分配

在硅箱面板上，将硅箱的DMX512地址配置为1，将灯具f1操作面板上的地址配置为7，将灯具f2操作面板上的地址配置为14。

⑤系统连接

如图6-67所示，将调光台与硅箱用DMX信号线连接，将硅箱6路可控硅输出的6条电缆分别连接到灯具ch1—ch6上；将硅箱DMXout与灯具f1的DMXin接口用DMX信号线连接，将灯具f1的DMXout与灯具f2的DMXin接口用DMX信号线连接。这样，灯光控制台与硅箱、灯具f1、灯具f2形成了DMX512信号串联。将硅箱直通输出的任意两条电缆给f1、f2供电。将硅箱配电箱打开，将每一路可控硅通电空开开关打开，这时硅箱和所有灯具就处于供电状态了，将灯光控制台供电，打开。灯具的灯位挂设可以参考图6-68。

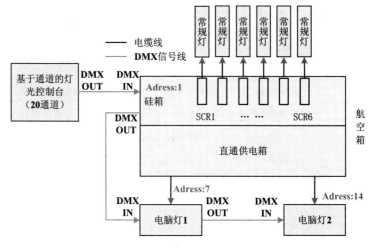

图6-67　系统连接图

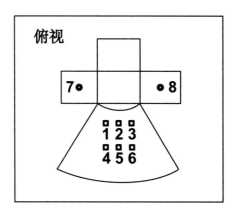

图6-68　灯位图

但是，由于DMX信号经过硅箱后会有极大的衰减，在实际系统集成过程中，往往会在控制台后面接入一个DMX信号分配器（DMX splitter），如图6-69所示。DMX信号分配器将一路信号分配给硅箱，另一路分配给信号串联的两台电脑灯。

若系统还有更多灯具设备，可以依次类推，在常规灯中追加数量，在电脑灯中追加数量，重新分配DMX地址，满足通道不会冲突的基本要求。

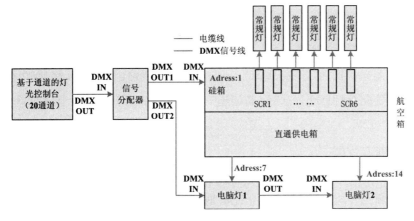

图6-69　改进的系统连接图

⑥控制灯具

对应推起1—6路推杆，灯具ch1—ch6分别亮起；对应推起7—20路推杆，灯具f1、f2的对应通道属性效果相应地发生变化。

4.基于灯具的灯光控制台控制常规灯与电脑灯

必需设备：

> 控制台：基于通道的灯光控制台。
> 调光器：硅箱。
> 灯具：热辐射光源的常规灯（6台），分别命名为ch1—ch6；两台7通道摇头染色灯，分别命名为f1、f2。

①查看灯具的功能属性说明

找到灯具的说明书，查看灯具说明书中灯具的通道属性功能。如表6-1所示，灯具ch1—ch6为常规灯，都有1个通道，灯具f1、f2都有7个通道，相当于7种功能，若想实现某个功能，就需要将该功能对应通道的DMX通道值发送到该灯具。

②控制台与调光器选型

基于灯具的灯光控制台一般不少于4个DMX输出，每路支持512个通道的输出,合计至少能满足2048通道的灯具要求。本例中,6台灯具每台各1个通道,两台7通道电脑灯,通道数累加,共20个通道,调光台满足需求。

由于热辐射光源常规灯(6台)采用晶闸管调光,每台灯具对应一组晶闸管调光模块,需要6组可控硅模块,这里我们选择6路可控硅调光器。此外,需要为两台电脑灯提供充足的直通供电接口,这里我们选择4路直通箱。调光器包含6路可控硅模块、4路直通,满足需求。

③灯具属性的通道分配

在调光台4个信号输出DMXout中任选一个线路,如线路1,将前6个通道依次分配给灯具ch1—ch6,将通道7—13分配给灯具f1,将通道14—20分配给灯具f2。

④地址分配

在硅箱面板上将硅箱的DMX512地址配置为1,将灯具f1操作面板上的地址配置为7,将灯具f2操作面板上的地址配置为14。

⑤系统连接

不妨将基于通道的灯光控制台替换为基于灯具的控制台,如图6-70。

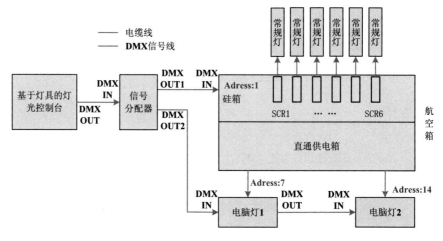

图6-70 系统级联图

⑥配接灯具

在控制台中新增灯具设备,分别按照步骤③要求在调光台上进行地址分配,将ch1—6分配为1.1—1.6;对两台电脑灯f1、f2,需要在系统中加载灯库(若控制台中没有这两台灯具的灯库文件,则还需要手动编写灯库文件),分别分配地址1.7和1.14,并分配设备号fixture1和fixture2。

⑦控制灯具

在channel模式下，分别输入channel1—6，调节调光dimmer对应的编码器实现常规灯亮度的调节。

在fixture模式下，选择fixture1或fixture2，调节属性区（attributes）中调光、位置、图案、颜色、光束、对焦、控制、切割等基本功能所对应的编码器，就能够调节相应的效果了。

6.8　舞台灯光执行的操作流程

在一场演出中，需要根据灯具的属性选择大量适合演出的灯具，并根据规划将这些灯具摆放在特定的灯位上，将全部灯具接入系统，进行配接、预编程，经过不断修改，最终形成演出方案。因此，对灯光专业而言，从演出的筹备到正式演出完毕，都离不开灯光专业的工作，其工作过程可划分为：筹备阶段、落实文档方案阶段和灯光执行阶段，具体流程如图6-71。

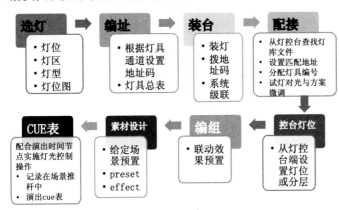

图6-71　舞台灯光执行的操作流程图

1.筹备阶段

筹备阶段是灯光方案确定前全面了解演出内容、演出场地、演出装备条件、导演需求的阶段，如图6-23。

图6-72　舞台灯光筹备流程图

(1) 前期准备

对整个舞台演出有一个初步了解, 包括演出地点、演出时长、演出节目、总体预算、灯具使用、灯具特性等方面。

(2) 把握导演意图

导演的创作意图是进行舞台灯光设计的核心, 因此, 灯光设计者需要和导演沟通, 把握导演的创作意图, 明确导演对舞台演出中每一个场景的构思, 并与导演交流自己的想法, 最终形成双方均认可的方案。

(3) 统一演出风格

灯光设计者与音乐、美术、服装、化妆、道具等部门进行沟通, 了解这些部门的创作思路后进行设计, 使得灯光的风格能够与其他部门的设计风格相符, 从而获得最佳的灯光效果。

(4) 掌握布景和材料特性

灯光设计者需要掌握舞台上布景, 服装、道具使用的材料的用料、颜色、材质、光反射率等参数。能够对舞台上每一名演员、每一块布景、每一个道具进行布光设计, 以达到最佳的视觉效果, 使整个舞台美术成为一个有机的整体。

(5) 熟悉器材及演出地

灯光设计者需要掌握在演出中所使用的灯具以及灯光结构的特性, 了解演出场地机械部门及配电部门的技术指标, 修改设计方案, 使得方案可行、可靠。

2.落实文档方案阶段

对光 (focus): 对灯具照射方位、角度、焦距、光斑等的调整。

灯光设计者在确定方案可行、可靠后, 需要绘制图表, 作为装台、施工的依据。演出装台、灯光效果编程的过程包含灯光结构的搭建、安装灯具、对光以及编写灯光效果程序等步骤, 这期间需要严格按照灯位图、灯光结构图、配电图、布光图、灯光系统图、灯具总表、演出cue表中的标注进行操作, 在遇到与设计方案不符的情况时, 应随机应变, 以求效果最佳, 这些图表称为灯光设计中的"五图二表"。通常任何规模的演出都会制作"五图二表", 其中最重要的是灯具总表、演出cue表和灯位图, 灯光结构图、配电图、布光图和灯光系统图常作为灯光设计者的辅助用图。

(1) 灯具总表

包含一场演出所有灯具的灯具编号、灯具型号、灯具对应的DMX信号线、灯具对应地址码、灯具的基本位置、灯具的分组等信息的表格, 称为灯具总表。

　　灯具的配接、编号的分配、信号线的连接需要遵循灯具总表执行。有时，灯具总表后还附有常规灯具配接表、分组表、电脑灯具的简明灯位编号表、换色器的编组表等，见表6-2。

表6-2　灯具总表

编号	灯具	DMX信号线	地址码	灯具位置	分区编组
1-8	Fine 2000M beam（21通道模式）	DMX A	1—168	舞台上层中间一排	A
9-13	Fine 2000M beam（21通道模式）	DMX A	169—273	舞台上层左侧一列	B
14-18	Fine 2000M beam（21通道模式）	DMX A	274—379	舞台上层右侧一排	C
19-38	Fine 2000M beam（21通道模式）	DMX B	1—420	舞台中层中间呈正方形一圈	D
39-44	Fine 2000M beam（21通道模式）	DMX C	1—126	舞台中层左侧竖直一列	E
45-50	Fine 2000M beam（21通道模式）	DMX C	127—252	舞台中层右侧竖直一列	F
51-60	Fine 2000M beam（21通道模式）	DMX D	1—210	舞台下层中间一排	G
61-66	Fine 2000M beam（21通道模式）	DMX D	211—336	舞台下层左侧一列	H
67-72	Fine 2000M beam（21通道模式）	DMX D	337—462	舞台下层右侧一列	I

　　(2) 演出cue表

　　又称灯光管理资料（cue表），包括cue序号、时间、演出场景描述（如音乐描述）、灯光效果基本描述。

　　cue表是灯光场景效果执行的基本依据，演出时，根据cue表中的序号和时间，按照时间顺序执行每个cue的灯效，见表6-3。

表6-3　灯具总表

序号	时间	音乐描述	效果
Q1	0:00-0:14	背景音乐较柔和,有钢琴伴奏	A区全部电脑灯做缓慢摇动,G区中间一排电脑灯根据钢琴声依次点亮
Q2	0:14-0:16	旋律音高上升	H、I区电脑灯呈扇形展开状,向内侧亮起,并慢慢向两侧打开
Q3	0:16-0:18	歌词中出现"all right",同时有明显的重音出现	E、F区全部电脑灯呈扇形展开,两个重音响起时以先左后右的顺序点亮
Q4	0:18-0:28	背景音乐出现有节奏感的重音并每两小节重复,最后有明显重音,为前后段落区分的标志	E、F、H、I区电脑灯全部熄灭,D区电脑灯根据重音依次点亮后熄灭,并做小幅摇动,每两小节中间区所有电脑灯变换颜色
Q5	0:28-0:45	有节奏感、较前稍轻的重音,两小节一重复	E、F区电脑灯呈扇形,向外侧展开点亮,G区电脑灯根据重音依次点亮后熄灭,并作小幅摇动,每两小节变换颜色
Q6	0:45-1:02	主旋律变换,较之前更为激昂,中间会出现3次"Yeah"的伴唱	A、G区电脑灯根据重音依次点亮后熄灭,E、F区电脑灯熄灭,Yeah出现时H、C及D区中间的电脑灯依次亮起后熄灭,呈现光束造型效果

(3) 灯位图

灯位图是描述演出中灯具摆放位置的标注图,图中要表明各灯位使用的常规灯具种类、功率、色标号、灯号、并联状况、电脑灯的灯号等。必要时应绘制剧场剖面图,图纸的绘制应尽可能采用国际照明学会所推荐的符号。

灯光师选用了哪些灯位,在各个灯位选用什么型号的灯具,灯具的数量是多少,均需要落实到纸面,以示意图的形式记录,演出装台时要以灯位图为准进行灯具的吊挂。灯位图可以三视图或者俯视图的形式呈现。三视图呈现得更加全面,但是制作相对复杂。俯视图相对简单,是剧院演出常用的灯位图记录形式,如图6-73。

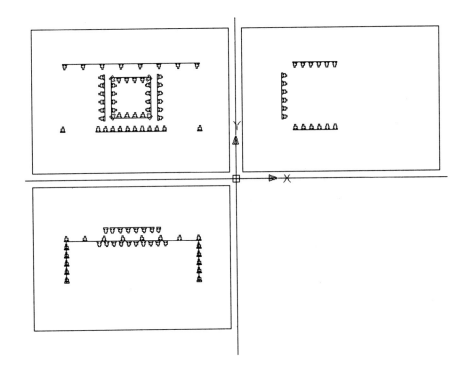

图6-73　灯位图

3.灯光执行

当图表方案制作完毕后，灯光方案将会落实到具体的演出现场，进行演出灯光装台、系统连接、调试与正式演出执行。其具体步骤为：

（1）装台

根据灯位图、灯具总表将灯具安装、摆放到对应的位置，摆放方位与角度一致，顺序也应与图表标注一致。

（2）拨地址码

根据灯具总表中每台灯具的DMX地址，将每台灯具的DMX地址分别手动拨码到对应的地址。

（3）灯具配接

在灯光控制台上根据演出内容新建剧目：

①新节目的添加和储存。

②创建编组、舞台、素材、效果、宏定义池等各类视图窗口，为灯光场景编程建立快捷窗口。

③灯具的配接。根据灯具总表在控制台上为所有灯具分配地址、设备编号，在控制台中找寻对应灯库进行灯具的配接。

④对光。所有灯具依次打开亮度通道,进行灯具光束位置的调节。根据投射光斑位置是否适合进行灯具摆放的二次调节。

⑤创建和使用素材。创建并使用灯具的各种场景素材、效果,供灯光编程使用。

⑥灯光编程。根据演出cue表,利用配接好的灯具和提前创建的素材、效果进行灯光编程,将各种灯光场景存储在灯光执行推杆或按键上。

⑦演出合成、演出彩排与正式演出。演员带妆排练并将灯光、机械、音响效果加入其中,称为演出合成。根据演出合成效果进行灯光方案的局部调整后,进行演出彩排。演出彩排是演出前灯光与演出其他专业配合的最后"检阅"。完成彩排后,将在正式演出中执行灯光效果,称为灯光执行。

练习题

1.基本光位根据空间位置可以划分为哪两类?

2.水平光位有哪些基本光位?

3.垂直光位有哪些基本光位?

4.专业剧场中有哪些基本光位?

5.光型可以划分为哪些类型?

6.舞台光区是如何划分的?

7.硬光与软光有何区别?

8.电光源分为哪三类? 其发光原理分别是什么?

9.舞台灯具根据功能划分为哪几类? 各有什么特点?

10.请列举几种常见的常规灯,其结构和特点如何?

11.分析电脑灯的定义与原理。

12.请论述如何点亮一盏电脑灯。

13.电脑灯的地址分配需要遵循哪些原则?

14.晶闸管调光的原理是什么?

15.什么是弱电控制强电?

16.调光台分为哪几类? 其基本特点是什么? 调光台与调光器有什么区别?

17.什么是灯具总表、cue表、灯位图?

第7章　剧场声学

　　为了满足观众观演中听觉的需求, 我们需要对剧场的声学效果进行设计, 这就要求剧场工程师和相关人员了解剧场建筑和音质评价等知识。在不具备扬声电器的时代, 在希腊普化时期建成的埃皮达鲁斯露天剧场里, 后排观众也可以听到乐队席演员的低声细语。从古罗马时期开始, 一个好的建筑师就被要求具备多方面的知识, 尤其是声学。维特鲁威提到, 建筑学家是一种了不起的职业, 应当由丰富多彩的专业知识再装点……只有一步一个脚印, 不断攀登, 从小接受教育 (首先是语文, 其次是技艺) 的人, 才能抵达巍峨的圣殿。[①]

7.1　声学基本原理

　　声音是由振动产生的。声源发出的波具有机械波的特性, 能够在固体、液体和空气介质中传播, 称为声波。与听觉有关的声音, 主要是指在空气介质中传播的纵波。

　　声音在传播过程中会传递能量, 这些能量的大小和强度会影响人的听觉感受, 因此需要使用一些物理量来量化它。

　　表述声音在空气介质中传播的物理量有声压、声功率和声强。

　　声压: 由声波引起的压强变化, 记作P, 单位N/m^2, 声压的大小决定了声音的强弱。(一个标准大气气压: $1.013 \times 10^5 Pa$)

　　声功率: 声源在单位时间内向外辐射出的总声能, 记作W, 单位W (瓦)。

　　声强: 垂直于传播方向每单位面积上所通过的平均声功率, 记作I, 单位W/m^2。

　　但是在实际使用中, 我们很少直接采用这些物理量, 而更多地采用一种相对量, 也就是级的概念来表征声能大小。

[①]　维特鲁威.建筑十书[M]. 陈平, 译. 北京: 北京大学出版社, 2002.

声压级: 以声压基准量值$2\times10^{-5}N/m^2$（或Pa）作参考量p_0, 测得的声压与p_0之比求对数, 再乘以20, 称为声压级, 记作L_p, 单位以dB表示。

$$L_p = 20\lg\frac{p}{p_0}$$

声功率级: 以声功率基准量值$10^{-12}W$作参考量W_0, 测得的声功率与W_0之比求对数, 再乘以20, 称为声功率级, 记作L_W, 单位以dB表示。

$$L_W = 10\lg\frac{W}{W_0}$$

人耳对声音的反应还同频率有关。正常人可听到的声音频率在20Hz~20 000Hz (20KHz) 的范围内, 随着人年龄的增长, 可听频率的下限还会逐渐增高。因为可听声的频率上限值为下限值的近1 000倍, 分析音频设备的信号频率特性时, 一般不可能分析到每一个频点, 因此为了方便, 通常把宽广的声音频率变化范围划分为若干较小的段落, 叫作频带或频程。国际划分的倍频程中心频率为31.25、62.5、125、250、500、1K、2K、4K、8K、16KHz十个频率, 后一个频率均为前一个的两倍, 因此称为倍频程。此外, 将一个频程划分为3个, 即在上下限之间再插入两个频率, 称为1/3倍频程。计算总声压级可以简化为计算频程声压级的叠加。

在剧场建设声学的设计中, 高于10 000Hz (10KHz) 的频率对语言的可懂度和音乐的欣赏没有太大影响, 因此普通剧场常以具有代表性的125Hz、250Hz、500Hz、1KHz、2KHz和4KHz这六个中心频率的声压级进行叠加运算。但是对于音乐厅、歌剧院等音质要求较高的场所, 由于演唱和乐器演奏的泛音较宽, 会在上述中心频率的基础上向上下限方向各延伸一个倍频程, 即62.5Hz和8KHz。

频率高低的听觉属性是音调, 这是主观生理上的等效频率, 频率越高, 音调越高。纯音 (或单音) 是单一频率的声音, 它的特点是音调单一。敲击音叉或吹奏柔和的低音长笛都可产生单一音调。但是我们常听到的音乐成分就包含很多不同频率的声音, 称为复音。最低频率的复音为基音, 比基音音调高的成分称为泛音, 吉他、钢琴的弹奏都会产生泛音。不同的乐器有不同的泛音, 某些乐器容易产生更多的泛音, 例如中国的古琴, 七根弦上总共有91个泛音节点, 若加上古籍所记载的"暗徽"则更多, 因此被称为泛音最多的乐器。基音和泛音的组合构成了不同的频率分布特性, 从而形成了不同的音色, 也使得人耳能够辨别出不同的人声和乐器声。

在传播过程中,声波遇到障碍物,可能会出现吸收、反射、透射和扩散等现象。剧场中的声音,除了直达声以外,主要还是由多次反射声组成的。这些不同时段的反射声是我们追寻声场分布和衰减规律,并且研究音质提高方法的重要对象。另外,散射现象也是我们增加反射声的一种重要手段,凸形和弧形的反射面能够使声波发生散射。需要指出的是,只有声波的波长小于反射面的尺寸时,反射定律才能成立,因此在反射面的设计中,必须充分考虑尺寸与声波波长的对应关系。

当声波入射至柔性材料、多孔材料时,大部分声波会被吸收。声吸收能将声能转化为热能。用来衡量材料和结构吸声能力的基本参量通常采用吸声系数α表示,定义为:

$$\alpha = \frac{E_I - E_R}{E_I}$$

式中,E_I为入射到材料和结构表面的总声能,E_R为被材料反射回去的声能。

当$E_I=E_R$时,入射声被全部反射,吸声系数$\alpha=0$;当$E_R=0$时,说明入射声被全部吸收,吸声系数$\alpha=1$。因此,理论上α的值在0~1之间,α越大,说明吸声能力越大。

实际上,给定材料对不同频率的声波有不同的吸声系数,工程设计时常采用125Hz、250Hz、500Hz、1KHz、2KHz、4KHz和8KHz这7个倍频程的吸声系数的算术平均值来表示这种材料和结构的吸声频率特性,公式为:

$$\bar{\alpha} = \frac{\alpha_{125Hz} + \alpha_{250Hz} + \alpha_{500Hz} + \alpha_{1KHz} + \alpha_{2KHz} + \alpha_{4KHz} + \alpha_{8KHz}}{7}$$

声扩散是指声波在传播过程中,遇到一些凸形的界面,被分解成许多小的比较弱的反射声波。声透射是指,当声波入射到建筑构件中时,一部分声能被反射(reflection),一部分被吸收,还有一部分透过建筑构件传到另一侧空间去。透射的量同隔声量成反比,隔声量越大,则透声能力越低。

声音的研究可采用几何声学的方式简化研究工作,用假想声线(soundray)代替向外扩散的声波,并假设这些声线像光束一样向各个方向直线传播和产生反射(如图7-1),可以用来检查反射声线分布是否均匀,验证观众厅体型是否合适,是否存在音质缺陷。

反射:声波在两种媒质之间的表面返回的过程。入射角等于反射角。

声线:自声源发出的代表能量传播方向的曲线。声的波动性质不计。

图7-1　室内声音传播示意图

7.2　剧场音质设计

1.音质设计指标

影响声学效果的原因主要有两方面因素: 一类是房间的建筑结构设计, 一类是扩声设计。对建筑结构设计而言, 我们设计的对象都是自然声, 就是没有经过其他特殊处理的声音, 包括人声和乐器声等。当自然声无法以正常听觉强度到达观众席的每一个角落的时候, 需要通过安装扬声器, 进行扩声设计。在没有扩声的情况下, 剧场建筑声学 (acoustical) 的主要设计指标包括: 混响时间、响度 (loudness)、低音比、初始时间间隙、明晰度、声场不均匀度、听觉互相关等。在加入了扩声系统 (sound reinforcement system/ public address system) 后, 在保证建筑声学指标的基础上, 还应保证的扩声设计指标有: 传输频率特性、传声增益、最大声压级 (maximum sound pressure level) 等。

（1）建声设计指标

建声设计指标主要有以下几点:

①混响

混响是指声源停止发声后, 声音由于多次反射或散射而延续的现象。混响是发生在具有吸声效果的封闭或半封闭空间中的特殊声学效果, 也是我们生活中常见的声学现象, 它也是由反射引起的。对音乐来说, 混响声 (reverberant sound) 的存在能美化声音。在剧场中, 混响声的存在是必不可少的, 对于剧场内的任何部位, 所接收的声音均是由直达声、早期反射声和混响声三部分组成。

最大声压级是扩声系统完成调试后, 厅堂内各测量点产生的稳态最大声压级的平均值。最大声压级可以用规定峰值因数测试信号的有效值声压级、峰值声压级或准峰值声压级中的一种或多种方式标示。

混响声又称漫射声,是指演出场馆内在稳态时所有一次和多次反射声相加的结果。混响的大小可以用混响时间(reverberation time)来表示。

声音达到稳态后停止声源,平均声能密度自原始值衰变到其百万分之一(60 dB)所需要的时间,以秒为单位。

最佳混响时间(optimum reverberation time)是指在一定使用条件下,听众认为音质合适的混响时间,一般是以500Hz的声音频率测得的参考数值,但是这个指标不是绝对的。在实际应用中,为了综合评价剧场的音质(acoustics)效果,我们需要考虑多个频段的混响时间,相关的剧场音质设计标准规定,需要对观众厅的125、250、500、1 000、2 000、4 000这六个不同频段的混响时间分别进行测量(估算),结果取两位有效值。这些混响时间分别用RT125、RT250、RT500、RT1000、RT2000和RT4000表示,在没有特殊说明频率的情况下,一般的RT指RT500。除观众席以外,舞台空间也应当进行适当的吸声处理,大幕下落及常用舞台设置条件下舞台空间的中频(500Hz~1 000Hz)混响时间不宜超过观众席空场的混响时间。乐池也应当进行声学处理。

混响时间的测算方法是由美国哈佛大学物理系教授赛宾提出的,实际上,他在研究混响规律的过程中,还总结出了从其他已知因素推算混响时间的计算方法,混响时间的大小同房间的容积成正比,同房间的总吸声量成反比,而吸声量等于房间表面的平均吸声系数乘以房间的总面积,这就是著名的赛宾公式:

$$T_{60} \approx k \frac{V}{A}$$

式中:T60表示封闭房间的混响时间,单位为s;k表示与声音在空气中传播速度有关的一个常量,当海拔高度为0m,温度为15℃时声速为340m/s,此时k约为0.163s/m³;V表示封闭房间的容积,单位为m³;A表示房间的总吸声量(无量纲),$A = \bar{\alpha}S$,这里的$\bar{\alpha}$为墙壁、天花板、地板等房间表面的平均吸声系数,S为封闭房间的内表面总面积,单位为m²。当房间内表面采用不同吸声材料时,总吸声量为各种材料吸声系数与该材料所对应的面积的乘积的总和。

作用1: 在正式测量混响时间之前,可以根据房间容积和吸声量的已知取值,对混响效果进行预估计。

作用2: 在给定了最佳混响时间的前提下, 可以通过该公式来调整房间体积和吸声方法。

对于不同用途的房间, 最佳混响时间也有不同, 例如交响乐厅一般用1.7~2.0s (对于莫扎特和其他古典作曲家的乐曲, 混响时间降低到1.5~1.7s, 以展现这些作品清晰、细致的特点; 而现代音乐则取1.8~1.9s); 合奏和独奏 (唱) 厅, 混响时间一般较短, 取1.2~1.6s; 管风琴演奏取4.0~4.5s; 歌剧院观众厅, 如果以唱词的清晰度为主, 取1.1~1.3s, 如果以音乐的丰满度为主, 取1.5~1.6s, 近代歌剧院往往采用两种观点的折中值, 即1.4s左右。

赛宾公式的提出最先把混响时间、容积、室内表面材料的吸声系数与表面积之间的关系联系起来, 为室内声学作出了重大的贡献, 但其适用条件也存在一定的局限性。此外, 人们在研究影响混响时间的各种因素中发现, 吸收声能的除了房间内表面之外, 房间空气本身也在吸收声能, 空气湿度不同、声频频率不同, 也会使声能的吸收不同。

②响度

响度为听觉判断声音强弱的属性, 根据它可以把声音排列成由轻到响的序列, 单位为宋 (sone)。

响度是人耳对声音强弱的主观感觉。响度和声波振动的幅度有关, 也和它的频率有关, 是音质设计的重要指标。通常而言, 声压级越大, 响度越大, 但是随着频率的降低, 人耳对于响度的感觉灵敏度将会降低, 例如100Hz的纯音要想听起来和40dB、1KHz处的纯音一样响, 100Hz处的纯音需要达到51dB才能有这个效果。只有在1KHz时, 声压与响度才接近、相当。

在剧场观演中, 响度的主要影响因素包括: 听众距离舞台的距离; 听众就座面积 (坐席数量); 中频混响时间。

③低音比

低音比 (Bass Ratio, BR) 指低频混响时间和中频混响时间的比值。低音比能使声音的混响时间在更宽的频率范围内达到最佳值, 通过提升低频增加丰满度和音色的温暖感, 用BR表示。BR的计算方法是, 在多个测点处得到的125Hz和250Hz处的混响时间的平均值和500Hz、1000Hz处的混响时间的平均值之比, 如下式:

$$BR = \frac{avg\ RT_{125} + avg\ RT_{250}}{avg\ RT_{500} + avg\ RT_{1000}}$$

低音比BR的优选值通常在1.1~1.25。对于音乐厅来说，为了增加低频，应采用厚度不少于3.8cm的木板进行装修设计。

④初始时间延迟间隙

初始时间延迟间隙 (Initial-Time-Delay Gap, ITDC) 指第一个反射声与直达声 (directsound) 之间的延时。延时越短，亲切感越好，延时的目的是让人在大剧场中听到声音时犹如置身小房间。测量点一般在正厅池座中心位置，测量这一点从舞台声源来的直达声与第一次反射声的间隔时间，其大小可用tI来表示，白瑞纳克根据对多个音乐厅的测试结果，提出当厅堂中央位置的tI≤20ms为最优。如果tI>35ms，则大厅的音质会显著降低。

⑤明晰度

明晰度 (Clarity Facotr)，也称清晰度，是早期声能与混响声能的比值，用C80表示，单位为dB。混响声是80ms之后多次反射声的总和，如果用于人声，则为C50。测量方法是用直达声到达后最初80ms内听到的声音能量与80ms后听到的声音能量的比值。明晰度和混响呈负相关，如果没有混响，声音会很清晰，C80会很大；如果混响时间过长，C80会是一个很大的负值。如果80ms以前和80ms以后的声音能量相等，则C80为0。此外，为了准确反映各个频率音质的效果，通常选取在500Hz、1000Hz和2000Hz三个频带上的测量值的平均值，用C80 (3) 表示。

⑥声场不均匀度

在声学中"扩散"一词往往是与均匀性相关的。我们希望在观众厅不同位置处的观众，听到的声音能量差距不大，即剧场内在观众席各测点稳态声压级的值都基本相近。此时的声场为声扩散性能良好的均匀声场。

⑦双耳听觉互相关

双耳听觉互相关 (Inter-aural Cross-correlation Coeffient, IACC) 指同一信号在两耳间产生的听觉差异。人耳在头部两侧相距约200mm，由于到达双耳的声音有微小的时差、强度差和相位差，人们才能判断声音的方向，确定声音的位置。测量时使用安装在人工头外耳道的两个小型传声器，将电信号传输至计算机进行运算。声源通常取舞台上的3个不同位置，观众席取8个以上的测点，在500Hz、1000Hz、2000Hz三个频带处进行，然后将全部测点和声源位置的结果进行平均。一般情况下，人耳对左右水平方向的分辨

直达声：自声源未经反射直接传到接收点的声音。

方位能力要比垂直方向强得多。在无反射声的情况下，IACC在正面入射时最大，在与背面呈55°的左右侧方向入射时最小。在有反射声的情况下，正面入射的直达声和侧前方的反射声夹角在55±20°时最小。IACC越大的声场，在主观优选时越不可取。IACC为1时，就是单一的声像，所以不可取。

　　在剧场声学设计中，除了上述需要保证的指标以外，还有一些坚决控制的指标，也称为声缺陷，包括回声 (echo)、声聚焦 (sound focusing) 和声影等。声缺陷的主要分布如图7-2。

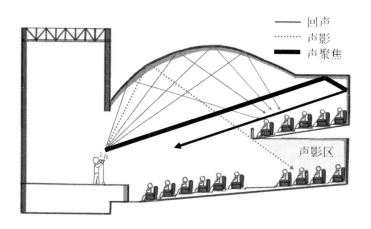

图7-2　主要的声缺陷示意图

　　①回声 (echo)：声音经过顶棚和后墙反射回前座，声程差超过17m (相当于产生大于50ms的时间差)，这个迟到的反射声会形成回声。时间差的长度和反射声的强度决定回声的主观感觉。为了减少回声，可减少路径差或衰减反射声。

　　②长延时反射声：还未形成回声的声程有较长的反射声，对语言有干扰作用。

　　③声影：挑台过深，反射声受到遮挡的区域。

　　④声聚焦：弧形顶棚和墙体使声线聚焦，该现象使得声能分布不均匀。有的位置声压级很高，有的位置声压级很低。为了减少声聚焦，设计中应尽量避免采用凹面。

　　⑤颤动回声 (flutter echo)：容易出现在一对平行反射面之间的回声，如矩形的观众席左右侧墙之间。可采用局部造型和设置吸声材料等方法降低颤动回声。

　　(2) 扩声设计指标

　　在加入了扩声系统后，相应的声学设计指标有传输频率特性、传声增益、最大声压级、声场不均匀度等。

传输频率特性（transmission frequency response）：剧场内观众席各个位置的稳态声压级的平均值对扩声系统传声器处声压或扩声设备输入端电压幅频响应（如图7-3）。传输频率特性是直接影响听感效果的声学特性指标，它考察系统是否能够将各频率声音音量比例真实再现，即对各个频率的信号放大量一致。

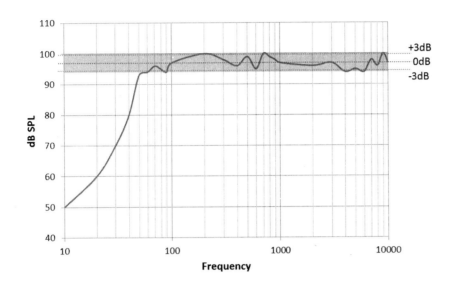

图7-3　频率响应特性曲线示意图

传声增益（transmission gain）：扩声系统达到最高可用增益时，剧场内观众席各个位置得到的稳态声压级平均值与扩声系统传声器处稳态声压级的差值。

最大声压级（maximum sound pressure level）：扩声系统在剧场内观众席处达到的最大稳态峰值声压级。

声场不均匀度（扩声，sound distribution）：加入扩声后，最大声压级和最小声压级的差值不应大于8dB。实际上，在加入扩声之前，自然声也应当测试不均匀程度，保证建筑结构对声音的有效传递。

在均匀声场中，室内平均声能密度尽可能相等，声音携带的声能向各个方向的传递概率相等。声场是否均匀，可以通过测试剧场中不同位置的声压级来判断，当各个测点的稳态声压级差值在10dB时，声场是均匀的。

2.土建设计

在土建设计阶段，主要决定声场的基本结构；在装修阶段，主要改变细节和部分结构, 达到声学指标的修整和完善的目的。

吸声量 (equivalent absorption area): 等效吸声面积, 与某物体或表面吸收本领相同而吸声因数等于1的面积。单位为平方米。

房间吸声量 (room absorption): 房间内各表面和物体的总吸声量加上房间内媒质 (空气) 中的损耗。

观众吸声量 (audience absorption): 观众对声能吸收的总量。

侧向反射声: 来自厅堂侧墙, 从两侧到达听众的发射声, 它对空间感有重要贡献。

吸声处理: 使用吸声材料或结构, 使室内声压和混响时间变化, 从而达到改善音质或降噪的措施。

吸声系数 (sound absorption coefficient): 在给定频率和条件下, 被分界面 (表面) 或媒质吸收的声功率, 加上经过分界面 (墙或间壁等) 透射的声功率所得的总和, 与入射声功率之比。一般其测量条件和频率应加以说明。

剧场的土建设计主要包括容积、台口、顶棚、形状、地面坡度等。土建设计的作用是决定声场的基本结构, 那么一些重大的声学缺陷, 很可能就在土建的设计过程中产生, 因此合理的土建设计是获得良好室内音质的重要前提。

(1) 容积: 室内音质设计中, 在建筑方案设计初期首先应根据建筑功能和所容纳的人数来确定厅堂的容积值。为了充分利用直达声和早期反射声, 从保证足够的响度的角度出发, 需要做到控制大厅尺寸比例和容积, 使观众席尽可能靠近声源, 尤其是以自然声为主的声学环境。以电声为主的经过扩声设计的剧场, 体积可以不用限制。另一个需要控制的是混响时间, RT与V成正比, 与A成反比。厅堂中, 观众吸声量 (equivalent absorption area) 占所需总吸声量的1/2~2/3, 故观众吸声量起很大的作用。控制好厅堂的容积与观众人数的比例, 就在相当程度上保证或控制了RT。

对已判定为音质良好的厅堂大量统计分析所得到的结果为, 容积率音乐厅为8m³~10m³/座, 歌剧院为6m³~8m³/座。

(2) 形状: 剧场的形状设计主要从俯视图的角度进行形状设计和改进, 具体要求包括充分利用直达声; 争取和控制好侧向反射声 (lateral reflection); 扩散设计; 消除声缺陷。

在俯视图中, 一个简单的几何形平面, 若不做特殊处理, 视线最好的中前区将会缺乏一次侧向反射声。为了改善侧墙对中区听众席的反射效果, 可以利用锯齿形的侧墙局部改变原来只会投射到大厅后侧的反射声方向, 使之射向中部。接下来我们就看看一些常见的剧场形状。

对于矩形的剧场, 由于采用了平行墙面的设计, 很容易产生颤动回声, 即在平行墙面间左右反射的回声。可采用的措施包括: ①修改侧墙, 令观众席两侧墙面相对夹角>5°; ②对侧墙做扩散, 吸声处理 (sound absorbing treatment), 如图7-4。

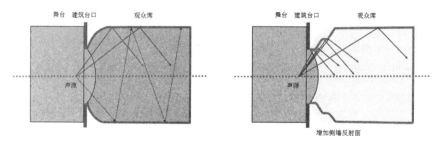

图7-4　矩形剧场存在的声学问题及处理方法

而对于椭圆形的剧场, 由于观众席四周凹面的形状设计, 很容易产生聚焦, 造成在聚焦点处声压级过大, 而其他位置声压级偏小的不均匀声场。改善的措施之一是在椭圆形的围护结构内, 用平面折板把曲面分解成稍有错落的折面, 并使用这些折板把声源的声音均匀地反射至观众席, 如图7-5。新西兰的克里斯特彻奇音乐厅、惠灵顿大厅、香港文化中心音乐厅 (图7-6) 均采用这种方式。

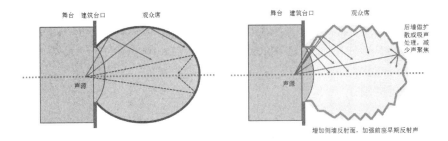

图7-5　椭圆形剧场存在的声学问题及处理方法

图7-6　香港文化中心音乐厅

椭圆形剧场的另一种改善方法是把凹弧墙分隔成多个凸弧形扩散体, 并利用其空间配置楼梯, 达到声扩散的目的。如图7-7、图7-8所示的上海东方艺术中心。

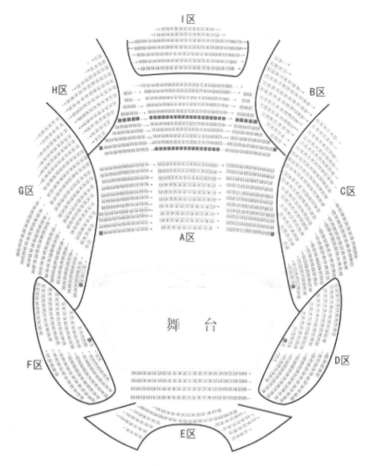

图7-7 上海东方艺术中心音乐厅平面

图7-8 上海东方艺术中心①

---

① 图片来源：http://www.shanghaiwow.com。

对扇形剧场而言，其优点在于观众有良好的视角和声音的指向性，适用于大容量的观演厅。它的声学缺陷是大多数坐席远离舞台，声音都集中于中后方，严重缺乏侧向反射声。其改进方法包括将大倾角的侧墙和凹弧形后墙均做成凸弧形墙面（如图7-9），如日本的札幌音乐厅和东京国立剧院，如图7-10、图7-11。

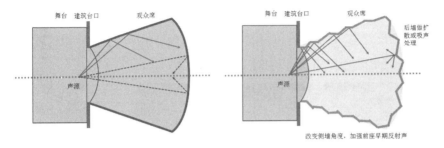

图7-9 扇形剧场存在的声学问题及处理方法

图7-10 日本札幌音乐厅结构设计①

图7-11 东京国立剧院②

① 图片来源：http://www.sapporo.travel。
② 图片来源：http://www.szwudao.com。

钟形或卵形观众席在工程设计中占有较大的比重，尤其是大容量的多功能厅堂。对于自然声演出的剧场，如果要使后座有足够的响度，又要在保证视距的前提下增加容量，只能通过增加宽度实现。这样容易使池座中区缺乏来自侧墙的早期反射声（early reflection）。较为有效的措施是将观众厅侧座局部升起，通过观众席的矮墙来增加池座反射声，如广州东莞大剧院，如图7-12。

早期反射声：在演出场馆内可与直达声共同产生所需音质效果的各反射声，一般是指延迟 50 ms 以内的反射声。

图7-12　东莞大剧院观众席声学设计[①]

在新型的多边形观众厅中，六角形和八角形是常见的形式。这种形式把观众席配置在"倒扇形"的空间之内，有利于获得足够强和覆盖面较大的早期侧向反射声，而舞台形成多边形平面，有利于把声源的声能输入到观众席。国内外不少音乐厅均采用这种形式，但是如果墙面的倾角和构造处理不当，可能会经多次反射形成回声，因此在墙面上也要做扩散处理，如图7-13。

---

① 图片来源: http://www.dgyldjy.com。

图7-13　保利剧院观众厅墙面的声扩散处理①

　　(3) 地面坡度：观众席在座位的排列上采用了逐渐升起的形式后，不仅从视线上保证了所有的观众都能看到舞台的演出，还能够防止前面的座位和观众遮挡直达声和早期反射声。但是坡度过高，行走也不方便，因此也要配合顶棚进行设计。

　　(4) 顶棚：顶棚设计要求一次反射均匀地分布在大部分观众席，故其高度与倾角十分重要，为了防止回声，顶棚高度通常<13m或采用吸声扩散。

　　对倾角来说，由于剧场的后座往往是声能不足的区域，因此在顶棚设计中常采用平顶或者前高后低的形式，为后座增加反射声能，如图7-14。

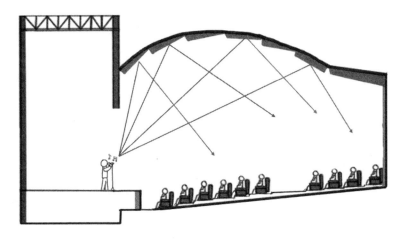

图7-14　顶棚声学设计示意图（前高后低）

---

① 图片来源：http://ent.qq.com。

（5）台口：在台口的设计中，通过增加凸型的反射面，增加散射作用，使观众席的前部、中部和后部区域均能增加早期反射声。实际上，台口的设计也是多维度的，我们从顶部和侧面都进行了反射面的设计。另一个多维度的设计是观众席，我们通过俯视图的形状、剖面图的顶棚和地面坡度，也进行了立体的、全方位的音质设计。

如果顶棚过高，还需要在台口前后悬吊反射板，如图7-15，这属于装修阶段的设计了。

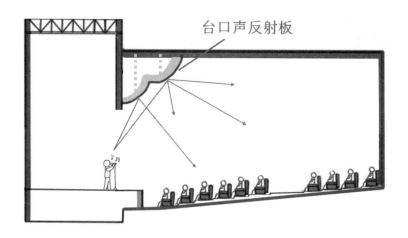

图7-15　台口悬吊声反射板设计示意图

3.装修设计

装修设计主要包括吊顶、后墙、侧墙、舞台和观众席等。在土建设计的基础上，为了形成良好的声扩散，可采用的处理方法包括：

（1）在不规则的表面处理和设置扩散结构。

（2）在室内界面上交替配置反射面和设置扩散结构。

（3）无规律地配置吸声材料（或结构）。

①吊顶：吊顶在厅内占据最大的面积，是大厅最引人注目的界面；在声学上要求起到声场均匀分布和加强后座声级的目的。吊顶的常见形状有大阶梯、大波浪、浮云等，如图7-16。

图7-16 大连国际会议中心（保利）大剧院的浮云吊顶[①]

②后墙：后墙主要起到反射作用，加强厅堂后部的声能，改善听众环绕感（音乐厅），在尽端舞台观众厅中，后墙是指观众厅后墙。而在中心式舞台，例如音乐厅之中，后墙是指观众席最后一排座椅与上部吊顶连接的墙面。

在后墙加装吸声材料，消除回声

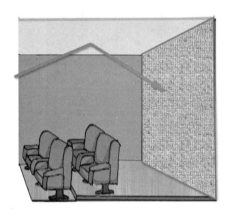

改变后墙结构，并在接近后墙的地面加装吸声材料，消除回声

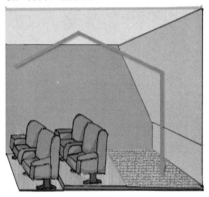

图7-17 后墙消除回声的处理方法示意图

远场反射容易引起回声，控制方法为减少衰减的延迟声和路径差（即后墙斜展，并在接近后墙的地面加装吸声材料，如图7-17）。为了加强后座声能，可对后墙做声反射和扩散处理，如图7-18。

---

① 图片来源：http://blog.sina.com.cn/s/blog_60034da701017r0q.html。

图7-18　后墙声扩散处理示意图

③侧墙：侧墙需要达到的声学效果要求包括消除墙体之间的颤动回声、消除距离观众席相对远的墙面产生不受约束的回声改善来自墙体下部三分之一高度部分的一次侧向反射声、保证声扩散，如图7-19。

图7-19　侧墙设计（北京音乐厅）

关于侧墙的设计，国家大剧院歌剧院的设计方法是一类将艺术和声学效果要求相结合的经典案例。为了弥补马蹄形观演厅设计带来的声扩散不足，声学专家设计了折线形的声学墙来加强侧向反射声，但是墙面的不规则形状又会破坏观众厅的流线型美感。于是经过双方的探讨，最终在声学墙的外侧加装了一层流线型的金属网。通过金属网来保证建筑结构的美感，同时不影响后方的声学墙发挥原本的性能。

④舞台: 舞台在剧院建筑中占据巨大的空间。传统的品字形舞台侧墙间距很大, 容易造成混响时间过长和回声。解决的办法是, 在舞台后墙设置宽频带的吸声材料, 例如玻璃棉板等; 设置活动音乐罩, 隔离舞台空间, 为池座观众提供早期反射声。与观演厅声学处理的不同的是, 舞台的声学处理不需要过多考虑艺术效果, 更侧重于功能的需要。

⑤辅助结构: 辅助结构是在装修还不能实现预期音质效果时的完善措施, 如加装反射体、扩散体、改变吸声界面、控制混响时间等, 如图7-20、图7-21。

图7-20　吊顶反射板设计 (北京音乐厅)

图7-21　伦敦皇家艾伯特音乐厅的吊顶,为了改善乐池内混响时间过长的问题,在穹顶下悬吊了134个有机玻璃球切面扩散体,配置38mm厚玻璃棉毡[1]

⑥座椅:在观众厅内座椅和听众的声吸收对厅内的混响和声场有较大影响,座椅的选择根据演出场所的功能而定。音乐厅选择吸声量低的座椅(长混响),除了坐垫和局部靠背为软垫外,座椅的其他部分均应为反射板,同时尽可能压缩靠背部分的软垫。话剧院和戏剧场以语言清晰度为目标,采用短混响,因此可采用吸声较大的座椅,如图7-22。

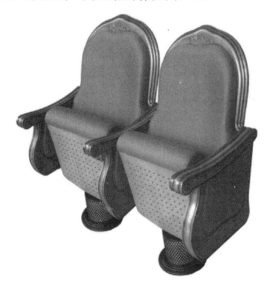

图7-22　剧场座椅(浙江春宇舞台设备有限公司)[2]

---

① 图片来源:http://baike.com。
② 图片来源:http://www.ceta.com.cn。

4.扩声设计

扩声系统(sound reinforcement system, public address system)：扩声系统包括系统中的设备和声场环境,主要组成部分包括传声器、还音设备、调音台、信号处理器、声频功率放大器和扬声器、网络系统等。主要过程为：将声信号转换成电信号,经放大、处理、传输,再转为声信号还原于所服务的声场环境。

室内扩声系统的主要作用首先是通过扩大自然声,以提高室内声音的响度。其次是用设备模拟实现完善厅堂不同的听音效果(如环绕立体声效果,用设备模拟由良好的前次反射声所提供的空间感,同时尽可能保持自然的声响定位),按照具体要求实现电平调节、动态处理、音质加工、混合、分配和监听等工作。扩声系统的声学要求应当符合国际GB50371—2006《厅堂扩声系统设计规范》或WH/T 18-2003《演出场所扩声系统的声学特性指标》的要求。主扬声器组的直达声供声应覆盖全部观众席。不同功能的剧场,扩声系统的声学特性指标有所不同。

图7-23给出了一套完整的扩声系统连接示意图,该系统以调音台为核心,包括输入设备、均衡器、分频器、功率放大器和音箱等。

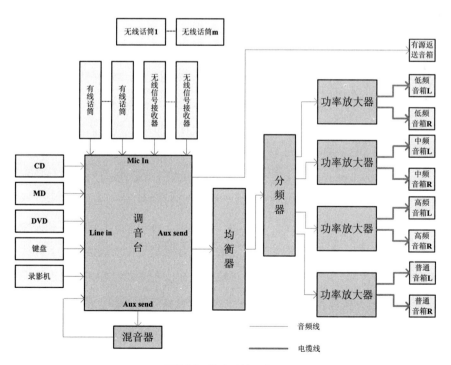

图7-23　扩声系统示意图

输入设备 (input device)：输入设备包括CD、MD、DVD、键盘、录音机、传声器有线话筒 (microphone)、传声器无线话筒等多路音源，输入设备通过音频线接入调音台，无线话筒则需要将无线信号发送给信号接收器，由接收器传送给调音台。

调音台 (sound control/sound mixer/mixing console)：又称调音控制台，包括模拟调音台、数字调音台，能够将多路输入的音频信号进行放大、混合、分配、音质修饰与音响效果加工后输出，是广播电视、剧场扩音、演唱会及音响节目制作等系统中进行播送和录制节目的主要调音设备。

均衡器 (equalizer)：一般调音台上的均衡器仅能对高频、中频、低频三段频率电信号分别进行调节，均衡器是一种可以分别调节各种频率成分电信号放大量的电子设备，通过对各种不同频率电信号的调节来起到补偿扬声器和声场的缺陷，补偿和修饰各种声源及其他特殊作用，如屏蔽特定频率的啸叫声。

分频器 (frequency divider)：由于单一的扬声器不能完美地将声音的各个频段完整地重放出来，需要将输入的音频信号分离成高音、中音、低音等不同部分，然后分别送入相应的高、中、低音扬声器单元中重放。分频器就是将各个频段的声音划分为高、中、低等频段，输出到对应扬声器的设备。

功率放大器 (power amplifier)：将声音进行功率放大后输出到扬声器，简称"功放"，是指在给定失真率条件下，能产生最大功率输出以驱动某一负载 (如扬声器) 的放大器。功率放大器在整个音响系统中起到了"组织与协调"的枢纽作用，系统能提供良好的音质输出与功率放大器的作用密不可分。

音箱 (loudspeaker)：又称扬声器，是扩声系统中的外放设备，也是终端设备，俗称"喇叭"，是一种将音频信号变换为声音的一种电声换能设备，负责把电信号转变成声信号，供人的耳朵直接聆听。音箱分为有源音箱和无源音箱，有源音箱一般自带功放，调音台输出的音频信号可以直接通过音频线传送给有源音箱；无源音箱中一般不包括功放，功放通常通过电缆连接无源音箱，把音频电能转换成相应的声能，并把它辐射到空间中去。

在组件扩声设备时，设备选用的原则如下：

①有足够的功率输出。

②有较宽而平直的频率响应范围。

③宜采用指向性较强的扬声器。

此外, 在设备布置的过程中, 还需保证室内声场均匀; 控制和避免反馈现象, 防止啸叫产生; 形成良好的方向感。常见的布置方法包括: 集中式布置、分散式布置和混合式布置等。

(1) 集中式布置: 扬声器集中布置在靠近舞台的地方 (舞台上方或两旁), 如图7-24。声源方向好, 扬声器指向性较宽, 观众听到的声音与自然声的方向一致, 能够得到自然的扩声, 清晰度高。但是这种方式如果用在天花板较低, 形状复杂的剧场中就有可能有的座位听不到声音, 所以只适用于容积不大, 体型比较简单, 且房间原本形状和声学特性良好的剧场。这种方式的缺点是, 由于从扬声器到听众前部的距离与扬声器到传声器的距离大致相等, 很容易引起啸叫, 所以应当限制传声器的安放地点, 并且不应使扩声的音量过大。

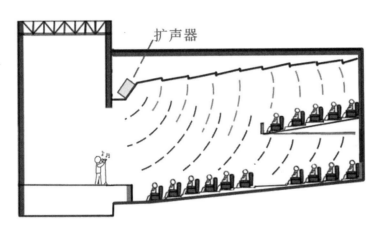

图7-24　扬声器集中式布置示意图

(2) 分散式布置: 扬声器分置在观众席的吊顶或侧墙上, 适用于天花板低、混响时间长或很容易出现异常反射声的剧场中, 如图7-25。虽然声源的方向感被破坏了, 但是能够保证观众席得到均匀的声压分布。需要注意的是, 当两个声音的到达时间相差在50ms以上时, 将形成回声, 使清晰度变差, 所以以每个扬声器的指向性应尖锐, 并限定它的覆盖范围。另外, 各个扬声器的音量没有必要太大, 所以这种方式也不容易产生啸叫。

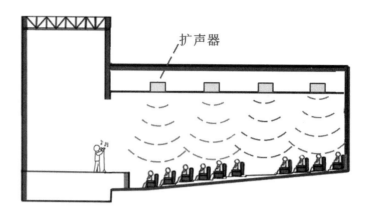

图7-25　扬声器分散式布置示意图

(3) 混合式布置: 集中式和分散式结合起来布置, 它是先按集中式方式考虑, 为了对房间形状或声学特性上的缺陷进行补偿, 在适当的位置增加辅助扬声器的方式, 特别是要对听不到声音的座位增加辅助扬声器, 如图7-26。适用于房间声学特性比较好, 但是房间形状不理想的剧场, 混合式布置方式可以使后部和挑台下的空间也能获得足够的声压级。这种方式也需要警惕主扬声器同辅助扬声器之间的时间差形成回声, 影响清晰度, 声音的方向感也不自然。所以这种方式只有辅助扬声器的音量不过大, 才能收到好的效果。

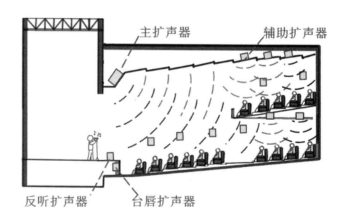

图7-26　扬声器混合式布置示意图

需要注意的是, 音乐厅演出时大多数靠自然声, 电声至多起辅助作用, 过去地方戏演出均采用自然声, 但近来也曾采用电声演出。因此, 在音质设计中, 仍应以建声设计为主, 同时兼顾电声系统的性能。

依据本节论述,一个具有良好听觉条件的剧场应当达到以下要求:

(1) 剧场环境内各个部位,尤其是特别远的座位,都应当有足够的响度。

(2) 剧场内的声能应当均匀地分布(声扩散)。

(3) 剧场内应当具有最佳的混响特性,使听众能很舒适地欣赏节目内容,而演员能尽情地发挥他们的演技。

(4) 剧场内不应当出现回声、长延迟反射声、颤动回声、声聚焦等缺陷。

(5) 各区域应排除或尽可能减少干扰听觉演出的噪声。

7.3 剧场噪声控制

多数声环境中都不可避免地出现噪声。噪声会妨碍语言、音乐的有效传输,在声学上称为"掩蔽效应"。它不仅取决于噪声的总声压级大小,而且还取决于它的频率成分。一些学者通过实验,得到如下规律:

(1) 低音调(低频)会对高音调的声音产生掩蔽作用。如果低频声音响度更大,则掩蔽效果更明显。

(2) 高音调的声音对低音调的声音产生少量的掩蔽作用。

(3) 掩蔽和被掩蔽的声音频率越接近,掩蔽作用越大。当它们的频率相同时,掩蔽作用最大。

在剧场演出中,通风系统的噪声或扩音器的运行都会产生低音调长时间持续的噪声,因此需要进行控制。此外,舞台上配合演出运行的机械设备也会产生不同程度的噪声,当其声压级过大时,便会干扰观众正常观演,也需要对这些设备的运行噪声进行测试和控制。

1.噪声评价基本原理

常见的噪声评价量有响度和响度级、计权声级、等效连续声级、累积百分声级、感觉噪声级(L noise level)、噪声污染级以及噪声评价曲线等。这里主要介绍剧场噪声测试中常见的计权声级、等效连续声级和噪声评价曲线。

噪声级:噪声的级。其种类必须加定语或上下文说明。在空气中即声级。计权应指明,否则指 A 声级。

噪声这样的复合声音,本身就带有一定的主观定义,所以必须反映人的听觉特点,不能简单地将各个声音成分相加。因此需要加入一些计权方法,包括A计权、B计权和C计权,大致是参考40phon、70phon和100phon三条等响曲线(equal-loudness contour)的倒置关系设计的。A计权主要模拟55dB以下低强度的噪声频率特性,C计权是模拟高强度噪声的频率特性。另外还有D计权,专用于飞机噪声的测量。人耳对不太强的声音感觉和A计权声级等响曲线：不同声压级下，主观感觉上对各种频率的声音响度上相同的频率分布曲线。

很相近。等效A声级可根据原始声能修正计算得到。对于各频带的原始声压级，根据表7-1给出的修正值进行修正后，再进行能量的叠加。在中心频率为1KHz时，A声级的修正值为0。

表7-1　A计权修正值

中心频率f0（Hz）	修正值（dB）	中心频率f0（Hz）	修正值（dB）
31.5	-39.4	1K	0
63	-26.2	2K	1.2
125	-16.1	4K	1.0
250	-8.6	8K	-1.1
500	-3.2	16K	-6.6

计权声级只能给出单一时刻的噪声能量大小。在A声级的基础上，如果想考察某一段时间内噪声的平均能量，则需要用到等效连续A声级。当声压级非连续时，有：

$$L_{Aeq}T = 10\lg\left(\frac{1}{T}\sum_{i=1}^{n}10^{0.1L_{Ai}} \cdot \tau_i\right)，其中 T = \sum_{i=1}^{n}\tau_i$$

等效连续声级主要适用于声波起伏或不连续的非稳态噪声评价，例如机器的运行噪声等。

噪声评价曲线（noise rating curve）主要有NR曲线、NC曲线和PNC曲线等。NR曲线最早由Kosten和Van OS等人提出，1961年由国际标准化组织ISO公布的一组噪声评价（数）曲线，其声压级范围和频率范围及与它对应的倍频程声压级的关系如图7-27。它由频程不同、声级不同而NR数相同的点构成。在每一条曲线上，1KHz倍频程声压级等于噪声评价数NR。该评价方式可覆盖整个噪声范围，主要用于室内噪声评价。

从该曲线形状可以看出，在同一噪声评价下，即噪声引起的烦恼和危害程度一样的条件下，倍频程中心频率不同，相应的声压级是不同的。在同样声压级的情况下，噪声的高频部分更容易对人造成危害。目前，在我国的剧场建筑相关声学标准中，往往采用NR曲线（数）限定观众席噪声，例如2005年7月15日建设部和国家质量监督检验检疫总局联合发布的《剧场、电影院和多用途厅堂建筑声学设计规范》（GB/T 50356-2005）中对观众厅的噪声限值规定是"观众厅和舞台内无人占用时，在通风、空调设备和放映设备正常

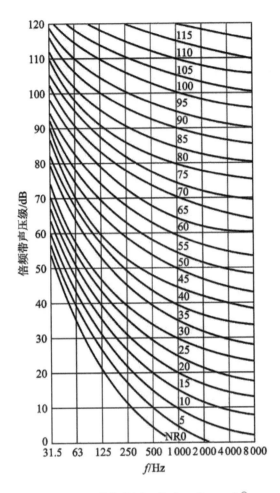

图7-27　NR曲线 (Noise Rating Curves) ①

运转下噪声级的限值不宜超过表7-2中的噪声评价曲线NR值的规定。""舞台大幕开关时的噪声,在观众席第一排中部不应大于NR40。升降乐池和其他舞台机械设备运行噪声,在观众席第一排中部不应大于NR45。"

表7-2　各类观众厅内噪声限值

观众厅类型	自然声	采用扩声系统
歌剧、舞剧剧场	NR25	NR30
话剧、戏曲剧场	NR25	NR30
单声道普通电影院	——	NR35
立体声电影院	——	NR30
会堂、报告厅和多用途礼堂	NR30	NR35

① 图片来源: https://image.baidu.com。

除NR曲线外，NC曲线（noise criterion curve, 白瑞纳克, 1957）和PNC（prefenced noise criterion curve）曲线也是常见的噪声评价曲线。其中NC曲线适用于稳定的室内噪声（如图7-28），而PNC作为修正的NC曲线，将125Hz、250Hz、500Hz和1000Hz这四个频程降低了1dB，其余频程降低了4~5dB。

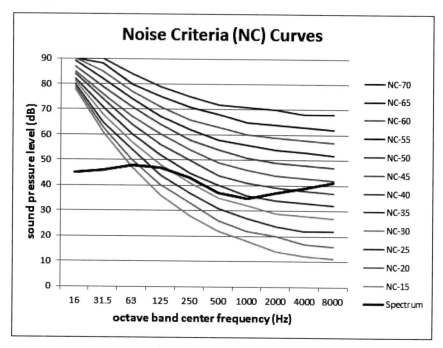

图7-28   NC曲线（Noise Criterion Curves）①

2.剧场噪声测量方法及限值

（1）测量仪器

声级计是噪声测量的基本仪器（如图7-29），通常由电容式传声器、前置级、衰减器、放大器、频率计权网络及有效值指示表头等组成。声级计的工作原理是，由传声器将声音转换成电信号，再由前置级变换阻抗，经传声器与衰减器匹配。放大器将输入信号加到计权网络，对信号进行频率计权，然后再经衰减器及放大器将放大信号放大到一定幅值，送到有效检波器，在指示表头或数字显示屏上给出噪声的数值。其中，计权网络主要有A、B、C三种标准类型，其对各频程声压级的衰减方式见上一小节，单位记作dB（A）、dB（B）、dB（C）。在多数剧场噪声测量限值中，总噪声均以dB（A）表示。

① 图片来源：https://en.wikipedia.org/wiki/Noise_curve。

图7-29　丹麦Brüel&Kjaer声级计[①]

（2）测量方法

为了保证良好的剧场声环境，可以把演出相关的、需要控制的噪声划分为两种类型，一类是针对观演场所的环境噪声（ambient noise），噪声源为空调通风系统等演出时必不可少且一直保持运行的设备；另一类是演出中参演的机械设备运行时产生的噪声，噪声源主要为机械设备的驱动装置。

剧场环境噪声考察的是演出环境的整体噪声水平，也称为"本底噪声"，指演出场所内无演出的情况下，观众厅安装全部座椅，除舞台机械外的所有演出设备（空调、通风系统等）全部开启条件下测得的噪声值。检测方法可参考城市区域环境噪声测试的"网格法"，具体规定为：将观众席平均划分为若干个正方格，网格完全覆盖住观众席区域，测点布置在每个网格的中心，有效测点应不少于15个。考虑到剧场实际建筑情况，对于空调通风口正下方的特殊测点可补充在有效测点之中。测量仪器（声级计）应距离地面1.2m，测试时长不少于15s，评价量可选用NR数或等效A声级。测量结果取观众席所有测点的算术平均值。

为了评价舞台机械在运行时的噪声等级及其对观演过程中听觉效果的影响，需要在机械驱动装置附近和观众席分别进行噪声测试。在舞台机械驱动装置附近检测的噪声也称作机旁噪声，可在舞台机械高噪声组件设备表面1m包络面处选择不少于3个测点（并且应是所有测点中噪声的最大值），测量并记录一个动作周期内的A声级时间历程曲线，测试结果取机械稳定运行时段的能量平均值。在观众席测量的舞台机械噪声也称作机械排放噪声，应当在观众席前排的敏感边界（通常为观众席第一排）选择不少于3个测点，测量直接参与演出的舞台机械在80%最大速度下，一个动作周期内的NR数或等效连续A声级，并在3个测点中选择噪声最大的位置，作为敏感点。需要注意的是，在进行机械噪声测试前，需测试不少于15s的背景噪声

环境噪声：在某一环境下总的噪声。常是由多个不同位置的声源产生的。

背景噪声：在发生、检查、测量或记录的系统中与信号存在无关的一切干扰。

———————————

[①]　图片来源：http://www.jicheng.net.cn/。

（background noise），并对测试结果进行修正。

　　（3）噪声限值

　　在明确噪声评价量和评价方法之后，如果在给定区域测得的噪声到达了一定量级，如何评判是否需要降低或控制呢？这就需要给定噪声限值。《剧场建筑设计规范》（JGL 57-2000）规定：观众席背景噪声≤NR30为甲等，≤NR35为乙等。影响观众席背景噪声的主要因素是空调气流、外界噪声传入等。对于演出中舞台机械设备运行的噪声，不同国家的舞台机械生产厂商可能有自己遵循的标准，如欧洲某设备厂家的舞台机械噪声指标要求同时满足机旁噪声和观众厅噪声两类测试。机旁噪声的测试条件为：在距设备1m处测量设备在80%额定载荷和80%最大速度下运行造成的噪声，除另有规定外，一般噪声指标为，台上设备：防火幕65dB（A），单点吊机65dB（A），其余设备63dB（A）；台下设备：升降乐池66-68dB（A），液压驱动元件60dB（A），其余设备63dB（A）。观众厅噪声的测试条件为：设备在80%额定载荷和80%最大速度下运行，观众厅安装全部座椅，舞台上25%的吊杆挂上幕布，侧舞台和后台（如果有）防火隔音门关闭，大幕开启，在观众厅第5排中部1.5m高处进行测量，环境背景噪声不大于25DB（A），单台设备运行除满足机旁噪声等级外，还应满足观众厅噪声不大于40dB（A）的条件。

3.剧场噪声控制方法

　　剧场噪声控制方法主要包括吸声、隔声和消声三种手段。

　　（1）吸声

　　用可吸收声能的材料装饰在建筑的内表面，从而吸收入射到其上的声能，使反射声减弱。当房间表面多为坚硬反射面、室内房间平均吸声系数较小、接收点距离声源较远、混响声为主的情况下，采取吸声处理才能获得较好的效果，接收点距离声源较远时，应先考虑用隔声措施隔离直达声，再考虑吸声处理。

吸声材料：由于多孔性、薄膜作用或共振作用而对入射声能具有吸收作用的材料。

　　根据噪声的频率特性，中高频成分为主时，主要采用多孔吸声材料（sound absorption material absorbent）。这种材料在表面和内部有许多细微的孔隙，这些孔隙互相贯通并与外界相通，具有一定的通气性。当声波入射到材料表面时，一部分在材料表面上反射，一部分投入材料内部向前传播，在传播过程中引起孔隙中的空气运动，与形成孔壁的固体结构发生摩擦，由于黏滞性和热传导效应，将声能转换为热能。当反射的声能碰到刚性表面再次反射回吸声材料时，一部分又进入材料内部，进行热能转换，这样反复，直至平衡，在此过程中，相当一部分的声能能够被有效吸收，如图7-30。

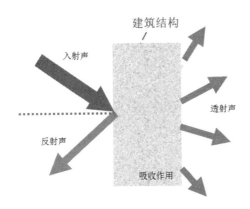

图7-30　建筑材料对声音的反射、吸收和透射作用示意图

多孔材料按照内部结构可以分成纤维类、泡沫类和颗粒类。

纤维类材料由无数细小纤维状材料组成（如图7-31），可分为有机纤维材料和无机纤维材料。有机纤维类吸声材料主要有棉麻、棉絮、稻草、棕丝等，具有价廉、吸声性能好的特点。使用有机纤维时，应当注意防火、防虫和防止受潮霉烂。无机纤维材料主要有玻璃棉、玻璃丝、矿渣棉、岩玻璃棉及其制品，具有不燃、防蛀、耐热、耐腐蚀、抗冻等优点。经过硅油处理的超细玻璃棉，具有防火、防水、防湿的特点，其主要危害在于人如果长期吸入玻璃棉尘可导致玻璃棉沉着病，对呼吸系统造成损伤。

图7-31　聚酯纤维吸声板[①]

① 图片来源：http://www.jdzj.com。

泡沫类材料由表面与内部皆有无数微孔的高分子材料制成,如图7-32,主要有各种泡沫塑料、海绵乳胶、泡沫橡胶等。这类材料的特点是容积密度小、热导率小、质地软,缺点是容易老化、耐火性差。目前用得最多的是聚氨酯泡沫塑料。

图7-32　聚氯乙烯泡沫板,可用于建筑保温、防腐和吸声①

颗粒类材料主要有膨胀珍珠岩、多孔陶土砖、矿渣水泥、木屑石灰水泥等,如图7-33,具有保温、防潮、不燃、耐热、耐腐蚀、抗冻等优点。因此,多用于建筑材料,具有较好的吸声效果。为了使用方便,一般将松散的各种多孔吸声材料加工成板、毡或砖等成型品,使用时可以整块地直接吊装在天花板下或贴在四周墙壁上。

图7-33　膨胀珍珠岩板(隔热,吸声性能好,常用于外墙保温)②

①　图片来源:https://www.3jc.com。
②　图片来源:https://image.baidu.com。

当材料的容重确定, 比流阻(单位厚度材料的流阻, 反映了空气通过多孔材料时阻力的大小。对于同一种纤维材料, 容重越大, 孔隙率越小, 比流阻越大) 不变的情况下, 增加厚度对吸声系数增大有利, 同时对低频声的吸收增加, 对高频声影响不大。厚度增加一倍, 吸声频率特性曲线的峰值向低频方向移动一个倍频程, 但增加到一定厚度时, 再继续增加厚度, 对吸声性能的改善作用就不明显了。在实际工程中, 考虑经济成本及安装, 对中高频的噪声, 一般采用2~5cm厚的成型吸声板, 对低频要求高的时候, 则采用5~10cm厚的吸声板。

当噪声以低频噪声为主时, 主要采用共振吸声结构(穿孔板), 常见的有薄膜与薄膜共振吸声结构和穿孔板共振吸声结构。薄板共振吸声结构是一个薄膜与空气层组成的振动系统, 相当于力学中的弹簧与质量块系统。当声波入射到薄板上时, 引起板面振动, 板发生弯曲变形, 由于板和框架之间的摩擦, 以及板本身的内阻尼, 一部分声能转化为热能损耗掉。在设计薄板共振吸声结构时, 常取薄板厚度为3~6mm, 空气层厚度为30~100mm, 共振频率在80~300Hz, 吸声系数达到0.2~0.5。单纯使用薄膜空气层构成的共振吸声结构, 吸声频率较低, 为了改进系统的吸声性能, 可以在空腔中填充纤维状多孔吸声材料, 能够提高吸声带宽和吸声系数。

在薄板共振的基础上, 在板上打上小洞, 在板后与刚性壁之间留一定深度的空腔, 就成了穿孔板共振吸声结构, 如图7-34。多孔吸声结构可以看成是多个单腔吸声共振结构的并联组合。单腔的吸声结构叫亥姆赫兹共振器, 有点像我们的陶罐, 其实从古代中国就开始使用, 柏林爱乐音乐厅的吊顶上也采用了这种装置。只要改变孔径的尺寸和空腔的大小, 就可以改变共振频率, 孔径的截面越大, 频率越高, 容积越大, 孔径深度越小, 频率越低。单腔共振吸声结构的特点是吸收低频噪声, 并且频率选择性极强。

在穿孔板后腔内按一定的要求填充多孔材料, 能够增加空气的摩擦, 或在穿孔板后蒙一层玻璃丝布等透声纺织品, 增加孔颈摩擦, 或孔颈取偏小值, 以提高孔内阻尼。采用不同穿孔率、不同腔深的多层穿孔板结构, 可使吸声频带增宽。

图7-34　穿孔板共振吸声材料[①]

（2）隔声

隔声材料（acoustical insulation material）：可以阻抗入射声能，达到墙或间壁一面只有极少透射声能的材料。

用构件将噪声源和接收者分隔开，阻断噪声在空气中的传播，从而达到降低噪声目的的措施称作隔声。常见处理方式有隔声墙、隔声间、隔声罩和声屏障等。

剧场的隔声主要分为两类：一类是针对观演区域外环境噪声的隔声，主要措施包括隔声墙、隔声窗等；另一类是针对舞台机械噪声的隔声，主要措施为针对噪声源（驱动设备）的隔声处理，可采用隔声罩等。

隔声墙有单层和多层结构，对单层隔声墙来说，增加墙的厚度可以增加隔声量。如果采用双层隔声墙的形式，在层间留出厚度足够的空气层，达到的隔声量比同样重量的单层墙要高出很多。双层墙提高隔声效果的主要原因是：一方面，当声波穿过第一层墙体投射到空气层时，空气层的弹性形变有减振作用，使传递到第二层的振动大为减弱；另一方面，由于空气对声波的吸收作用，声波在两层墙体之间的多次反射过程中得到衰减，从而提高了墙体的隔声作用。重墙的隔声量可到达60dB及以上。同理，隔声门和隔声窗也可采用双层或多层结构。多层的隔声门可以在层与层之间填充吸声材料，

---

① 图片来源：http://biz.co188.com。

一般隔声量可达30~50dB。另外,门缝宜采用密封处理。有特殊要求的,可采用双扇轻质门,在两层门之间留出一定距离,在过渡区的壁面上衬贴吸声材料,形成"声闸"。隔声窗的隔声量主要取决于玻璃的厚度,窗的结构,窗与窗框之间、窗框和墙壁之间的密封程度。根据实际测试,3mm厚的玻璃的隔声量是27dB,6mm的玻璃的隔声量为30dB,因此,采用两层以上的玻璃,让中间夹有空气层的结构,隔声效果更佳。

为了减少机械噪声向外的辐射,可以将驱动设备为主的噪声源(如风机、空压机、电动机等)封闭在一个相对小的空间内。使用隔声罩降低强噪声源所发出的噪声,是一种措施简单、降噪效果明显的隔声技术,在设计时主要应注意:①罩壳必须有足够的隔声量,宜采用0.5~2mm厚的钢板、铝板等轻薄而密实的材料或多层复合材料制作。②罩体与声源设计及座机之间不能有刚性连接,以免形成"声桥"而降低隔声作用。罩体与地板之间要进行隔振处理,防止固体传声。③罩壳形状恰当,尽量少用方形平行隔声罩壁。在内壁面和设备之间应留有较大的空间,一般为设备所占空间的1/3以上,各内壁面与设备的空间距离应保持在100mm以上。

(3) 消声

消声主要采用消声器进行实现。消声器是一种既能允许气流顺利通过,又能有效衰减或阻碍声能向外传播的装置。但是消声器只能降低空气动力设备的进、排气口噪声或沿管道传播的噪声,不能降低空气动力设备机壳、管壁等辐射的噪声,主要安装在进、排气口或气流通过的管道中。一个性能较好的消声器,可使气流噪声降低20~40dB(A),在噪声控制中应用得很广泛。

消声器根据消声机理,大体可以分为阻性消声器、抗性消声器、微穿孔板消声器等。最常用的阻性消声器,是将吸声材料固定在气流通道的内壁上,利用声波在多孔吸声材料中传播时的摩擦阻力和黏滞作用,将声能转化为热能,达到消声的目的。主要用于控制风机等进、排气消声。

阻式消声器对中高频有良好的消声性能。对于中低频声音的消除,就需要用到抗性消声器。它不用吸声材料,而是利用管道截面的突变或旁接共振腔,使声波发生反射或者干涉,从而使部分声波不再沿管道继续传播。它相当于一个声学滤波器,对于消除中低频的窄带噪声具有较好的作用,如图7-35。

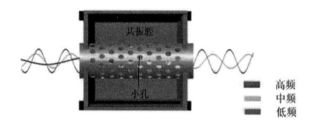

图7-35　共振型消声器示意图[1]

7.4　音质辅助设计方法

1.缩尺模型技术

缩尺模型技术最早来源于德国的声学家F·Spondock于1934年发表的关于建筑声学缩尺模型技术的研究报告,该报告提出采用该模型预知厅堂声学特性的可能性,并得到了一定程度的应用。我国在20世纪50年代设计人民大会堂时就采用了缩尺模型试验,上海大剧院、东莞大剧院也采用了缩尺模型设计。

缩尺模型技术中一个主要参量就是缩尺比,其定义为所设计的实际厅堂线性长度与厅堂模拟的线性长度之比,以整数表示。常见的缩尺比为1:10或1:20(如图7-36),两者在几何形状上相似,并模拟其表面各个部分的材质等,包括观众席的吸声系数,在所测量的范围内应尽可能地与对应实际厅堂表面及观众席的吸声系数相一致,在该模型上研究声波的传播及声学特性。声音频率按照缩尺比例调整后进入缩尺模型中,通过接收器后,再以缩尺比例换算后,以正常的频率进入人耳,从而模拟真实条件下的听音效果。当模型的比例为1:n,在模型中测得的混响时间为T60model时,实际厅堂预期达到的混响时间为:

$$T_{60} = nT_{60\mathbf{model}}$$

在缩尺模型测量中,要采用特殊设计制作的扬声器和传声器。例如BBC采用口径为φ110mm(400Hz~3KHz)、φ20mm(3KHz~21KHz)、φ25mm(21KHz~100KHz)的扬声器组合。缩尺模型的传声器一般采用1/4inch的话筒。高频下的材料吸声系数也需要在混响室内对各种可供选用的吸声

---

① 图片来源:http://blog.sina.com.cn/s/blog_1399871f90102wuog.html。

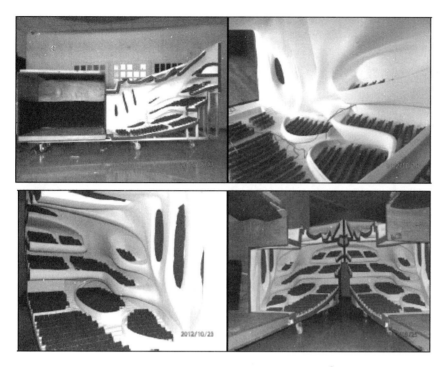

图7-36　哈尔滨大剧院缩尺模型（缩尺比1:20）[①]

材料和结构进行测试，从中选出与实物相近的材料使用。n有一定的限度，因为它越高，可供选用的与实物相近的吸声材料和结构越不容易找到，而相应的扬声器和传声器的制作难度也越大。

2.声学辅助软件

声学辅助软件能够利用数字技术为室内声场环境塑造模型，研究声能的分布情况。应用较广泛的声学设计辅助软件包括德国的EASE、丹麦的ODEON、比利时的RAYNOISE和法国的ACOUBAT等。这些软件大多能够对ISO规定的一些声学参量（例如混响时间、早期反射声、声压级等）进行模拟计算，还能模拟听觉效果，如图7-37。

和缩尺模型相比，利用声学辅助软件能够节约成本、减少时间，同时获得直观的仿真结果。常见的两种分析方法包括基于声线的分析方法和基于声像的分析方法。

[①]　图片来源：余斌所著论文《哈尔滨大剧院声学缩尺模型试验研究》。

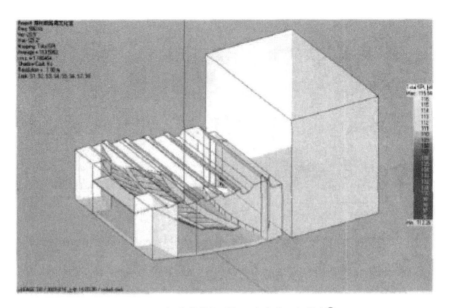

图7-37 EASE软件模拟剧场观众席声压级分布[1]

(1) 声线法

假定剧场内各个表面都是平面构成的封闭空间,处于其中某一位置的声源从某时刻起向四周均匀地发射大量声粒子,这些声粒子沿直线运动,将它们与墙壁平面的碰撞点逐次相连形成的运动轨迹,就形成了声线。假定每根声线开始时都携带相同的能量,其大小取决于声源辐射的总能量和发射声粒子的数量。当某一声粒子遇到墙壁时,在该点一部分作镜面反射,按照反射角等于入射角的法则确定新的传播方向;另一部分作扩散反射,其方向由计算机发出随机数来决定。用声线法研究声能分布就是追踪这些声线的经过位置,如图7-38。假定一开始发出1 000条声线,从其中之一开始跟踪。当墙壁的吸声系数为α时,每次碰撞后能量变为(1-α)倍,直到其能量低于预设的门限值(如-60dB)或高于反射次数值后(如10次)停止,继而追踪下一条声线,如此反复,到1 000条都跟踪完毕。

声线法仿真需要输入的参数包括:厅堂封闭空间的几何参数(各界面顶点三维坐标)、厅堂界面属性(吸声系数、散射系数)、声源属性(功率、指向性、位置)、声接收区域(听声面位置或听声点位置)以及有无屏障等。

声线跟踪法的主要优点是算法简单,容易在计算机中进行运算,且运算速度快,算法的复杂度与厅堂内部面的数量成正比。声线跟踪法的主要缺点是计算精度低。

---

① 图片来源:王东所著论文《声学设计软件EASE应用实例》。

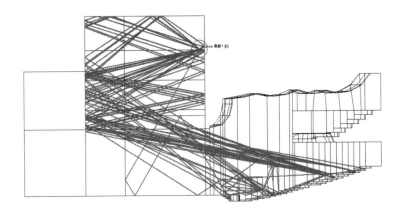

图7-38　仿真软件声线追踪示意图（泰州大剧院）

（2）声像法

声像法建立在镜面反射虚像的基础上，某一反射面的镜面反射路径可由该反射面的镜像声源和接收点的位置确定。对于一个矩形房间，可以很直观地确定任何反射阶次的所有镜像声源。接收点的声能量为各声像产生的声能量之和，各个声像与接收点的距离导致反射声到达接收点的时间延迟，这样通过接收点与声像空间中各声像位置即可得到反射声序列。虚声源法的准确度较高，但计算工作量大。如果房间不是规则的多面体，有n个表面，就有可能有n个一次反射虚声源，并且每个又可能产生n-1个二次反射的虚声源，以此推算，经过一定时间后，虚声源将会达到庞大的数量级，但其中只有一部分虚声源对于给定的接收点具有实际贡献。因此虚声源不适合内表面数量太多的室内空间。另外，虚声源法只能模拟镜面反射，不能模拟扩散反射。

为了弥补声像法的不足，一种改进的方法是将声像法和声线法相结合，也称为混合法。这种方法用改进的声线模拟寻找"可见"的虚声源，如圆锥束和三棱锥束，从声源开始沿声线运动方向产生一系列圆锥体或三棱锥体，如果某个接收点落入被截断的锥体内，则认为存在一个虚声源。这样当所有的声线都被跟踪完毕后，总的虚声源数目也就确定了，由它们的贡献序列便可获得房间脉冲响应。

需要注意的是，无论是声线法还是声像法，还有改进的混合法，其理论基础都是几何声学，仅适用于中高频情况和几何形状规则的空间，且对于声音的干涉和衍射现象无能为力。对于复杂的几何形状、边界条件及低频，通常采用有限元法或边界元法来处理。

3.音质主观评价

听觉是一种复杂的感觉,虽然有很多客观评价指标,但是有部分不够统一的地方,依然不能很好地反映主观听觉感受。由于主观世界的复杂性和多样性,声音的最终评判标准永远只能是听感,不能完全被技术指标所代替。在剧场音质设计中,需要找到与听觉主观感受对应的客观指标(物理参数),找到主观评价指标同客观参数之间的对应关系。音质设计中常见的主观评价指标如下:

(1)自然声环境下的主观评价指标

丰满度:泛指听到的音乐是否动听,主要与混响时间及其频率特性有关。当中高频的混响不足时,听众将感到缺乏共鸣或活跃度差;当高频不足时,听众会感到声音不明亮;当低频不足时,听众会感到缺乏低音和声音不温暖。

亲切感:听起来如同在小容积室内的感觉,听众能感觉到节目中的细腻感情,主要同初始时间间隙(initial time gap)有关。初始时间间隙指到达接收点的第一个反射声与直达声之间的时差。当间隙大时,听众会感觉剧场过于空阔,缺乏亲切感。为了增加亲切感,可通过处理和增加反射面达到初始时间间隙要求。

温暖感:低音相对于中频的活跃度或丰满感。足够的低频混响能给人温暖的感觉,与剧场和音乐厅的低频特性有关,为了增加温暖感,应使低频混响时间稍长于中高频的混响时间。

明亮度:指中频、高频听音感觉。明亮度高的剧场音调中的高频成分丰富,且衰减较慢,有丰富的高阶谐音。

响度:包括直达声和混响声的响度,是丰满度、亲切感、温暖感和清晰度等几个评价指标的基础。

清晰度:难以用数量表示,主要表示是否能清楚地区别每种乐器的音色或者是否能听清每个音符。

平衡感:要求能将融洽的乐声送给听众,实现旋律分明的整体效果。

扩散度:声音的柔和程度,取决于乐曲在剧场内扩散处理后的声场扩散程度。当来自各个方向的混响声感觉幅度近乎相等时,扩散是最好的。

协和感:乐队中每位演奏者是否能以统一、协调的方式演奏。要求乐师互相听清对方的演奏声,同舞台上的混响时间调整有关。

空间感:尤其是指在听交响乐时,听众应能感觉到被来自乐队充满空间的声音所包围。它与来自侧向不同延时的近次反射声能强度和接收点的总声强的比值有关。

　　(2) 电声环境下的主要评价指标

　　清晰度: 指重放声音清楚干净, 听众可以分辨出各种乐器; 反之, 听到的声音模糊不清。

　　明亮度: 指重放声音的明亮程度。

　　丰满度: 指重放声音有较宽的带宽, 中低音充分, 高音适度; 反之, 声音单薄、干瘪。

　　圆润度: 指重放声音饱满润泽; 反之, 声音尖利。

　　力度: 指重复声音坚实有力, 能反映声音动态; 反之, 声音软弱无力。

　　临场感: 指声音与真实声源所发出声音的近似度。

　　主观评价方法主要通过心理学实验手段及统计分析的方法总结出听众主观感受背后的心理规律, 用代表不同心理量级的数字表述主观感知及之间的关系。常见的评价方法有排序法、语义细分法、系列范畴法等。排序法方式简单, 让被试有很大的自由度, 适用于声音质量的评价; 语义细分法用于测试哪种声音更适合要达到的目的; 系列范畴法适用于声音响度的评价, 通常采用五级或七级评分标准, 能够定量地评价声音的主观感知特性。

练习题

1.剧场声学中对声音能量大小的常见度量单位是什么?

2.剧场建声的音质评价指标主要包括哪些?

3.剧场扩声的音质评价指标主要包括哪些?

4.剧场噪声的主要评价量包括哪些? 请说明每种评价量的测试结果是如何获得的。

5.请说明剧场机械噪声的主要测试方法。

6.剧场噪声的控制方法包括哪些? 请举例说明。

7.什么叫缩尺模型技术? 请说明其主要原理。

8.请说明声学辅助软件中声像法的设计原理。

第8章 舞台管理与舞台监督

一场演出的成功，单靠一两个大牌演员很难完美地呈现，这需要大量工作人员的辛勤付出。这些工作人员在演出前的无数创意、排练、会议与组织，均是构成演出的重要元素。这些工作人员所构成的演出团体，如果没有精明的管理，演出艺术则无从表现；如果没有有组织的管理，演出过程就会出现瑕疵甚至事故。优秀的演出团体组织创编的表演节目不仅可以让观众得到满足，而且可以给剧团带来前所未有的满足感。

一场演出的成功因素不仅仅局限于剧本、演员、独白、服装与道具等传统元素，现代演艺更多地将舞台灯光、舞台音响、舞台机械、舞台视频、效果器等融入演出的各个环节。随着科技的发展，演出对舞台效果的要求只会越来越高，如近几年的奥运会开闭幕式、央视春晚、经典歌舞剧等，有数目繁多的舞台台型、炫目多彩的舞台灯效、海量的视频动画、立体化的音响效果。那么如何才能使得一场演出从策划、编导、排练、进场、装台、彩排、演出、拆台到退场，均能够顺利地进行，并取得成功呢？从文艺演出的筹备到正式演出结束，演出协调问题一直是困扰演出团体能否高效完成演出任务的主要问题。

这就需要一个"协调员"或者一个"协调团队"，在演出前后使前台和后台的工作都能顺利地进行，这个人（或者称为这个职务）就是舞台监督。

辞海中定义，舞台监督是演出团体中的一种职务，演出期间负责后台组织和艺术行政领导工作。舞台监督的职能比辞海的定义要广博、复杂，包括参与演员招募、彩排、演出、管理、拆台的整个演出过程，并承担着人员管理与协调的重任。

舞台监督在我国可以追溯到宋元时期的"引戏人"，主要负责节目串联和引出演员。古代欧洲演出活动中，这一职位被称为"舞台监督"或"舞台管理"。在现代欧美国家的戏剧演出中，舞台监督有时由导演兼任。

　　后来，这一职位从国外引入中国的剧场，负责演出前后演员、服装、道具等在时间和空间上的协调与调度等工作。近年来，随着科技的发展，演出对舞台灯光、舞台音响、舞台机械等效果的要求越来越高。然而，在当前的文化演出中，舞台灯光控制、音响控制分别处于观众席后方的两个控制室内，由灯光师、音响师分别控制。舞台机械控制台往往设置在侧舞台的舞台机械控制室内，也由专门的舞台机械控制师进行控制。可见，目前的舞台效果控制设备仍处于独立控制状态，无法实现协同、统一地控制与调度。因此，在现代文化演出中，舞台监督除了协调演员、服装、道具和演出时间外，还要肩负起协调灯光、音响、机械等在演出前与演出时呈现效果的任务。

　　在当前演出中，舞台监督已经成为我国演出团体中必不可少的一个职务。演艺行业对舞台监督的关注程度也越来越高。

8.1　舞台监督的要求

1.舞台监督的定义

　　舞台监督（stage manager）是演出团体中的一种职务，在戏剧演出过程中负责舞台艺术各部门的总体组织与管理工作，协助导演工作并负责在演出中对各部门的艺术效果进行协调、监督、管理，确定工作日程及发布舞台提示，确保演出进行。

　　舞台监督是负责在排练和演出时使前台和后台工作顺利进行的那个人，因此，良好的组织能力和管理能力是一名优秀舞台监督的基本要求。

2.舞台监督的职责

　　在戏剧演出过程中，舞台监督站在舞台上大幕里靠近台口的一边，或者演出场所中能够总览全局的某个位置。面对已经经过导演排定的、经过舞台合成、彩排的一部戏和入场的观众，按时开演；率领、指导、协调、组织、监督参加演出的各部门及各部门的工作人员，在确保安全的前提下，进行有序、有效地工作。舞台监督需要参加演出的各个部门召开的演出筹备、协调会议，直到演出结束，保证在不出事故、不降低演出水平的情况下，将一部戏演完。

3.舞台监督的综合素质

　　为保障演出从筹备到演出再到结束的过程中，演出的各个要素都能够

正常顺利地运转,舞台监督应具备以下基本素质:

(1) 艺术思维和管理思维协调统一。

(2) 组织、指挥的领导才能和无私奉献的服务精神协调统一。

(3) 从总体上,把握戏剧演出艺术完整性和掌握戏剧演出各制作部门进度严密性协调统一。

(4) 精于算计和理解包容协调统一。

(5) 既能理智地、全面地、精细地安排戏剧演出各部门的工作,又能感性地、敏锐地、及时地发现戏剧制作和戏剧演出中的情况与问题,并能果断、及时地进行处理。

4.舞台监督必须掌握的信息

时间与空间的协调与调度是演出正常运行的主要工作。一个舞台监督需要掌握的时间信息与空间信息包括以下内容:

(1) 时间信息的掌握

①演出运景的时间;②演出装台的时间;③演出时间的跨度;④演出拆台、运景的时间;⑤巡回演出运输工具与选择的线路决定的时间。

(2) 空间信息的掌握

①演出场地的建筑物,保管建筑物内的演出设施和设备;②演出器材和演出机械的检查、保养、维护,发现故障,及时排除;③场地主要建筑(剧场中的舞台)及设备的平面图和剖面图(附参照图);④舞台监督到场早于使用者、退场晚于使用者;⑤在使用者装台、拆台和合成排练中按章行事;⑥使用者彩排、演出时,不介入、不影响、不干涉对方的原则;⑦使用者演出结束,撤出演出场地后,驻场舞台监督要指挥工作人员对演出场地及附设场地进行清理;⑧演出场地的消防设施和器材要仔细检查、及时关闭。

5.舞台监督必须完成的工作任务

在组织协调演出进程的过程中,尽管舞台监督的事务繁杂,但依然可以根据其主次,将事务划分为10个基本任务:

(1) 排演场地的准备。

(2) 参加以导演为首的主创人员对"演出艺术构思"的研讨。

(3) 制订演出提示本(用书面形式写出)。

(4) 根据舞美设计在排演场画出平面定位图、组搭代用布景、准备代用服装和代用灯光、道具、化妆、效果和音乐。

(5) 考察未来演出的剧场, 掌握演出场地的有关数据, 并记录在案。

(6) 导演进行草连排、连排时, 记录与演出有关的导演指示和导演处理, 丰富、修正演出提示本。

(7) 参加布景、服装、大 (小) 道具的制作会议, 做好记录, 把要点标注在演出提示本上。

(8) 制订装台计划, 安排各演出部门进剧场或演出场地的时间、顺序和手段, 构思动员要点。

(9) 组织领导装台、舞台连排、合成、彩排, 修订演出提示本。

(10) 根据演出提示本负责演出的指挥、协调、提示及组织工作, 并填写"演出情况记录", 记录每日演出的实际情况。

6.舞台监督应该完成的文案

组织协调工作的各项任务, 掌握时间、空间的信息, 舞台监督靠脑子是不可能完全记住的, 需要在筹备阶段形成各种各样的文案, 为演出的正常进行提供技术资料, 随时进行调整。这些文案主要包括: (1) 演出提示本 (最少修改3次); (2) 演出剧场或演出场地实地考察记录; (3) 演出制作会议的记录和整理; (4) 装台工艺流程计划书; (5) 每日填写的"演出情况记录"; (6) 各种有关的演出资料汇集整理而成的档案材料。

8.2　舞台监督的装备需求

舞台监督的工作职责按照时间先后可以划分为3个阶段: 排演初期、演出合成与彩排阶段和演出阶段。

1.排演初期

舞台监督配合导演执行演出筹备的具体安排并担任排演场外监督, 协调各艺术部门的工作。该阶段往往是演出团体进场之前的阶段。舞台监督的工作不需要使用任何辅助设备, 通过电话、会议的语言沟通, 将协调调度工作落实到纸面上, 对各种时间表、流程表、剧本等文案进行总结。

在排演初期甚至演出合成与彩排阶段, 舞台监督主要通过文本记录各种表格, 如时间表、流程表、剧本、提示本, 在筹备阶段按照表格要求进行演出筹备与协调工作, 并根据演出筹备的情况, 不断修订相关文档, 形成完整的演出筹备记录文档。在这一阶段, 舞台监督需要完成的基本工作流程如图8-1。

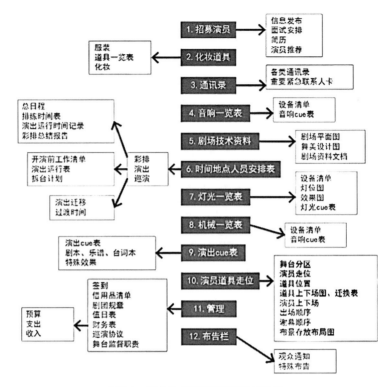

图8-1　舞台监督演出筹备工作流程图

根据舞台监督的工作沟通需要以及对其他演职人员的各种信息展示和更新的需要，舞台监督在这一时期需要与灯光舞美、音响师、道具、演员、财务、后勤等工种反复沟通，按照工作顺序进行制表与发布通知等工作，并在各工种之间进行时间、空间与演出资源的协调工作，如图8-2。

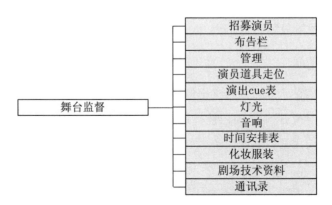

图8-2　舞台监督权限功能图

2.演出合成与彩排阶段

舞台监督全权负责演出的指挥与调度任务，执行演出期间舞台和后台

的一切组织、管理工作, 如协调日程进度、演员到达情况、演出前准备、演员
登场、舞台突发情况等。在该过程中, 舞台监督需要对演员组、舞美组、灯光
组、音响组、机械组以及其他组的工作人员进行组织与协调, 如在排演过程
中, 舞台监督时常要与灯光师、音响师和机械师反复沟通与调整, 力求达到
最佳效果。一个节目从编排到定型, 往往需要很多天才, 尤其是在演出合成
和彩排的关键阶段, 演员带妆彩排 (dress rehearsal), 舞台装台也已经完成,
演出合成已经开始将舞台台型的变换、灯光与音响效果的变换融入到演出
中。舞台监督为了将调度命令尽快传达给具体的执行者, 往往需要利用通话
的方式与灯控室、音响室、机械控制室内的操作者实时对讲, 如与灯光师进
行对光, 灯光效果场景的调整, 变化速率的调整等, 这就需要在演出场所中
实现导演、舞台监督、演员组、舞美组、灯光组、音响组、机械组以及其他
工作人员的两两语音通信。因此, 演出场所中的内部通信子系统便可以满
足这种需求。同时, 舞台监督为了更全面地了解演出的各个环节, 期望通过
多个视角来观察台前幕后的实际情况。视频监视子系统就是基于这一需求
而设计的。

演出合成: 指融入
了舞台灯光、音响、机
械效果的演出排练,
在排练过程中, 需要根
据演出内容不断调整
舞台灯光、音响、机械
的效果。

带妆彩排: 带服装、
化妆彩排。

3.演出阶段

正式演出开始前, 舞台监督要了解灯光、音响与机械等技术人员的准备
以及到位情况, 并向他们下达演出开始命令。演出进行过程中, 舞台监督按
照演出的时间顺序将舞台机械、灯光、音响设备应该执行的演出命令 (称为
舞台机械cue表、舞台灯光cue表、舞台音响cue表) 传达给具体的操作师, 由
操作师在相应的时间执行相应的操作。各工种的技术人员在演出操作中遇
到问题时需要向舞台监督汇报, 再由舞台监督给出解决方案, 并将命令转达
给具体的操作人员, 由操作人员执行。舞台监督在发现演出过程中效果设备
未按照演出cue表的要求进行表演, 甚至出现演出故障时, 也可以立即通知相
应技术工种的操作师, 由操作师进行具体修正操作。该过程可以称为文化演
出中舞台监督通过舞台监督系统 (stage manager control system) 进行现场
指挥与调度工作的基本过程。在该过程中, 舞台监督与其他任何工作人员的
信息传递均需要通过内部通话系统进行。舞台监督对舞台、观众席、化妆间
等不同工作区域状况的了解, 除了依靠工作人员的汇报外, 还要依靠视频监
视系统中的多个视频采集设备, 并将采集到的实际情况传输到舞台监督处
的监视器中。

另外, 在演出期间, 往往有一些演员或指挥的某一个表演环节是需要等

待舞台监督给出信号的。而如果该演员无法佩戴耳麦或无法通过语音接收舞台监督的命令时，演员需要何时执行演出步骤呢？一种灯光提示器被舞台技术人员提了出来，以解决上述问题。

除此之外，舞台监督需要对时间显示与调校、电动大幕的开关、场灯（house light）调光、场铃、安全出口灯、座位灯、舞台工作灯等进行控制。

因此，舞台监督为了监督与调度一场完美的演出，需要将以上这些基本的子系统融合到一套综合的舞台监督系统中，该系统包括一个舞台监督台（stage manager's desk），通过监督台实现监督与调度；一套内部通话与公共广播系统（public address），通过监督台或切换矩阵上的通道切换开关与各个专业的技术人员和演员实时地进行通信；一套视频监视系统，通过监督台上多个监视器实现对台前幕后的实时监视；一套灯光提示子系统，通过舞台监督台上灯光提示面板给特定演员发送演出信号；一套舞台监督基本调度工具，包括时间显示与调校、电动大幕的开关、场灯调光、场铃、安全出口灯、座位灯、舞台工作灯等，实现对演出开始、结束、演出时序、非舞台工作区与观众席调光的控制。

可见，传统舞台监督系统具有多样性的特点，可以归纳为：

（1）功能的多样性：舞台监督系统既是文化演出时的工作人员调度系统，担负着建立戏剧、综艺晚会等各类文化演出相关工种内部联络的责任，也是公共广播、演出时间总协调、演出呼叫的指挥中心，更是进行演出质量、效果等多角度、立体化视频监督的平台。

（2）涉及区域的多样性：演出表演区涉及乐池、主舞台、侧台、后台、台仓、台口、栅顶、天桥等主要演出人员工作区；演出准备区涉及后场区、更衣间、抢妆室、化妆间、乐师休息室、卫生间等；演出服务区涉及舞台灯控室、声控室、灯光设备间、舞台机械设备间、功放室、舞台机械控制室、信号交换间、舞台上方天桥及观众席上方天桥等；剧院服务区涉及剧院前厅、展厅、新闻发布厅、贵宾室、休息厅等。以上主要的演出人员工作区都需有通话系统的接入点。

（3）涉及设备的多样性：舞台监督系统所涉及的设备既有固定在某个工作区的系统设备，如固定通话面板、视频监视面板、灯光提示面板、有线通话腰包接口、电话接口、音频系统和后台寻呼系统，还连接有非固定的无线通话系统、有线与无线语音信号收发腰包、灯光提示器等。

（4）监督点的多样性：通话系统不仅设有众多固定通话点，如灯控室、音控室、机械控制室、有线腰包固定接入点等，还需要监督舞台面、观众席、演出准备区和演出工作区等多个位置的工作人员状态、演员状态、演出设备状态。

8.3 舞台监督系统

> 舞台监督系统是指为了配合舞台监督实现对舞台演出各部门的实时通讯、监督、调度、管理而构建的系统。

鉴于上场门一侧是演员及道具上、下场必经之路,属于"黄金地段",舞台监督控制台就设置于此,称为舞台监督室/席(stage manager room)。为给候场演员保留足够空间,舞台监督控制台的占地面积应当尽可能小,放在上场门的台口第一条直条幕的外侧,活动台口的内侧,方便演出前后的舞台监督工作。

舞台监督系统是一种能够实现集成对讲、视频监督等监督调度功能的核心装置,通过该平台可以实现舞台监督与演出场所内任意位置的各类演职人员的呼叫、内部通话,并能够实现舞台监督对舞台、化妆间、观众席等的视频监督,实现舞台监督调度集成功能。

1.舞台监督系统的核心功能

舞台监督系统最核心的功能包括视频监视、演出呼叫和内部通话三个部分。因此,舞台监督系统是集提示、音频、视频功能于一身的演出统筹辅助系统,如图8-3。

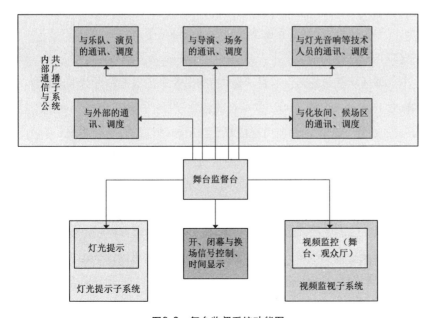

图8-3 舞台监督系统功能图

（1）视频监视功能

视频监视功能是指舞台监督、导演等从视频监视系统可以看到舞台内的演出情况，演员通过化妆间内的监视系统电视也能看到演出的情况。视频监视功能在排演前后具有如下基本作用：

①用于剧场演出监控

所有视频信号送至有线电视机房，经调制后送至各视频点，各点根据需要收看指定的摄像机信号。

②用于辅助演出

如演员在某些位置不能看到指挥，在这些位置需要布置监视器（同样通过有线电视接收），供演员演出时使用。在舞台四周的综合接线箱均配置了有线电视接口和电源接口。

③录制演出存档资料

固定安装摄像机于舞台正面位置，摄取图像角度理想，能够作为录制的主画面。

④监视或视频出版物的花絮素材

其他固定安装摄像机由于角度不理想，主要用于监视，摄取的是幕后或观众情况，因此这些视频素材也可以作为今后视频出版物的花絮部分使用。摄像机信号通过视频分配器（带电缆均衡）将信号分别送至本地专业监视设备、有线电视机房。

（2）演出呼叫功能

演出呼叫功能是指导演、舞台监督能够实时对所有演员进行演出命令发布的功能。实现演员的演出催场，保证演出的顺利进行。舞台监督可在必要的时候呼叫化妆间、候场室的演员进行演出催场等。

（3）内部通话功能

内部通话功能是指舞台监督、导演与演出各个技术工种针对演出装台、技术合成（technical rehearsal）以及正式演出过程中出现的各类问题进行技术沟通的功能。例如，一台演出是由若干演出cue组成的，包括灯光、音响、舞台机械等，每个舞台技术专业都有自己的演出cue表，必须通过舞台监督统一调cue，这样演出才能实现整齐划一的完美性。对演出过程中不同专业按照演出顺序调cue的过程，需要通过内部通话完成。此外，演出过程中，各个专业之间在必要的时候也需要进行通话。这些沟通内容不应让观众听到，也不需要完全让演员了解，这就需要建立一种工作人员的内部通话机制。具体来说，内部通话功能是指为了保证演出的顺利进行，使舞台监督、演出各

个专业技术人员 (包括灯光、音响、舞台机械、舞台美术等)、辅助工作人员等 (可以归结为总控、灯光、音响、机械、艺术、辅助六个部分) 在演出过程中能够相互通信的基本功能。

2.舞台监督系统基本功能

除了能够实现视频监视、演出呼叫和内部通话三个核心功能之外, 为了配合舞台监督完成监督与调度工作, 舞台监督系统还应具备一些基本功能, 包括时间显示、电动大幕、场灯调光、场铃、安全出口灯、座位灯、舞台工作灯、后台监听、监视系统、剧场对讲等, 见表8-1。

表8-1 舞台监督系统基本功能列表

设备名称	用途及功能
时钟1台	显示时间
正计数器1台	可以设置正计时, 便于记录演出的时间长度
倒计时器1台	可以设定倒计时, 通常在演出开始之前使用
显示器4台	显示多个画面, 包括舞台、乐池、观众厅通过按键选择频道和画面
键盘站1台	28键, 按照编好的程序, 舞台监督可以对化妆间分区进行呼叫、对舞台进行呼叫、对各个通讯通道和站点进行对话
cue灯主控单元1台	16通道, 可分别控制cue灯的闪烁或蜂鸣信号, 在演出需要时, 舞台监督可以对配有cue灯的工作人员发出指令
场灯控制器	对观众厅的灯光进行控制
工作灯控制器	对舞台区域的工作灯进行控制

(1) 时间显示

选定电子液晶显示钟, 年、月、日、时、分、秒, 可以任意设定。定时、时间提醒、时间累计、正反计时等多功能设定。

(2) 电动大幕

可以把电动大幕的操作按钮开、闭、停和调速装置都移到总控台板面上。

(3) 场灯调光

面板上设有亮、暗、停按钮。

(4) 场铃

场铃可以设置两种以上的不同铃声, 文艺演出可以打音乐钟声, 有时, 举行会议、讲座、商务活动时也可以打铃声。铃声的范围包括剧场内、后台、观众

技术合成: 技术彩排, 针对舞台布景、灯光、音乐、音响等技术部门进行的合成彩排。

休息厅等。

（5）出口灯、座位灯

出口灯都应装成应急灯，万一停电也要逆变供电。为了保证观众安全，座位灯一般采用低电压直流供电。

（6）舞台工作灯

一般包括舞台区、副台区工作灯和天桥区、顶层葡萄架工作灯，演出时可以总切光，也可以根据剧情需要装有单独调光台控制。

（7）监听、监视系统

后台化妆间演员应该都能听到、看到前台演出进展实况，舞台监督最好也能看到后台区、前大厅、观众厅、乐池、舞台区、天幕区（area before cyc）的实况。

（8）总控台

桌面设置工作指示灯和总电源钥匙开关。

舞台监督系统的核心功能与基本功能如图8-4。

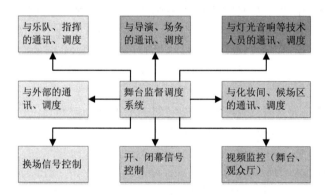

图8-4　舞台监督系统功能图

8.4　舞台监督子系统与监督台

剧院中的舞台监督系统是供导演或者舞台监督专门使用的设备系统，其主要功能是满足舞台排演、舞台演出的综合指挥与调度、舞台演出的监督，以及配合演出的资料记录。舞台监督系统通常可以划分为三个主要的子系统：内部通讯与公共广播子系统、视频监视子系统、灯光提示子系统。其中，内部通讯与公共广播子系统主要完成演出呼叫、内部通话功能；灯光提示子系统完成有特殊需求的演出呼叫功能；视频监视子系统完成视频监视功能。

1.内部通讯与公共广播子系统

> 内部通讯与公共广播子系统是一种为导演、舞台监督、演员与工作人员之间的语音通讯提供通讯链路的装置系统。

一般来说,建立语音通信,需要根据演职人员的具体工种详细分类进行。剧场的技术人员分类与工种如下:

(1) 总控: 舞台监督1人、技术指导1人、内部通讯矩阵管理员1人。

(2) 音响组: 调音师1人、调音助理1人、放音助理1人、话筒助理1~3人。

(3) 灯光组: 灯光师1人、电脑灯光师1人、灯光助理1人、追光控制1~4人、舞台灯光助理1~2人。

(4) 机械组: 舞台机械主管1人、台上机械控制1人、台下机械控制1人、台上机械巡视1~3人、台下机械巡视1~3人。

(5) 舞台艺术组: 导演1~2人、副导演1~3人、艺术总监1人、主持人1~3人、舞美设计1人、提词1人、字幕1人,以及排练时的指挥1人、舞蹈编导1人、编舞助理1人、造型1人、服装1人、化妆人员1人。

(6) 辅助人员组: 视频控制1人、视频助理1~2人,道具主管1人、道具助理1人、现场道具师1~4人,以及维护主管1人、维护技师1~5人。

各个工种之间通过不同的组合排列进行分配,总共可以分配出6个通道,如图8-5。

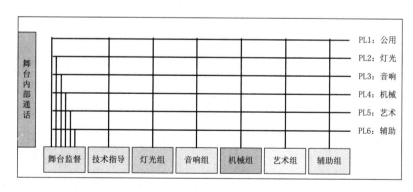

图8-5　舞台内部通讯各技术部门结构图

除技术人员以外,为完成演出呼叫功能,舞台监督演出呼叫功能的视线也需要为演员所处的环境配备公共广播系统,及时呼叫演员到达上场口,及时呼叫演出的特殊需求,如图8-6。

呼叫系统功能分为主动呼叫、被动呼叫两种形式。

①主动呼叫：呼叫人可以通过舞台监督台（舞台区、技术用房独立分区）、技术监督台（舞台区、技术用房独立分区）、无线内部通讯腰包机的SA输出进行呼叫。

②被动呼叫：工作人员在舞台上或观众厅内讲话时，语音信号被拾音话筒（分别安装在假台口上和一层楼座挑台下）拾取，经放大后通过呼叫系统喇叭输送到舞台区域。

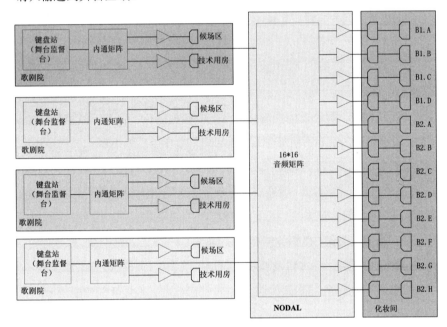

图8-6　演出呼叫功能图

相应地，就需要在灯光控制室、音响控制室、舞台机械控制台、舞台监视系统控制台[stage monitoring (display) system]、演员化妆休息室、候场室、服装、乐池、追光室、面光桥、前厅、贵宾室、乐队休息室、舞美休息室等位置设置舞台监督通讯终端器。

内部通讯与公共广播子系统的核心是总机矩阵，该矩阵通过点对点的连接方式，将剧院内主要工作人员所处的任意两点连接起来，实现任意二者的语音通讯。该矩阵上行往往与舞台监督台连接，下行主要连接到灯光控制室、音响控制室、机械控制室、舞美、导演等配合演出正常进行的五个主要技术工种，以及候场区、化妆间与剧院中的任意工作区域。舞台监督台通过按键控制选通的通道可以实现舞台监督台和任意专业、任意工作人员"一对多"的广播对话，也可以实现只和一个专业或工作人员的"一对一"对话。

剧院的内部通讯与公共广播子系统通常包括两线系统 (party-line)、矩阵系统 (matrix)、无线系统 (wireless) 和其他附件 (accessories)。两线系统通过"谈话组"的形式实现组内双通道"广播"或"单播"；矩阵系统以通话矩阵的形式实现点对点、组对组的"单播"与"组播"；无线系统能够以两线系统或矩阵系统的形式，根据本地的频率规划设定无线系统中的无线终端互联；其他附件包括主要的信号转换设备与接口。

以某剧院内部通讯与公共广播子系统为例，系统的控制端包括了一个舞台监督台、一个视频控制桌、一个技术指导台，监督与调度命令从控制端发出，传输到核心Zeus矩阵，通过矩阵把各个系统搭接起来。通过与Zeus矩阵连接的电脑可以对矩阵系统的设定参数进行配置。Zeus通常为两线制设备，也有部分系统采用四线制的方式，这就需要通过Telex SSA324进行2~4线的转换。转换后的信号传输到一些特定的位置面板，面板设置固定腰包接口，如侧舞台、后舞台、天桥等。移动工作人员随身佩戴有线内通腰包，通过PS31腰包供电插在当初布线时留在各个点位上的腰包接口，就可以进行通话了，如图8-7。

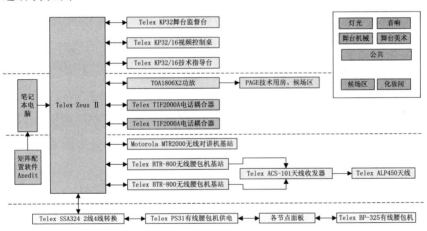

图8-7　某剧院舞台监督系统内部通讯与公共广播子系统结构图

系统还可以通过其他接口附件转接进现有系统，通过特定模式搭接到各个点位，实现通讯、提示、监控等功能。如通过电话耦合器可以将监督台上的键盘站当作电话使用，在呼叫的同时还有电话的功能；通过功放放大后将信息送往灯光、音响、机械等技术用房，以及候场区、化妆间、道具间等演出准备区域，建立舞台监督与固定位置的舞美人员或舞台监督与演员之间的通信；通过无线对讲或无线腰包基站将语音以无线信号形式发出，工作人员能够通过摩托罗拉的无线对讲机或随身配备的无线腰包接收来自天线收发器的信号, 构建起无线内部通话系统, 并通过有线腰包进行通话。

内部通讯与公共广播子系统主要技术指标如下:

（1）无线对讲

使用范围: 单个访问点支持的范围室外为300m, 在剧院内最长为100m。

可靠性: 使用与以太网类似的连接协议和数据包确认, 提供可靠的数据传送和网络带宽的有效使用。

互用性: 只允许一种标准的信号发送技术。

漫游支持: 当用户在楼房或公司部门之间移动时, 允许在访问点之间进行无缝连接。

加载平衡: NIC（网络适配器）自动更改与之连接的访问点, 以提高性能。

可伸缩性: 单个访问点最多可支持256个设备。

安全性: 内置式鉴定和加密。

（2）有线对讲

工业标准的网络配件都可直接使用交换机、五类线及光纤, 用标准网络连线或者是增加交换机的方法就可以方便地扩大系统, 以太网布线的长度: 五类线是100m, 多模光纤是2km, 单模光纤是5km~40km。

面板式通话设备: MIC输入为40~70dBu, 扬声器频率响应为40~20KHz。

头戴式通话设备: 话筒采用动圈话筒, 频率响应为300Hz~20KHz, 耳机频率响应为40Hz~20KHz。

（3）网络通讯

①无线网络

频段: 2.4GHz（802.11B）。

通信协议: 采用TCP/IP协议。

速度: 最大数据传输速率为11Mb/s。

动态速率转换: 当射频情况变差时, 可将数据传输速率降低为5.5Mb/s、2Mb/s和1Mb/s。

②有线网络

通信协议: 采用TCP/IP协议。

传输延时: 5.33ms。

星型结构: 可选用具有IEEE802.3ad链路聚合功能的交换机做音视频网络的冗余备份。

环型结构：允许重复连接网络通道，当网络交通出现问题时，可以由交换机自动选择另外一条网络通道。

2.视频监视子系统

> 视频监视子系统是观察舞台演出情况的视频监视系统，主要具有剧院演出监控、辅助演员演出、录制演出存档资料等主要功能。

视频监视子系统包括各种规格的视频采集摄像头、视频分配器与矩阵、调制解调器、各用房的监视器等，如图8-8。

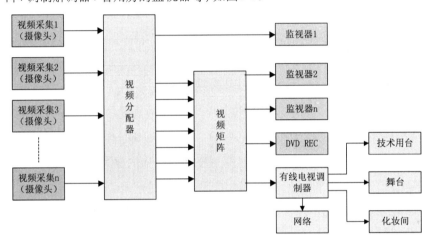

图8-8　舞台视频监视子系统基本架构图

为舞台监督提供全方位无死角的实时视频监视，设想采集装置的位置布置是视频监视子系统需要解决的首要问题。一般主摄像机宜设在观众席挑台（或后墙）中央位置，同时在舞台演员下场口上方、两侧耳光室下方、观众厅主入口和乐池指挥对面设置摄像机。舞台内摄像机宜配置云台。甲等剧场可设置红外线舞台监视系统。

以某剧院为例，在乐队指挥室、舞台正面三个主要视角、乐池、观众席、上下场门、候场室、两侧耳光室下方、观众厅主入口等点位设置带红外功能的摄像头（暗场或舞蹈的时候可以看到人的动作）。摄像头视频格式以标清为多，舞台监督只需要看到基本的演出情况，对画质要求不高。舞台内摄像机宜配置云台。甲等剧场可设置红外线舞台监视系统。部分机位采用高清摄像头，可以将这些视频制作成演出素材，供后期剪辑、记录使用。所有视频信号通过视频分配器（带电缆均衡）将信号分别送至本地专业监视设备、有线电视机房，经调制后成为射频信号，送至舞台监督台、候场室、化妆间、贵宾室等视频点。舞台四周的综合接线箱均配置了有线电视接口和电源接口,供不同点位的电视接收机或监视器获取视频图像。各视频点根据需要收看指定摄像机信号,如演出的进度、演出的状态等;如果演员在某些位置不能看到指挥,在这些位置需要布置监视器(同样通过有线电视接收),供演员演出时使用。舞台正面的主视角视频还可以作为视频节目录制的主画面,而其他固定安装摄像机由于角度不甚理想,主要用于监视。这些机位由于摄取的主要是幕后或观众席情况,这些视频素材也可以作为今后视频出版物的花絮部分使用。

监视器一般设置于灯光控制室、音响控制室、舞台监督主控室、演员化妆休息室、贵宾室、前厅、观众休息厅等。

视频监视子系统的工作过程如图8-9,具体为:视频监视台通过跳线连接可以把电视信号传输到多个视频接收点位。各个点位通过视频监视器可以调取不同机位的视频信号(注:非射频信号)。不同机位的摄像机拾取不同位置的视频信号,由于视频信号抗干扰性较差,故需要进行视频—射频信号转换以实现信号的远距离传输(调制),即把视频信号传输到调制器里,调制在一个固定的载频上并发射出去,通过各个节点的放大器进行放大,随后再分配传输到各个化妆间、候场室等位置,经过解调后传输到电视接收机中,这样化妆间的电视就能收到视频信号了。视频信号经过调制变为射频信号后通过光纤传输,传输距离远,可以传输到信号交换间解调制,现场拾

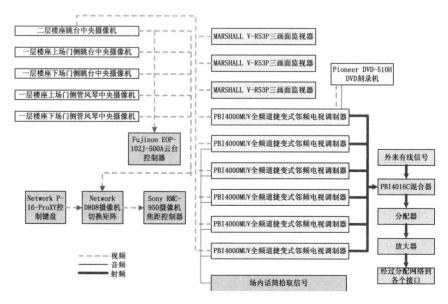

图8-9 某剧院舞台视频监视子系统架构图

音设备将所要采集的音频信号经混合器将视音频混合之后进行分配, 到各个节点的放大器进行信号放大, 再分给节目制作部进行相应的视频处理, 然后由他们传输给等候大屏、化妆间等监视点位。这些画面信号也可以通过视频跳线返回给舞台监督台或视频控制桌。

以某剧院舞台监督系统中视频监视子系统为例, 视频监视子系统共有9个摄像头, 其位置及功能如下:

01: 标清摄像机, 无云台, 一层楼座中央下吸顶安装, 取景范围为舞台全景。

02: 标清摄像机, 有云台, 一层楼座下吸顶安装 (上场门侧, 近八字墙处), 取景范围为舞台。

03: 标清摄像机, 有云台, 一层楼座下吸顶安装 (下场门侧, 近八字墙处) 取景范围为舞台。

04: 标清摄像机, 无云台, 台唇下吸顶安装, 取景范围为指挥位置。

05: 低照度监视摄像机, 无云台, 台唇下吸顶安装, 取景范围为指挥位置, 作为T1摄像机的备用设备。

06: 低照度监视摄像机, 无云台, 上场门假台口柱光位置安装, 取景范围为舞台侧视。

07: 低照度监视摄像机, 无云台, 下场门假台口柱光位置安装, 取景范围为舞台侧视。

08: 标清摄像机, 无云台, 假台口上片中央吊装, 取景范围为舞台。

09: 标清摄像机, 无云台, 接口位于主舞台栅顶, 通过吊杆或单点吊机降至舞台一层天桥位置, 取景范围为舞台俯视全景。

使用高清摄像机, 分辨率达到1280*720或以上。

使用高清显示屏, 分辨率达到1280*720或以上。

使用光纤、带屏蔽层网线或HDMI高清线缆传输视频信号。

传输距离: HDMI线缆, 5m; 网线, 100m; 光纤, 15km。

高清设备接口均为HDMI接口、RJ45接口或者光纤接口。

3.灯光提示子系统

灯光提示子系统 (lighting tally) 是无法使用语音通讯时 (如演员、指挥无法使用耳麦, 需静音接收调度命令), 通过灯光提示器实现演出呼叫的装置系统。

追光位：架设和操控追光灯的位置。

观众席调音位：设在观众席内进行现场调音的位置。

早期演出常常使用一个灯泡的亮灭作为提示方式。这种灯光提示方式能够保证呼叫 (emergency call) 不会干扰别人、干扰演出。该子系统作为内部通讯系统的补充系统使用。如剧院指挥席、追光位 (follow spot place)、面光、耳光、现场调音位〔又称观众席调音位 (front of house for sound control)〕、舞台机械等位置均配置有综合接口箱，箱内预留灯光提示器接口。这样，每个剧目都可以根据剧目的需要，在任意需要的地方配置灯光提示器。

如某剧院配置有澳大利亚 LEON AUDIO 数字灯光提示系统，包括1台14通道数字灯光提示器主机，14个灯光提示终端设备，其中，有2个带蜂鸣器。灯光提示器主机安装于舞台监督台内。舞台监督通过监督台面板上的 standby 按键发送待命信号，提示点收到待命命令后，返回相应信号，代表已经准备完毕，然后舞台监督台按下面板上的 GO 键开始走 cue。实际演出中的演出开始或者节目间隙，乐池中的指挥由于幕布关闭，无法观察到表演区的演员换场是否完成。这时舞台监督通过灯光提示器给指挥一个提示，能够辅助指挥掌握演出的具体进度。演出中，为乐队指挥配备的灯光提示器已经成为灯光提示子系统使用频率最高的功能。同时，对于舞台机械、灯光、音响控制以及演员的一部分演出场景 cue，也常常会通过灯光提示的方式进行，能够在一定程度上省去通话的冗余环节，事先协调好提示内容，执行者就可以在看到灯光提示后执行相应的演出步骤（如图8-10）。

图8-10　灯光提示器实物图

灯光提示器典型应用：Standby"待命"按键及灯光提示，Acknowledge"准备就绪"按键，GO"开始"按键及灯光指示。其操作步骤如下：

①舞台监督按主机上的Standby键，此时，对应灯光提示器和主机上的Standy指示灯开始闪烁。

②灯光提示器用户按Acknowledge键，Standby指示灯停止闪烁，持续亮。

③舞台监督按GO键，GO指示灯亮，Standby灯灭。3秒后GO指示灯快速闪烁，按GO键12秒后GO指示灯自动熄灭。

4.舞台监督台

舞台监督台是舞台系统的控制核心。一般有两个工作点位，一个设置在上场门，同时也在下场门留有接口，称为技术指导。

舞台监督台具备时间显示、电动大幕、场灯调光、场铃、安全出口灯、座位灯、舞台工作灯、后台监听、监视系统、剧场对讲等控制与交互的全部功能，是舞台监督系统的控制终端。演出时间计时、演出铃播放、演出大幕开闭、演出催场与内部通话、视频监视、灯光提示灯（Cue Light）基本功能均能够通过该装置执行，如图8-11。

提示灯：为各技术部门起提示作用的灯。

图8-11　舞台监督台示意图

8.5　舞台监督与舞台监督系统的使用

舞台监督系统一般在演出合成、彩排、正式演出时供舞台监督使用,能够辅助舞台监督实现两项基本任务:演出监督与演出调度。

1 舞台监督系统的作用

在演出合成与演出彩排阶段,舞台监督通过内部通话系统进行演出合成的调度,主要是调度灯光、音响、机械合成的效果与节奏,使得灯光、音响、机械三个专业形成各自的演出合成cue表(所谓cue表,就是变化的程序)。在演出准备时,舞台监督通过内部通话系统了解灯光、音响、机械等技术部门的准备、到位情况;在进行演出时,舞台监督可以一边对各个技术部门进行演出场景调度,包括时间节点的把控以及灯光、音响、机械场景变换的调度(俗称cue),一边观察演出进程中灯光、音响、机械设备是否按照预期的效果正常工作。各工种的技术人员在操作中遇到问题时,也可以通过舞台监督系统中的内部通话子系统向舞台监督报告,再由舞台监督提出解决方案。

若舞台监督能够提前或实时获取舞台监督关心的演出数据并进行显示,舞台监督不用别人传达,就可以得到比肉眼观察更准确的信息,从而在演出彩排、正式演出的过程中,提前预置方案,并能及时作出决策,便于处理突发情况。

2 舞台监督的关注点

(1) 演出调度cue表

舞台监督这一职务的任务是保证演出正常进行,同时,保证演出内容尽量还原导演团队的演出效果呈现。因此,在演出过程中,舞台监督一个很重要的职责就是按照演出准备过程中的演出场景顺序进行演出场景调度。一般来说,灯光、音响、机械等技术效果均按照其自身特点设有机械cue表、灯光cue表、音响cue表。

在舞台机械控制过程中,机械cue表往往是根据导演的统一要求,按照各类舞台机械运行的前后逻辑,将机械程序按照时间轴的顺序进行编辑,以机械cue表的形式记录下来,以舞台机械cue程序的形式存储在机械控制系统中,方便舞台机械控制人员进行控制。同时,机械技术人员将编辑好的cue表内容制作成文案交给舞台监督,方便舞台监督进行演出调度。机械cue表中描述的内容主要包括cue号、每个cue中运动的设备ID、运行速度、运行位置、运行延迟时间、走cue推杆与控台ID 等,见表8-2。

表8-2　舞台机械cue表

Cue	Id 1	Id 2	Id 3	…	Id n
Device	Device ID (1-n)	Device ID (1-n)	Device ID (1-n)		Device ID (1-n)
Speed	Speed Value	Speed Value	Speed Value		Speed Value
Position	Position Value	Position Value	Position Value		Position Value
Joystick	Stick 1	Stick 2	Stick 1		Stick2
Delaytime	Delaytime1	Delaytime2	Delaytime3		Delaytime n
Consle	Consle ID 1	Consle ID 2	Consle ID 1		Consle ID 2

　　在舞台灯光控制过程中,灯光设计同样是在导演的统一要求下进行布光,把每一个场景的光效布置出来,由灯光助理来操作灯光控制台,将程序效果以cue表的形式存储起来。Cue表中描述灯光cue号、走cue起止时间、灯光效果描述(有时以实景图代替)等,见表8-3。

表8-3　舞台灯光cue表

编号	时间	演出场景描述	效果
Q1	0:00-0:20	人声清唱, 乐队伴奏	A E区点亮光束聚于歌手
Q2	0:20-0:56	旋律音阶上升, 鼓点加重	F G区点亮, 光亮度较弱, 根据节奏闪烁
Q3	0:56-1:15	歌曲达到高潮部分, 歌声高亢, 歌手情感爆发 人声清唱乐队伴奏 旋律音阶上升, 鼓点加重 歌曲再次达到高潮, 歌声高亢	G区亮度增强连续闪烁, F区由下至上循环亮灭并且光亮极强,C区点亮颜色多变且随节奏亮灭, 并旋转摇摆, 依次照亮乐队各成员,B区点亮黄蓝紫三色, 变换闪烁
Q4	1:15-1:20	人声清唱乐队伴奏	B C D F G区全灭, A区随节奏亮灭
Q5	1:20-1:50	旋律音阶上升, 鼓点加重	F G区点亮, 光亮度较弱, 根据节奏闪烁, B区点亮黄蓝紫三色, 变换闪烁
Q6	1:50-2:27	歌曲再次达到高潮, 歌声高亢	G区亮度增强连续闪烁, F区由下至上循环亮灭并且光亮极强, C D区点亮颜色多变且随节奏亮灭, 并旋转摇摆, 依次照亮乐队各成员

在舞台音响控制过程中，歌剧、舞剧等以音乐为基础的戏剧，演出时乐队指挥面前的总谱（以多行谱表完整地显示一首多声部音乐作品的乐谱）就是实现演出音响不断变化的音响cue表，由乐队指挥根据舞台监督的授意，控制演出的节奏。演出前，舞台监督也会拿一份总谱（相当于普通戏剧演出的提示本），把所有的灯光cue号标记在总谱上。如英国皇家剧院的舞台监督在演出时通过内部通话系统对灯光师说："cue3准备。"灯光师要重复一遍："cue3准备。"然后舞台监督说："go。"舞台监督说："谢谢！"表示我知道了，随即执行cue3灯效。假设舞台机械的cue3动作是升降台升起，升起的起点与终点均是已经编辑、存好的程序，舞台监督在总谱上也同样需要标注出来。可以说，在演出过程中，每进行一个演出程序，舞台监督就要与具体的操作人员完成一次交互确认再发出执行命令。这一过程即舞台监督的演出调度过程。然而，国内的大部分舞台监督则不同，他们往往不会如此频繁地进行"叫cue"，主要依靠多次排练、合成、彩排过程中舞台监督与具体技术人员的反复熟悉所形成的默契保证"万无一失"的演出cue执行。在正式演出中，舞台监督往往不需要"叫cue"，灯光、音响、机械等技术人员经过多次排练，已经能够掌握每个演出效果cue的执行时间，在恰当的时间执行具体的cue即可。一旦出现设备故障或者指定cue未按照时间执行的情况时，舞台监督通过内部通话系统呼叫、提醒相关专业技术人员。这种演出调度方式其实是不够严谨的，极易产生演出cue延误或者误操作，甚至严重影响演出效果。在演出中不断地发出各种指令应该是舞台管理或者舞台监督的基本职责。

若在演出合成阶段，灯光师、音响师、机械师将反复修改、最终确定的cue表通过控制台上传给舞台监督台，在舞台监督台上进行显示，能够帮助舞台监督更直观、迅捷地掌握演出过程中各个"专业"的演出节奏，有助于其"叫cue"。与传统的各专业向舞台监督提供纸质化cue表，由舞台监督在"提示本"上记录相比，这种方式的效率显而易见。

（2）演出监督对象

在演出过程中，舞台监督除了有调度（叫cue）的任务之外，还肩负着监督演出，保证演出正常进行的任务。因此，舞台监督在演出过程中需要着重关注哪些技术环节就显得尤为重要。

在监督灯光系统的过程中，首先，舞台监督重点关注的是灯光系统是否处于工作状态，是否有故障，备份系统能否正常运行替代故障主机；其次，舞台监督会关注演出灯具的亮度、色度、色温是否符合演出要求，以及判断灯光效果是否未执行或者执行错误,确认灯具或系统线路等问题。

以上问题往往是通过舞台监督的观察发现或者需要灯光技术人员告诉舞台监督,舞台监督在短时期内针对这件事作出判断,并作出相应的决策。如发现灯光亮度或者颜色等效果未按照预编场景cue执行,舞台监督会马上通知灯光师寻找原因,及时调整相关设备效果即可,如灯光的亮度、颜色等。然而,若遇到常规灯具色温不对等问题,就需要工作人员对有问题的色片进行更换,但是这在演出进行过程中是不被允许的。由于常规灯的色温与滤色片有关系,常规灯通过滤色片后显示出的色温是有次数限制的,如黄色滤色片预计能用四场演出,但第三场时会色温不正。为了弥补这种缺陷,工作人员就要在中场休息时更换常规灯滤色片,无法给出临时的应变措施,除非将现有的这些常规灯具均替换为电脑灯,但是这又增加了演出成本。

对舞台音响系统而言,首先,舞台监督希望监督的是音响系统中各个通路的音量大小是否满足演出要求;其次,舞台监督也会关注观演环境的混响声、混响时间、音色以及声部平衡。混响时间即音源停止发声后持续声能时间,音色可以用失真度描述,声部平衡表示各个声道的声音配合情况。如乐队演奏时,铜管吹奏的力度可能会压过弦乐,如果此时进行扩音处理,可以通过调音台人为地调整。

对舞台机械系统而言,首先,舞台监督主要关注的是各类台上机械[灯光吊杆、景物吊杆、轨道单点吊机、自由单点吊机、防火幕、大幕机、二道幕机、假台口上片、假台口侧片(左右各一片)、飞行器(威亚设备)、灯光渡桥、灯光吊笼],台下机械(主舞台升降台、侧舞台升降台、侧舞台车台、后舞台车台、旋转台、侧舞台微动台、后舞台微动台、侧舞台补偿台、后舞台补偿台、电动活门、升降乐池、电动栏杆)的以下参数:速度、上限位、下限位、当前位置、目标位置、当前运行的设备编号、设备状态是否正常。

因此,舞台监督在演出进行过程中需要监督的对象见表8-4。

表8-4　舞台监督监督对象表

工种	舞台监督的监督对象
舞台音响	音量
	混响时间
	音色
	声部平衡

续表

舞台灯光	点亮情况	
	亮度	
	色温	
	色度	
舞台机械	灯光吊杆、景物吊杆、轨道单点吊机、自由单点吊机、防火幕、大幕机、二道幕机、假台口上片、假台口侧片、飞行器、威亚设备、灯光渡桥、灯光吊笼等台上机械	承重
		位置
		速度
	主舞台升降台、侧舞台升降台、侧舞台车台、后舞台车台、旋转台、侧舞台微动台、后舞台微动台、侧舞台补偿台、后舞台补偿台、电动活门、升降乐池、电动栏杆等台下机械	承重
		位置
		速度

练习题

1.什么是舞台监督? 舞台监督的职责是什么?

2.舞台监督应该完成的文案包括哪些?

3.舞台监督系统的核心功能、基本功能有哪些?

4.内部通讯与公共广播子系统的工种设置有哪些?

5.舞台视频监视系统的基本架构如何?

6.灯光提示子系统的功能与原理是什么?

第9章　剧场多媒体技术

随着大功率投影、LED显示技术的逐渐成熟，多媒体技术在剧场、演出中几乎成为必不可少的舞美设备。剧场多媒体技术是指通过投影、LED屏呈现舞美效果的相关技术。

9.1　多媒体投影技术

传统剧场的舞美通过制作大型的景片、道具，利用天幕、纱幕配合灯光照射还原演出场景。随着大功率投影技术不断成熟，专业剧场多使用媒体投影。

> 多媒体投影技术是一种利用光学投影技术将提前制作好的视频、图片素材通过多媒体投影系统呈现出来的相关技术。

多媒体投影的视觉效果逼真，能够实现动态的效果变化，能够与传统舞美、布景、灯光融为一体，逐渐成为现代演出最常用的视效呈现技术。奥运会、全运会、戏剧、歌剧、综艺晚会、演唱会等均逐渐将多媒体投影技术融入到演出制作方案中。

1.多媒体投影系统设备

为实现多媒体投影，需要构建多媒体投影系统。多媒体投影系统主要包括三类设备：投影设备、控制设备、服务器设备。

（1）投影设备

多媒体投影系统中的投影设备（video projector）一般采用大功率专业多媒体投影机。常见的投影机包括CRT（阴极射线管）投影机、LCD（液晶显示器）投影机、DLP（数字光处理）投影机和LCOS（硅晶光技术）投影机等。目前大部分演出用投影机采用的是DLP投影技术。

多媒体投影机的性能指标通常包括亮度、画面均匀度、分辨率、对比度等。多媒体投影机指标要远高于传统投影设备。如亮度可达20 000lm以上，投光均匀亮度在90%以上，能够呈现1920×1080高分辨率的高清图像与高清动态视频，对比度可达2 000:1等。因此，多媒体投影机是现代专业剧场常用的视效呈现设备，在剧场现场表演中已频繁使用。

（2）投影幕

投影幕（projection screen）是投影机进行光学投射的成像载体。根据成像原理，投影幕可以划分为反射式与透射式。反射式适用于正投成像，透射式适用于背投成像。投影幕根据其外形又可以划分为平面幕、弧形幕等。投影幕的性能指标主要包括投影增益、观看视角、宽高尺寸比、均匀度、光能利用率等。在剧场演出中，通常为配合舞美需要设置各种类型的投影幕，有时也将部分布景、道具作为投影面，呈现出特殊的视觉效果。

（3）服务器

在多媒体投影系统中，服务器（sever）通常是指由网络交换机、多媒体服务器组成的基站服务器。在专业剧场中，服务器常设置于航空箱中，分别用于放置大功率插线板、网络交换机和多媒体服务器。服务器航空箱可以根据需要搬运到指定的地点。

网络交换机实现网络信号的分配与传输功能。多媒体服务器实现图像、视频信号的分配与处理功能，并且具备多屏幕、多图层拼接与控制、多点的异型校正、素材的实时编辑控制、特技效果的现场编辑、音频输出控制的能力。因此，多媒体服务器包括高性能的硬件系统、多种处理功能和效果的软件系统、海量高速的储存设备、多种信号模式的采集端口、高性能的输出端口。

（4）控制设备

在多媒体投影系统中，控制设备一般是图像、视频播放控制执行装置，又称为多媒体视频控制台。该控制台可以是专业的基于灯具的电脑灯控制台，也可以是高性能的图形工作站+专业视频控制软件，包括视频播放、视频处理、视频拼接与融合、特效处理、非线性编辑和虚拟播放等功能，实现投影图像、视频的创作、编辑与呈现。因此，控制设备具备多媒体播放、无缝拼接技术、画面叠加等技术。

（5）多媒体数字投影灯

多媒体数字灯：注意数字灯不是舞台照明灯具，而是用于投影的灯具。

多媒体数字投影灯又称数字灯（digital lights），其外观与电脑摇头灯相似，能够投射出图像、动态视频。数字灯融合了电脑摇头灯能够改变投射方向的功能,实现投射角度的控制,以及多媒体投影机的投影功能,可以在任何平面上呈现图像、视频效果,实现了以影代景。如北京奥运会的巨碗造型就是通过众多数字灯投射形成的。数字灯将投影设备与服务器集成在一个装置中,是大型投影系统的缩小版。数字灯与多媒体投影机相比,单机的亮度不是很高,体积相对较小、重量较轻,可以方便地吊挂于任何位置,适用于临时搭建的演出环境,而多媒体投影机常见于专业剧场。

2.多媒体投影系统

多媒体投影系统将投影设备、控制设备、服务器设备分别放置在特定位置,并通过网络将各个设备级联起来,如图9-1。

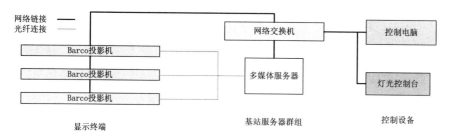

图9-1 多媒体系统架构图

投影设备是进行视效呈现的终端。在专业剧场中,为从多角度呈现出舞美效果,投影设备一般放置于视效控制室(灯光控制室或专门的投影机控制室)、侧舞台、后舞台、舞台上方。

由于投射机设置在不同的位置,为配合投影机的信号传输,专业剧场常常将服务器放置于控制室、天桥等位置。

如某剧院根据某剧目的演出需要,在控制室设置两台投影机,向舞台正向投射,上下场门侧舞台各悬吊两台,向舞台投射;后舞台向前背投两台,主舞台上方吊挂两台,向舞台面投射。为方便将所有服务器与投影机级联,需要控制室设置一套服务器用于连接控制室的两台投影机;在上场门一侧一层天桥设置一套服务器,连接控制上场门一侧侧舞台吊挂的两台投影和后舞台设置的两台投影;在下场门一侧一层天桥设置一套服务器,连接下场门一侧侧舞台吊挂的两台投影机、主舞台上方吊挂的两台投影机。最后,通过网络将服务器连接到控制室的控制设备上,整个系统就级联完毕了,如图9-2。

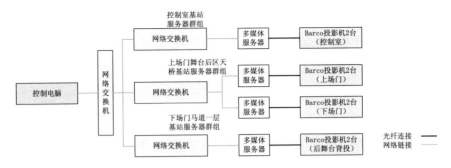

图9-2　多媒体投影系统架构图

3.多媒体投影相关技术

（1）拼接与融合

为提供尺寸大、亮度高、分辨率高的完整巨幅投影画面，多媒体投影系统通常采用多台投影机构建视觉场景，即采用若干投影资源拼接、融合为完整的图像或视频，因此，涉及多幅图像的拼接与融合问题。投影拼接与融合通常采用三种方法：硬边拼接、重叠拼接和软边融合。

硬边拼接是最传统的拼接方式，两台投影机的投影画面边缘对齐，互不重叠，拼接画面的接缝处会有一条拼接线，往往影响观看效果。

重叠拼接是将两台投影机的投影画面部分重叠，在制作播放资源时，需要将重叠部分做成同样的素材，形成拼接过渡部分。由于采用重叠拼接，重叠部分亮度级远亮于非重叠区域。

边缘融合是将两台投影机的投影画面部分重叠，重叠部分通过亮度衰减、增加等技术，实现整个画面的无缝、自然拼接。

（2）几何校正

投影机投影角度的偏移会导致投射方向不垂直于幕布，投影幕布形状不规则会导致投影画面出现变形，因此，需要对投影机投射出的画面进行几何校正。

一般来说，投影机的几何校正包括投影机投射姿态调整、投影机参数调整、投影图像与视频资源的调整三类。

投影机默认垂直投射向投影幕，才能获得正常的成像效果。然而，专业剧场的舞台工艺特殊，很难满足垂直投射的需求，一旦投射角度不等于90°，若幕布为平面幕，会产生梯形画面（正梯形或者倒梯形），若幕布呈现弧度，则还会产生侧梯形。因此，一般投射机设置梯形校正功能来保证画面呈现矩形。

梯形校正包括光学校正和数字校正两种方式。光学校正调整镜头的物理角度，实现垂直投射；数字校正则通过图像处理的方式改变呈现画面的形状。

(3) 颜色校正

投影机的颜色校正一般通过调整RGB三原色的亮度值，进而获得理想的颜色效果。但是该方法仅仅适用于传统，对DLP投影仪则不再适用，需要图形图像处理器中相关算法的支持。

4.多媒体投影的基本流程

(1) 制订方案

根据演出需要制订设备方案，列设备清单；根据演出需要制作设备位置图、系统图。

(2) 系统搭建

根据设备位置图和系统图进行设备装台，将控制设备、服务器和投影机摆放、吊挂到指定位置，并进行系统级联。

(3) 系统的调试

通过控制设备对系统信号进行调试，并根据调试结果进行故障排查与维修。

(4) 图像视频的制作

根据演出内容收集演出素材，并利用编辑软件进行素材的创编，生成视效演出cue表。剧场演出投影往往采用多机投射的方式，在进行视频资源制作前，需要根据成像的要求划分视频通道，一台投影设备相当于一个视频通道。我们看到的一个画面，往往是由多个通道的视频画面拼接而成的。

(5) 合成、彩排与演出

将视效合成到演出排练中，配合灯光、音响、机械进行演出彩排，完善cue表，进行正式演出。

9.2　LED视频显示技术

随着LED多点显示技术不断成熟，LED视频显示技术逐渐开始取代传统的舞美布景，呈现出动态的视觉效果，提高了舞台表演的艺术表现力。LED视频显示与多媒体投影已经成为替代传统舞美的主要视效设备。

1.LED视频显示设备系统

与多媒体投影系统类似，LED视频显示系统通常包括：LED显示屏、控制设备、服务器设备。

（1）LED显示屏

LED显示屏是LED视频显示系统的终端，其型号以英文字母P（英文间距的缩写）加一个数字表示。其含义是LED像素点之间的距离，如p3表示相邻像素点间距为3mm，p4则是4mm。点间距越小，单位面积内像素点数量越多，显示屏的清晰度就越高。如p3显示屏每平方米有111 111个像素点，p4则有62 500个像素点，因此，p3显示屏的清晰度要高于p4显示屏。

除像素点间距以外，LED显示屏还有分辨率（resolution）、可视角度（viewing angle）、亮度（brightness）、可视距离（viewing distance）、灰度等级（grey levels）、刷新率（refresh rate）、帧频（frame rate）、场频（field）等技术参数。在实际工程中，每个LED显示屏往往由多块标准尺寸的屏幕拼接，形成大屏幕。

（2）数字媒体服务器

数字媒体服务器是一种信号切换设备，能够实现单画面、画中画、画面尺寸的调整，多路视频信号的输入切换，支持VGA、HDMI、DVI等多种视频接口的输入。

（3）控制设备

与多媒体投影控制设备类似，LED视频显示系统中的控制设备一般是图像、视频播放控制执行装置，又称为多媒体视频控制台。该控制台可以是专业的、基于属性的电脑灯控制台，也可以是高性能的图形工作站+专业视频控制软件，具有多组输入信号无缝切换、淡入淡出切换、多机并联与同步拼接、多种显示效果一键切换、高清字幕叠加、画面冻结等功能，兼容隔行视频处理、真彩图像处理、视频图像增强、行场缩放处理等技术。

（4）信号发送、接收卡

视频信号的发送与接收需要设置专门的视频信号处理器，进行视频信号的分配、转换与接收。信号发送卡是视频信号发送端的视频处理器，一个发送卡能够发送多路视频信号，如输入分辨率可达1 920×1 200、2 048×1 152、25 60×960（宽、高可自定义），带载能力可达130万像素，音频支持3.5mm音频接口，输出支持双网口。信号接收卡是视频信号接收端进行信号接收处理器，一般一个LED显示单元配置一个接收卡，如一块接收卡支持带载像素256×226，支持RGB数据24组，支持逐点亮色度校正，支持箱体温度、电压、工作状态监测等。

2. LED视频显示系统

LED显示屏、控制设备、服务器设备放置于指定地点后，把各类设备通过信号线连接，就构成了LED视频显示系统，如图9-3。

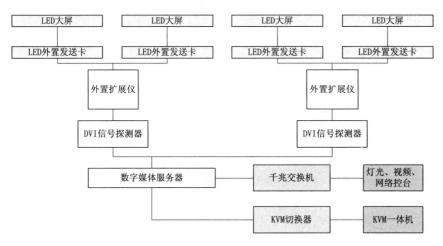

图9-3　LED显示系统架构图

其数据流向，如图9-4所示，具体为：

（1）控制设备中的视频资源编辑。

（2）控制设备发出视频信号通过视频接口进入数字媒体服务器。

（3）数字媒体服务器进行视频处理后，发送至视频发送卡进行视频发送，在LED终端的接收卡处将视频接收。

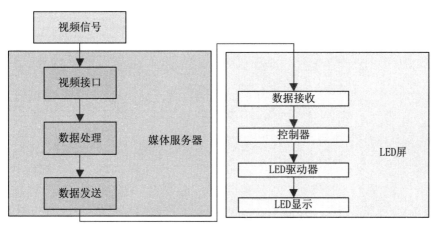

图9-4　LED显示系统数据流向图

练习题

1.多媒体投影系统的组成包括哪些设备?

2.多媒体投影系统中的设备是如何级联起来的?

3.LED显示系统的组成包括哪些设备?

4.LED显示系统中的设备是如何级联起来的?

参考文献

[1]蒋伟, 任慧.舞台机械设备控制技术[M].北京: 中国广播电视出版社, 2009.

[2]段慧文, 等.舞台机械工程与舞台机械设计[M].北京: 中国戏剧出版社, 2013.

[3]中华人民共和国住房与城乡建设部.JGJ 57-2016剧场建筑设计规范[S].北京: 中国建筑工业出版社, 2017.

[4]刘振亚.现代剧场设计[M].北京: 中国建筑工业出版社, 2015.

[5]俞健. 谈谈国内现代化剧场建设[J]. 艺术科技, 2003 (1).

[6]俞健. 大剧院建设探讨[J]. 艺术科技, 1998 (3).

[7]俞健. 谈谈国内现代化剧场建设[J]. 艺术科技, 2003 (1).

[8]赵国昂. 剧院核心功能探讨[J]. 演艺科技, 2011 (7): 36-40.

[9]迈克-兰姆瑟.汉英剧场术语[M].北京: 文化艺术出版社, 2013.

[10]冯德仲.剧场应用术语[M].北京: 中国戏剧出版社, 2008.

[11] 李道增, 傅英杰.西方戏剧: 剧场史 (上下册) [M].北京: 清华大学出版社, 1999.

[12] 廖奔.中国古代剧场史[M].北京: 人民文学出版社, 2012.

[13] 薛林平.中国传统剧场建筑[M].北京: 中国建筑工业出版社, 2009.

[14] 卢向东.中国现代剧场的演进: 从大舞台到大剧院[M].北京: 中国建筑工业出版社, 2008.

[15]刘振亚.现代剧场设计[M].北京: 中国建筑工业出版社, 2000.

[16]周春江.剧场镜框式舞台工艺设计研究[D].北京: 北京工业大学,2014.

[17]中华人民共和国住房与城乡建设部.JGJ 57-2016剧场建筑设计规范[S].北京: 中国建筑工业出版社, 2017.

[18]王雪.剧场信息管理分析系统的研究与应用[D].北京:中国传媒大学, 2008.

[19]王颖.全国剧场信息普查系统的研究与应用[D].北京:中国传媒大学, 2008.

[20]王进勇.演出院线及协同服务平台系统架构的研究[D].北京:中国传媒大学, 2013.

[21]张三明, 俞健, 童德兴, 等.现代剧场工艺例集[M].武汉: 华中科技大学出版社, 2009.

[22]哈迪, 霍尔兹曼, 法伊弗, 等.剧场[M].沈阳: 辽宁科学技术出版社, 2009.

[23]赵国昂.剧院核心功能探讨[J].演艺科技,2011 (7) :36-40.

[24]陈德生. 舞台机械设计[M]. 北京: 机械工业出版, 2009.

[25]马述智. 舞台技术基础[M]. 北京: 中国戏剧出版社, 2004.

[26]蒋伟, 任慧. 舞台机械控制技术[M]. 北京: 中国广播电视出版社, 2009.

[27]杨寒松, 侍洪勋. 剧场舞台及广播电视演播厅工程[M]. 南京:东南大学出版社, 2009.

[28]张三明, 俞健, 童德兴, 等. 现代剧场工艺例集: 建筑声学•舞台机械•灯光•扩声[M]. 武汉: 华中科技大学出版社, 2009.

[29]小川俊朗.剧场工程与舞台机械[M].北京:中国建筑工业出版社,2004.

[30]刘振亚.现代剧场设计[M]. 北京: 中国建筑工业出版社, 2011.

[31]马克艾格, 约翰哈斯提.表演娱乐产业的自动控制[M].台湾:台湾技术剧场协会, 2013.

[32]王宏炜.大屏幕投影与智能系统集成技术[M].北京:国防工业出版社, 2010.

[33]金长烈, 柳得安, 姚涵, 等.舞台灯光[M].北京: 机械工业出版社, 2006.

[34]彭妙颜.现代灯光设备与系统工程[M].北京: 人民邮电出版社,2006.

[35]韩振雷, 侯庆来.舞台灯光与影视照明[M].北京:国防工业出版社, 2015.

[36]冯德仲.舞台灯光设计概要[M].北京:中国戏剧出版社, 2007.

[37]徐明.舞台灯光设计[M].上海:上海人民美术出版社, 2009.

[38]马克思凯勒.戏剧舞台灯光设计[M].上海: 上海人民美术出版社, 2009.

[39]王宇钢.舞台灯光设计[M].北京: 中国经济出版社, 2006.

[40]Robert S.Simpson.Lighting Control-Technology and Applications[M]. Boston:Focal Press,2003.

[41]Richard Cadena.Automated lighting-the art and science of moving light in therare, live performance,broadcast,and entertainmnet[M].Boston:Focal Press,2006.

[42]John Huntington.Control systems for live entertainment[M].Boston:Focal Press,1994.

[43]钱明光. DMX-512信号格式及其应用[J]. 广播电视技术, 2006 (5) .

[44]王京池. 舞台灯光控制技术与DMX-512[J]. 广播与电视技术, 2004 (3) .

[45]中华人民共和国文化部.DMX512-A 灯光控制数据传输协议:WH/T 32-12008[S]. 北京: 中华人民共和国文化部, 2008.

[46]Artistic License (UK) Ltd 2002-2007.Specification for the Art-Net II Ethernet Communication Standard [EB/OL].[2007-02-26].http://www.Artistic-License.

com.

[47]陈国义,胡清亮，梁国芹，等.谈ACN和Artnet网络协议标准[J].照明工程学报,2003,14 (4) .

[48]蒋伟,任慧,白石磊，等.演艺灯光控制系统现状分析及展望[J].艺术科技, 2007 (4) .

[49]迈克·兰姆瑟.汉英剧场术语[M].北京: 文化艺术出版社, 2013.

[50]高一华, 邱逸昕, 陈昭郡.At Full: 剧场灯光纯技术[M].台湾:台湾技术剧场协会, 2015.

[51]李东荣.剧场灯光设计与实务[M].台湾:书林出版有限公司,2015.

[52]易理告.基于协议的通道舞台电脑灯控制系统设计[D].广州:广东工业大学, 2007.

[53]黄诗涌.基于DMX512协议的8通道舞台电脑灯控制系统设计[D].广州:广东工业大学, 2006.

[54]陈德生. 舞台机械设计[M]. 北京: 机械工业出版, 2009.

[55]袁烽.观演建筑设计[M].上海: 同济大学出版社, 2012.

[56]高玉龙.厅堂建筑音质计算机辅助设计: EASE4.1使用详解[M].北京: 国防工业出版社, 2007.

[57]项端祈, 王峥, 陈金京, 等.演艺建筑声学装修设计[M].北京: 机械工业出版社, 2004.

[58]朱伟.扩声技术[M].北京: 中国广播电视出版社, 2003.

[59]梁华.现代舞台工程设计与调音调光技术[M].北京: 人民邮电出版社, 2016.

[60]孟子厚.音质主观评价的实验心理学方法[M].北京: 国防工业出版社, 2008.

[61]华天祝.音乐厅声学指标的客观标准及意义[J].音乐艺术 (上海音乐学院学报), 2007 (1) .

[62]GB/T 5036-2005.剧场、电影院和多用途厅堂建筑声学设计规范[S].北京: 中国计划出版社, 2005.

[63]徐奇.国内、外舞台机械的发展状况[J].艺术科技,2001 (1) .

[64]国家大剧院舞台技术部音响组.国家大剧院舞台监督系统[J].艺术科技,2008 (1) .

[65]赖声煌.浅谈舞台监督应具备的基本素质[J].大舞台,2010 (9) .

[66]刘峰,李根实.从歌剧漂泊的荷兰人谈舞美统筹与舞台监督[J].演艺科技,2012 (8) .

[67]翁建强.论舞台监督在艺术管理中的重要性[J].神州,2013 (27) .

[68]赖声煌.浅谈舞台监督应具备的基本素质[J].大舞台,2010 (9) .

[69]马述智.舞台管理方法[J].戏剧 (中央戏剧学院学报) , 1994 (4) .

[70]孙亚男.关于舞台监督工作[J].演艺科技,2013 (9) .

[71]国家大剧院舞台技术音响组.国家大剧院舞台监督系统[J].艺术科技,2008 (1) .

[72]钟国淼.杭州大剧院舞台监督系统[J].艺术科技,2004 (2) .

[73] (美) 劳伦斯·斯特恩.舞台管理[M].李雯雯, 译.北京: 北京大学出版社, 2009.

[74]胡纯有.舞台监督电视监控要点[J].演艺科技,2014 (5) .

[75]Ren H,Zhou YC,Li Z,et al.Research on networking of stage surveillance system[J].Applied Mechanics and Materials, 2014 (5) .

[76]丁婧.浅谈舞台监督在现代舞台演出管理中的重要性[J].理论前沿,2014 (9) .

[77]罗兰.浅谈话剧四世同堂的舞台监督工作[J].戏剧丛刊,2014 (5) .

[78]祝文思.舞台监督岗位的职责及作用[J].神州,2013 (1) .

[79] (英) 汤玛斯·凯利.舞台管理[M].杨淑雯, 译.台湾: 台湾技术剧场协会, 2011.

[80]梁华.舞台音响灯光设计与调控技术[M].北京: 人民邮电出版社, 2010.

[81]蒋玉暕,蒋伟,张晶晶,等.舞台监督系统研究[J].演艺科技,2014 (11) .

[82]蒋玉暕,张晶晶,任慧,等.数据交互式舞台监督系统的设想[J].演艺科技,2015 (3) .

[83]朱耀宇.多媒体投影技术在剧场设计中的应用与研究[D].北京: 北京工业大学,2016.

[84]韩振雷, 侯庆来.舞台灯光与影视照明[M].北京:国防工业出版社, 2015.

[85]穆怀恂.新技术在剧场建设及舞台上的应用[J].演艺科技,2010 (9) .

[86]李雯.视频多媒体和舞台灯光在演出中的应用分析[J].机电工程技术,2017 (S2) .

[87]陈莉萍.浅析数字灯具在演出中的应用与发展[J].北京: 现代电影技术,2014 (9) .

[88]胡勇.数字灯与其他视频显示设备的区别及舞台应用[J].北京: 演艺科技,2011 (10) .

[89]王俊芹.多媒体技术在现代舞台设计中的应用研究[D].北京: 北京工业大学,2015.

[90]方琼.基于多媒体的舞美设计方案演示系统实现[D].上海:上海交通大学,2012.

[91]彭妙颜.视频与灯光系统交互融合的控制技术[J].电视技术,2010,34 (7) .

[92]彭泽巍.多媒体数字灯光系统应用探析[J].艺术科技,2010 (2) .

[93]梁友苏,王光亮,黄凯乐.LED大屏幕在电视台演播厅的应用[J].现代电视技术,2010 (8) .

图书在版编目（CIP）数据

剧场工程概论／蒋玉睐，苏志斌编著. —— 北京：中国传媒大学出版社，2019.10

"演艺工程与控制技术"系列教材／蒋玉睐主编

ISBN 978-7-5657-2563-0

Ⅰ. ①剧… Ⅱ. ①蒋… ②苏… Ⅲ. ①剧场—建筑设计 Ⅳ. ①TU242.2

中国版本图书馆 CIP 数据核字（2019）第 199199 号

剧场工程概论

JUCHANG GONGCHENG GAILUN

编　著	蒋玉睐　苏志斌	
策　划	王雁来	
责任编辑	王　硕	
特约编辑	景贵英	
封面设计	郭　琳	
责任印制	李志鹏	

出版发行　中国传媒大学出版社

社　址　北京市朝阳区定福庄东街 1 号　邮编：100024

电　话　86-10-65450528　65450532　　传真：65779405

网　址　http://cucp.cuc.edu.cn

经　销　全国新华书店

印　刷　北京玺诚印务有限公司

开　本　787mm×1092mm　1/16

印　张　21

字　数　330 千字

版　次　2019 年 10 月第 1 版

印　次　2019 年 10 月第 1 次印刷

书　号　ISBN 978-7-5657-2563-0/TU·2563　　定　价　68.00 元